TQC＋App Inventor 認證指定用書

Android 手機程式超簡單 !!

▶ App Inventor ◀

適用於 App Inventor 2

入門卷——增訂版

CAVEDU 教育團隊
曾吉弘、高稚然、陳映華　著

Make:
makezine.com.tw

CAVEDU 教育團隊序

App Inventor原是Google的一項線上服務，把繁複的Java程式碼包成一個個可愛的程式積木，讓沒有Java基礎的使用者可以快速開發出Android行動裝置程式，不但可執行於大部分的Android手機或平板電腦，還能上架Google Play與朋友分享自己的作品。由於介面與Scratch相當類似，一推出之後也受到許多國小國中教師的喜愛，並將其運用在資訊與生活科技課堂中。為了讓更多喜愛App Inventor的朋友們能有一個共享學習的園地，我們建置了App Inventor中文學習網（http://www.appinventor.tw），期待更多同好能充分利用本教學平臺並分享開發心得。

本書中所有範例皆可在一般電腦使用模擬器來完成，內容包含人機介面設計、影音多媒體、網路通訊、Google Map地圖定位、資料庫與繪圖等，即便您尚未購置Android裝置，一樣能輕鬆學會手機程式設計。

本書於編寫過程中，衷心感謝許多師長朋友的支持與鼓勵。感謝本團隊夥伴黃凱群、賴偉民、盧玟攸與施力維等夥伴於本書上一版的努力耕耘。感謝南投中興高中蔡宜坦老師於本書上一版的技術指導與協助。感謝馥林文化全體同仁在本書編寫過程中的專業指導與協助，讓本書能兼顧親和與專業。馥林文化致力於推動國內自造者風氣，引進《MAKE》雜誌與《Robocon》機器人雜誌，當然還有一年比一年更熱鬧的Maker Faire！本團隊也很榮幸能在每期的Robocon機器人雜誌與大家分享App Inventor的小小心得，感謝大家的支持。最後，本團隊很榮幸能與電腦技能基金會合作，規劃針對高中職的Android程式設計認證，並列本書為指定認證教材之一。期待更多老師能加入種子認證教師的行列，一同讓資訊教育向下紮根！

CAVEDU教育團隊一路走來實在是收到許多師長與好友們的支持與鼓勵，期待很快可以與您在下一本書見面。

CAVEDU 教育團隊　謹致
service@CAVEDUdu.com
本書所有範例皆可由 book.CAVEDUdu.com 下載

推薦序　　古東明

　　2009年10月4日的前一日，當超級颱風芭瑪在巴士海峽繞圈形成怪颱的時候，崑山科技大學告訴我隔天的「2009機器人專題研習營」仍照常舉行，我懷著萬分的期待冒著大雨驅車抵達台南，因為颱風所以整個崑山科技大學校園顯得空空蕩蕩，心想應該會有很多學員缺席，甚至估計授課老師可能也因為颱風蹺課了。沒想到踏進教室，竟然座無虛席，大專教授們都頂著大颱風來聽阿吉老師上課。我就是這樣認識了阿吉老師，課後馬上決定將這套工具引進我的「嵌入式系統」課程內。

　　在我發展這個課程的過程中，阿吉老師給了我許多的協助，從樂高機器人的採購到教材的參考資料、範例程式……等，而且我還很榮幸地邀請阿吉老師到雲林科技大學給資管所的研究生演講，阿吉老師也以業師的身分到我的課程中用六週的課堂份量介紹App Inventor程式設計。學生們在阿吉老師的指導下迅速掌握App Inventor的技術，並且到校外參賽，拿回好多獎項，其中一個RVSP-2011（International Conference on Robot, Vision and Signal Processing）的Robot Competition銀牌獎，燃起學生對機器人的濃厚興趣，矢志繼續參加更競爭的賽事來創造更輝煌的戰績。課程結束後學生們在課程評量上都給阿吉老師極高的評價，希望這樣的實作課程及業界專家能夠多多進入校園指導學生。

　　很高興看到阿吉把近年的教學經驗及材料彙整精煉成這本書，從最入門的簡介、安裝、到進階的資料庫，一應俱全。讀者不必有程式語言的基礎，很快就可以上手，就連中小學生也可以很順暢地學習，是一本跨越年齡層、大中小學生都可以使用的學習書。本書可以用來推展圖形化程式設計，也可以用在手機與平板電腦的程式設計，也適用於大專的嵌入式系統開發課程的入門教材。書裡的範例程式都經過實際測試，也都可以在阿吉老師的網站中下載到原始程式碼，對學生和老師都非常方便。期待阿吉老師在這個領域的持續耕耘可以遍地開花，結實纍纍。

古東明

國立雲林科技大學　資訊管理學系

推薦序　　葉律佐

　　狄更斯在《雙城記》中曾形容法國大革命的時代：「是一個最壞的時代，也是一個最好的時代。」如今在複雜的程式設計洪流中，「App Inventor 2」的出現，讓我們也深刻體驗到，此時，若您想要設計程式，絕對「是一個最複雜的時代，也是一個最簡單的時代」。

　　Google 於2010年所推出的App Inventor 2徹底改變了「寫程式沒那麼簡單」的思維，它是一個完全線上開發的Android 程式環境，不以一行行的文字，而以樂高積木式的堆疊式設計介面來完成Android 行動裝置程式。您只要會拖、拉、放，即能自行拼湊程式，最後，再將手機與電腦連線，程式就會出現在您的手機上了，這對於Android初學者或是機器人開發者來說如獲甘霖，只要您有興趣，絕對可以成為傑出的素人程式設計師。故此由CAVEDU教育團隊所編寫的《Android手機程式超簡單！App Inventor 入門卷〔增訂版〕》正是一本帶領您進入智慧型手機程式設計的優質教學書籍。

　　本書作者群，以曾吉弘先生所帶領的「CAVEDU教育團隊」，與其他講師們一同致力於推廣各種機器人與科學創意課程，培訓無數新一代熱愛機器人的年輕講師，更與學校單位合作，邀請南投中興高中蔡宜坦老師一同執筆，將機器人教育推廣至高中與國中國小，對我國科普教育實有卓實之貢獻。

　　初閱圖文並茂的《Android手機程式超簡單！App Inventor 入門卷〔增訂版〕》時，耳目隨即一新，端出的菜色有App Inventor 2介紹、數值運算與判斷、迴圈選擇與清單、程式設計基礎與程序觀念，更佐以雲端應用、小遊戲、資料庫等小撇步，將功能融入生活中。本書特色在於採取步驟式教學，以深入淺出的說明來介紹如何設計個性化之程式。另外，對於開設手機網路通訊與嵌入式系統等課程的學校，也提供了延伸學習的機制，能厚實學生的專題製作成效。細細品味此書，相信一定能體會蘇東坡「用之而不弊，取之而不竭，求之無不獲者，惟書乎！」之名言。

　　各位讀者，當您翻開本書時，恭喜您即將成為素人程式設計師，並在此借花獻佛，將前Apple CEO Steve Jobs對史丹佛畢業生演講的結語作為對您的祝福：

　　「Stay Hungry, Stay Foolish.」（求知若飢，虛心若愚。）

葉律佐
亞太創意技術學院　電機工程學系

國立臺中女中生活科技課程投入於機器人創意教學領域已有相當程度的進展，並於民國98年成立「創意教學中心」積極推廣各項創意教學及機器人教學，配合103學年度國中特色招生，於校內開設一門二學分的機器人創意專題，是校內相當熱門的特色選修課程，本校在機器人教學方面並嘗試各種的教學方式及教學環境，例如：NXT-G、App Inventor、EV3、LabVIEW等，而在App Inventor教學上一直採用CAVEDU團隊由阿吉老師等人合作編寫的《Android手機程式超簡單！App Inventor入門卷》，這是一本編寫方法相當棒的著作，讓教師及學生在學習App Inventor時能更快速掌握重點。

　　近年來，LEGO MINDSTORMS已由NXT更新為EV3系列，而App Inventor也升級至App Inventor 2，故CAVEDU團隊也非常積極的在教材上進行改版，此次《Android手機程式超簡單！App Inventor 入門卷〔增訂版〕》，除了以往的基本操作外，也增加了許多資料庫、網路資料庫及Google map的應用，很適合教師專業進修使用，並且使用於高中階段的程式設計或生活科技教學中，相信本書可以讓學生或老師對於App Inventor的應用有更深入的瞭解。

王裕德

國立臺中女中生活科技教師兼教務主任

作者群介紹

曾吉弘

CAVEDU教育團隊技術總監、
Robocon雜誌國際中文版 專欄作者。

高稚然

國立台灣大學機械工程學系在學。
擅長樂高機器人、各式手工藝。

陳映華

淡江大學電機工程學系電機與系統組
畢,現為軟體工程師。
專長:
使用Arduino與各式感測器場域結合、
樂高機器人、Android行動程式開發與
Processing互動設計。

CAVEDU 教育團隊簡介

http://www.CAVEDU.com

想成為Maker，就來CAVEDU！

　　CAVEDU 教育團隊是由一群對教育充滿熱情的大孩子所組成的機器人科學教育團隊，於2008 年初創辦之後即積極推動國內之機器人教育，以出版書籍、技術研發、教學研習與設備販售為團隊主軸，希望能讓所有有心學習機器人課程的朋友，皆能取得優質的服務與課程。本團隊已出版多本機器人、Arduino、Raspbery Pi 程式設計與數位互動等專業書籍，並定期舉辦研習會與新知發表，期望帶給國內的科學DIY愛好者更豐富與多元的學習內容。

CAVEDU 全系列網站

課程介紹　　　活動快報　　　系列叢書　　　研究專題

目　　錄

目　　錄

目　　錄

目　　錄

目　　錄

CHAPTER {01}
App Inventor 2介紹

本章重點	使用元件
建立 App Inventor 2 環境 建立專案 下載 .apk 安裝檔與 .aia 原始檔 使用模擬器或手機執行程式	**Button** 按鈕 **Label** 標籤 **Sound** 音效

1-1 學習目標

1、了解 App Inventor 2 發展與建置環境。

2、新增 Button 元件，並設定其屬性。

3、了解 App Inventor 2 程式設計的流程及 Designer、Blocks 頁面用法。

1-2 App Inventor 2 發展與沿革

　　App Inventor 是 Google 實驗室（Google Lab）的一個子計畫，由一群 Google 工程師與勇於挑戰的 Google 使用者共同參與。從 2010 年 7 月推出以來，App Inventor 迅速在基礎教育市場普及了起來，在臺灣由於中小學普遍使用 Scratch 程式來進行生活科技與資訊相關課程的教學，因此與 Scratch 風格相近的 App Inventor 2 自然很容易為第一線教學者所採用。另一方面，隨著智慧型手機的普及化，許多非資訊相關科系的學生都有機會使用手機來製作專案，例如互動裝置藝術或是簡單的 QR 條碼掃瞄程式等，這時候要學生先修習一學期的 Java 後再使用正規 Android 開發環境就不是個合理的的做法。這時 App Inventor 可以讓學生很快地理解手機開發上的各項環節並實作出一定水準以上的成果。

　　App Inventor 已於 2012 年 1 月 1 日移交給美國麻省理工學院行動學習中心（Mobile Learning Center, MIT），並於 2013 年推出新一代的 App Inventor 2（上一版的則改名為 App Inventor Classic）。另外，App Inventor 的開發環境原始碼是開放的，讓更多熱心投入者可以貢獻一份心力。

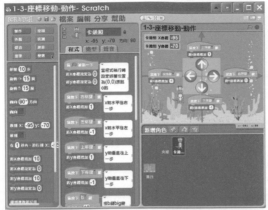

圖 1-1 Scratch 開發環境

1-3 App Inventor 2 環境介紹

App Inventor 2是一個完全線上開發的Android程式環境，拋棄複雜的程式碼而使用積木式的堆疊法來完成您的Android程式。除此之外它也正式支援樂高NXT機器人，對於Android初學者或是機器人開發者來說是一大福音。因為對於想要用手機或平板電腦控制機器人的使用者而言，它們不大需要太華麗的介面，只要使用基本元件例如按鈕、文字輸入輸出即可。

本系列書籍分為入門卷與進階卷，入門卷所有範例都可以在電腦端模擬器執行，將帶領讀者一步步進入手機或平板電腦程式設計的領域，包含互動介面設計、基礎資料處理方法、繪圖、遊戲、多媒體與網路元件等。更棒的是，所有開發環境都是免費的，只要在有網路連線下的電腦上就可完成各種操作。進階卷內容就更豐富了，要用到手機或平板電腦上的各種感測器，包括加速度、位置與方向感測器還有藍牙連線功能，因此需要使用實體手機或平板電腦進行開發，可以做到時下最好玩的憤怒鳥遊戲與控制樂高NXT機器人等外部嵌入式系統設備。

開發一個App Inventor 2程式就從您的網路瀏覽器開始，您首先要設計程式的外觀。接著是設定程式的行為，這部分就像玩樂高積木一樣簡單有趣。最後只要將程式同步或是下載到手機或平板電腦，剛出爐熱騰騰的程式就完成了！

App Inventor 2讓您可在網路瀏覽器上來開發Android手機或平板電腦應用程式，開發完成的程式可下載到實體手機或在模擬器上執行。App Inventor 2伺服器會自動儲存您的

工作進度還會協助您管理專案進度。

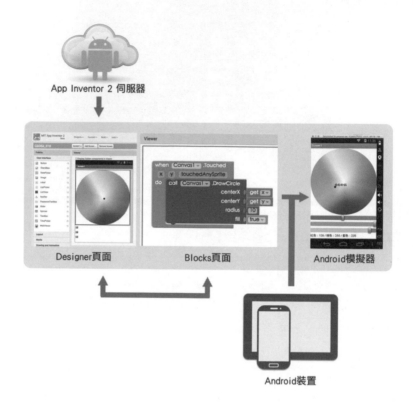

圖 1-2 App Inventor 2 架構圖

完成一個 App Inventor 2 程式需要經過兩道加工手續，也就是不同的開發介面：

■ **Designer**：「頁面設計視窗」，選擇程式中要用到的各種元件，您在此決定程式執行所呈現的畫面與元件的位置。

■ **Blocks**：「程式方塊頁面」，把各種程式指令「組合」在一起，藉此決定程式元件之行為。設計程式行為的方式就好像在螢幕上拼拼圖一樣輕鬆又有趣。

當我們逐步加入各種元件時，它們也會同時出現在您的手機或平板電腦畫面上，因此您可以邊寫程式邊進行測試。完成之後，您可以將程式打包起來產生一個 .apk 安裝檔。如果您沒有實體的 Android 設備，您還是可以透過 Android 模擬器來測試程式的效果。軟體在模擬器上如何運作，到了實體設備上也是同樣一回事，但是一些硬體功能例如感測器、藍牙、NFC 與照相機等則無法在模擬器上呈現，一定要使用實體設備。

App Inventor 2的開發環境支援Mac OS X、GNU/Linux以及Windows等主要作業系統，App Inventor 2所設計的程式可以安裝在幾乎所有的Android裝置上。

在開始使用App Inventor 2之前，您需要建立開發環境並安裝 App Inventor 2安裝套件，請看下節說明。

1-4 建立 App Inventor 2 環境

本段將依序帶您建立App Inventor 2開發環境，本書使用之作業系統為Windows；如果您使用麥金塔或Linux等作業系統，請至App Inventor 2官網依照步驟完成安裝。簡言之，您需要以下兩個步驟，請依序操作完成即可：

1. 個人的Gmail帳號。
2. 安裝App Inventor 2 Installer安裝檔。

1-4-1 系統需求

電腦與作業系統

■ 使用 Intel 處理器的麥金塔電腦，作業系統為 Mac OS X 10.5 或以上。

■ Windows：Windows XP、Windows Vista 與 Windows 7。

■ GNU/Linux：Ubuntu 8+；Debian 5+。

瀏覽器

■ Mozilla Firefox 3.6 版或以上。

■ Apple Safari 5.0 版或以上。

■ Google Chrome 4.0 版或以上。

■ Microsoft Internet Explorer 7 版或以上。

1-4-2 申請 Gmail 帳號

Gmail帳號為每一位 App Inventor 2開發者必備的帳號，藉此來登入 App Inventor 2官網

（http://ai2.appinventor.mit.edu），在此建議您申請Gmail帳號，因為大部份Android手機或平板電腦都必須使用Gmail帳號來登入Google Play。請依下列步驟來申請Gmail帳號：

1.請在搜尋引擎輸入Gmail關鍵字後，連結至Gmail網頁。

圖 1-3 搜尋 Gmail 關鍵字

2.點選畫面右上角建立帳戶按鍵（箭頭指引處）

圖 1-4 建立帳戶

3.建立帳號密碼及輸入個人資料，輸入完畢後點選頁面下方「我接受建立帳戶」按鈕。

圖 1-5 輸入相關資料

4. 輸入電話號碼，寄送驗證碼簡訊或以電話語音方式告知驗證碼給申請者。

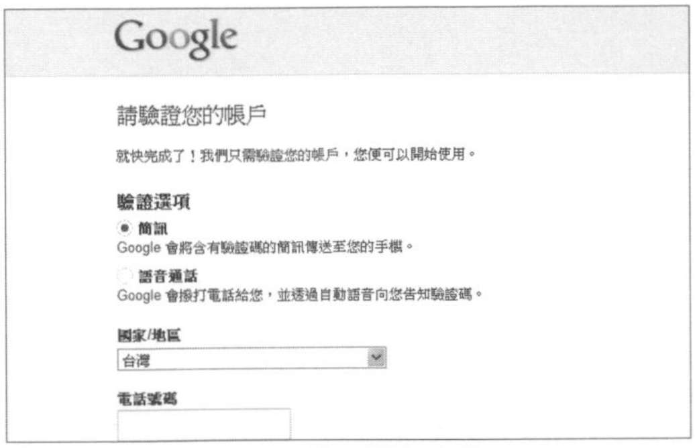

圖 1-6 進行電話驗證

5. 輸入驗證碼。

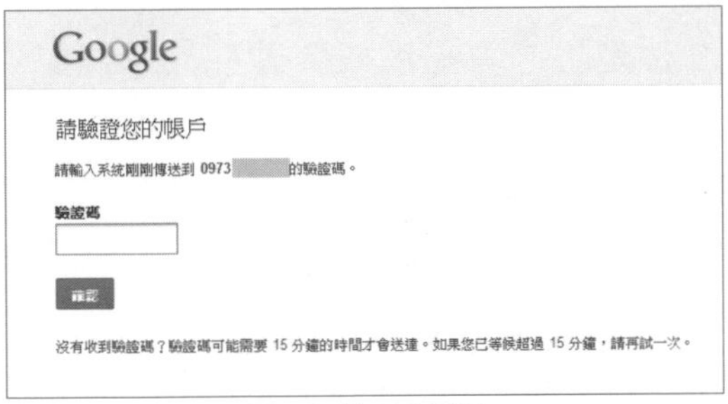

圖 1-7 輸入驗證碼

6. 申請成功，點選右側「開始使用」按鈕登入 Gmail 畫面。

圖 1-8 申請成功

7. Gmail 使用畫面，Gmail 是非常好用的郵件系統，與 Android/iphone 的整合度也非常高，歡迎多加利用。

圖 1-9 Gmail 主畫面

1-4-3 安裝 App Inventor 2 安裝套件

App Inventor 2 安裝套件是用來在電腦端啟動 Android 模擬器。這個步驟適用於 Windows 與 MAC OSX 作業系統，Linux 則尚無安裝套件。請注意，如果您只是要編寫程式而不會用到模擬器的話，則此步驟非必須。

我們建議您使用系統管理員權限來完成安裝，如此一來這臺電腦上的所有使用者都可以使用 App Inventor 2。如果您沒有系統管理員權限，則 App Inventor 2 只能在您所選用安裝的帳號下使用。請依下列步驟完成安裝：

1. 請到**http://explore.appinventor.mit.edu/ai2/update-setup-software**，下載 App Inventor 2Windows Installer。檔案的實際下載位置會根據您所使用的瀏覽器而有不同。

2. 開啟檔案並安裝，安裝時請使用預設設定即可，請勿更改安裝路徑並將安裝資料夾位置記下來，因為有時候我們可能會進去檢查相關的驅動程式。安裝資料夾可能會因為您所使用的作業系統以及是否使用系統管理員權限而有所不同。

3. 安裝完之後，您會在桌面看到一個 aiStarter 的捷徑，點擊兩下即可開啟，如圖 1-10。您需要在呼叫模擬器之前先開啟 aiStarter。

圖 1-10 aiStarter 初始畫面（Windows 作業系統）

指定安裝路徑

　　App Inventor 2大多數的情況下都能自行完成安裝，但如果在安裝過程中系統詢問 App Inventor 2之安裝路徑時，請確認安裝路徑為 C:\Program Files\Appinventor\commands-for-Appinventor。如果您使用的是64位元的作業系統，請將上述路徑中的 Program Files 改為 Program Files（x86）。另一方面如果您並非以系統管理員身分安裝 App Inventor 2，則它會安裝在使用者的個人資料夾中，而非直接放在 C:\Program Files 資料夾下。

1-4-4 手機驅動程式

　　當您要使用USB連線將程式同步到Android裝置時才需要安裝驅動程式，否則可以跳過此段。原則上各版本的Android手機都可與App Inventor 2搭配使用，經實測甚至可回溯到hTC tattoo機（Android 1.5版，這已經是古董啦！）。各家廠商會針對相關產品推出對應的 Android 驅動程式，例如hTC Sync、Sony PC Companion 以及 Samsung Kies 等等，如果您不是很確定要下載哪一套軟體的話，請參閱您的手機使用說明書或App Inventor 2官方網站以獲得更多資訊，本書是使用SONY Xperia ZL進行畫面擷圖。我們在App Inventor 2中文教學網已整理多個常用的同步軟體下載頁面，請參閱網址 http://www.appinventor.tw/。

1-4-5 如何同步與安裝 App Inventor 2 程式

　　App Inventor 2提供了三種同步方式：AI Companion、USB與模擬器。請看以下介紹：

1. **AI Companion**：透過網路將程式同步到實體的Android裝置，您的Android裝置需先安裝MIT AI2 Companion這隻小程式。請在Google Play搜尋這個程式名稱再安裝完畢即可。

2. **USB**：您的電腦如果有安裝您所使用的Android裝置驅動程式的話，使用本選項即

可將程式透過 USB 傳輸線同步在裝置上。請注意每隻 Android 裝置的驅動程式都不盡相同，例如 HTC Sync、SONY PC Companion 以及 Samung Kies 等，請根據您所使用的設備來安裝對應的驅動程式。

3. 模擬器： 在電腦端啟動模擬器軟體，您需要先安裝好 App Inventor 2Installer。點選本選項之後，就會啟動模擬器並直接進到程式畫面。

在同步功能中，您所做的任何修改（例如修改元件的背景顏色）都會直接在手機或模擬器上看到效果，不需要重新下載程式。這是非常非常非常（很重要所以講三次）方便的功能，您一定會喜歡的！

同步程式時，實際上程式是沒有安裝在裝置中的，也就是說當您按下 Return 鍵之後，方才執行的程式就不見了。因此當真的需要將程式碼安裝在 Android 裝置中時，就不能使用同步功能了。換言之，當您安裝好程式之後，日後所做的任何修改就必須再次安裝才行。

另一方面，Android 手機預設是只能安裝從 Google Play 上下載的程式，所以當我們要自行開發程式時，需要在手機的設定頁面中完成「**未知的來源**」、「**USB 除錯中**」、「**允許模擬位置**」等設定。本介面以 SONY 手機來截圖，不同的手機項目名稱可能有所不同，但路徑是差不多的。

請在設定 / 安全性 / 勾選「不明來源」，代表允許安裝不是 Google Play 下載的應用程式。

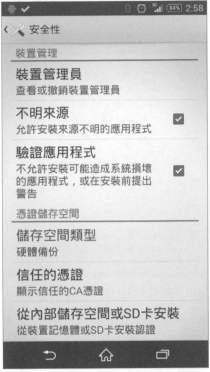

圖 **1-11** 允許安裝非來自 **Google Play** 的程式

另一方面，App Inventor 2 提供了兩種安裝程式的方式，請看以下介紹。

1. **QRCode 掃描**：App Inventor 2 會將 .apk 檔下載路徑產生一個 QRCode。在此可使用
   MIT AI2 Companion 或任何 QRCode 掃描程式來掃描，即可透過網路將檔案下載到
   手機。

圖 **1-12a** 取得 **.apk** 安裝檔的兩種方式

圖 1-12b 產生 QRCode 來下載 .apk 安裝檔

2. **下載 .apk 安裝檔到電腦：**直接將本專案的 .apk 安裝檔下載到電腦端，您可以將該安裝檔放到手機後安裝或寄給別人。

1-4-6 如何下載與上傳原始碼

App Inventor 2 的 原 始 碼 是 .aia。 根 據 MIT 官 方 說 法，App Inventor Classic 與 App Inventor 2 的程式碼無法互通，您也無法將 App Inventor 2 的專案轉為 Android 的 Java 程式碼。請在 projects 下拉式選單中，點選「**Import project（.aia）from my computer**」來下載 .aia 原始檔。或是點選「**Export selected project（.aia）to my computer**」來上傳指定原始檔。

上傳原始檔

匯出原始檔

圖 1-13 下載/上傳原始檔

(註：圖中選單如下)

Projects ▾　　Connect ▾　　Build ▾　　Language ▾

My projects

Start new project

Import project (.aia) from my computer ...

Import project (.aia) from a repository ...

Delete Project

Save project

Save project as ...

Checkpoint

Export selected project (.aia) to my computer

Export all projects

Import keystore

Export keystore

Delete keystore

1-5 第一個 App Inventor 2 程式

　　我們要用一個簡單的按鈕範例來帶領您完成第一個 App Inventor 2 程式。請根據以下步驟操作。

<EX1-1>HelloButton

　　這是您的第一個 App Inventor 2 應用程式：點選畫面按鈕時，會更改按鈕的背景顏色與文字內容。相信練習完本範例之後，您已經可以自行開發許多 App Inventor 2 程式了。在開始寫程式之前，請確認您的電腦環境已經設定完成。

圖 1-14a <EX1-1> 執行畫面（上：模擬器　下：Android 手機）

當您編寫本程式時，您會了解到 App Inventor 2 的三個主要工具：

■ **Designer** 頁面：設計手機畫面的地方，在此決定要使用哪些元件以及版面配置。

■ **Blocks** 頁面：決定程式行為的地方，在此以各種圖形與指令來決定執行效果。

■ 模擬器或手機：您可在模擬器或實體 **Android** 裝置來檢視程式執行結果。

<STEP1> 新增專案

　請開啟 App Inventor 2 官方網站（http://ai2.appinventor.mit.edu/）並以個人 Gmail 帳

號登入。如果這是您第一次使用 App Inventor 2，您會看到一個空白的專案（Projects）頁面，如圖 1-15。日後您所開發的所有專案都會在此頁面上，您可在此頁面來新增、刪除專案以及另存新檔。另外，也可以上傳他人所寫的 .aia 原始碼，或是將指定專案的原始檔下載到電腦。

CAVEDU 說：

App Inventor Classic 的原始檔格式為 .zip，無法與 App Inventor 2 通用喔！

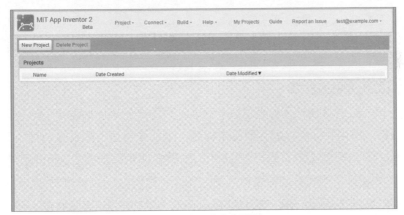

圖 **1-15** 空白的專案頁面

<STEP2> 建立新專案

　　請點選螢幕左上角的「**New Project**」按鈕，接著請輸入專案名稱「**HelloButton**」或是任何您喜歡的專案名稱，輸入完畢之後按 OK 就會進到 Designer 頁面。App Inventor 2 的專案命名方式類似於一般程式語言的變數宣告方式，例如不能以數字或符號開頭、不能有空白等等，像 123myProject 或 mycode 01 就是不合格的專案名稱。

　　接著會進入 Designer 頁面，這就是您選擇程式元件並決定程式外觀的地方，如圖 1-16 所示：

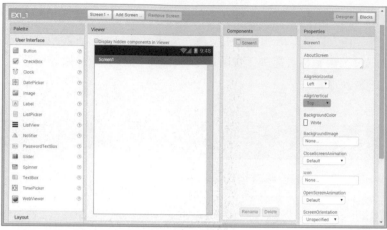

圖 **1-16** 空白的 **Designer** 頁面

<STEP3> 選擇程式元件

　　App Inventor 2 的各種程式元件都位於 Designer 頁面左側 Palette 框架下的各指令區中。程式元件是指您用來設計程式的各種基本模組，就好像菜單上的食材一樣。有些程式元件相當簡單，例如顯示文字用的 Label 元件，或是各種點擊功能的 Button 元件及輸入資料用的 TextBox 元件。也有其他較複雜的程式元件，例如 Canvas 畫布或是加速度（動作）感測器，就好像 Wii 的手把一樣，讓我們可以偵測手機的移動/搖動狀況。另外還有用來編輯/發送文字訊息的 texting 元件、用來播放音樂/影片的 sound 與 VideoPlayer 元件，以及用來從網站擷取資料的 Web 元件等等，非常豐富。您可以點選元件旁的小標示來看各元件的說明文件。

CAVEDU 說：

　　我們已經將 App Inventor 2 所有指令的中文化內容整理在 App Inventor 2 中文學習網了，歡迎多多利用喔！（http://www.appinventor.tw）

　　您只要點選並將要用的程式元件拖到 Designer 頁面中間的 Viewer 區塊就可以了，藉此完成手機程式畫面的初步配置。當您在 Viewer 中放入一個程式元件時，Designer 頁面右側的 Components 框架也會出現該程式元件的名稱，代表已經成功放入。相同的元件會依放入的順序來編流水號，例如 Button1、Button2……等。我們可用 Components 框架下

方的「Rename...」與「Delete...」按鈕來重新命名或刪除該元件。

　畫面右側Properties框架可進一步調整各個程式元件的屬性，請點選要修改的程式元件後就會在Properties框架中看到該元件可修正的各種屬性。

\<STEP4\> 設定程式元件屬性

　HelloButton程式中只有一個元件，Button。請跟著下列步驟操作：

A.將 Button 元件拖到 Screen1 中（Button 元件位於畫面左側的 User Interface 元件區中）。

B.請在Button元件的Properties選項中，將Width改為「**Fill parent**」，Height改為「**Automatic**」。每個可視元件都會有這兩個屬性，您可以根據實際版面需求來調整為「**Fill parent**（填滿父類別）」、「**Automatic**（自動調整）」，或是直接輸入像素來決定元件寬高。App Inventor 2模擬器的解析度為320 x 480，因此在此選擇Fill parent的話，Button的寬度就是320像素。

C.請將Text欄位的預設字樣「**Text for Button1**」刪除，並改為「請按我」。

完成之後，您的 Designer 頁面會長這樣：

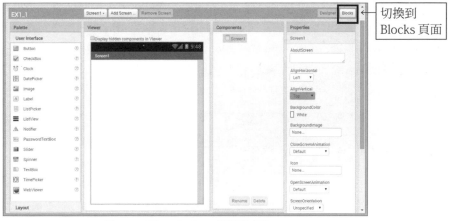

　　　　　　　　　圖 1-17 <EX1-1>Designer 頁面完成圖

\<STEP5\> 開啟 Blocks 頁面

　決定好程式畫面之後，接著要指定元件之間的行為，以本範例來說就是按下按鈕之後去改變按鈕的背景顏色與文字。請點選畫面右上角的Blocks按鈕來切換到Blocks頁

面，如下圖：

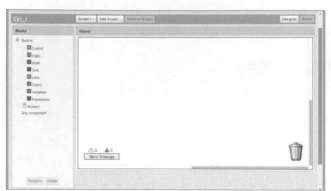

圖 1-18 Blocks 頁面

<STEP6> 連接模擬器或手持裝置

您可以在 Blocks 頁面中決定要在模擬器或是實體設備來檢視程式。本書所有範例都可在模擬器執行，因此將以模擬器為主。其他方式請您回顧 1-4-6。請點選 Blocks 頁面上方的「**Connect**」下拉式選單，再點選 **Emulator** 就會啟動模擬器，此時需等待一段時間，待圖 1-19 出現後，在中間鎖頭位置往右拖曳以解鎖。再等待一會之後，就能看到模擬器的畫面已與 Designer 頁面同步了。這時您在程式中所做的任何修改都會馬上在模擬器上看到效果，無須重新下載程式，非常方便喔！

CAVEDU 說：

首次執行時，模擬器會要求您更新 Companion。請依序安裝即可（圖 1-20a 與 1-20b）。另一方面，如果模擬器無法與 Designer 頁面同步或是無反應，請點選 Connect 選單中的 Reset Connection 之後再次啟動模擬器即可。如果還是不行，請重新整理網頁或重新登入 MIT APP Inventor。

圖 1-19 模擬器視窗（左至右解鎖）

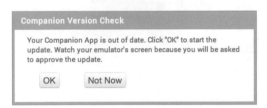

圖 1-20a 模擬器要求更新套件

圖 1-20b 在模擬器上完成更新

如果要將程式同步到實體 Android 裝置上，則有兩種方式：**AI Companion** 與 **USB**。建議使用前者，因為後者需要在該電腦上安裝您所使用 Android 裝置的驅動程式，對於學校電腦或是有安裝還原卡的電腦來說，較不方便。

另外您也可在頁面上方看到 **Languages** 下拉式選單，其中有英語、西班牙語、簡體中

文與繁體中文可以選擇。不過在此建議您還是使用英文來開發比較好喔。

圖1-21 Languages 下拉式選單

<STEP7> 按下按鈕改變背景顏色

截至目前為止，您點選模擬器畫面上的「**請按我**」按鈕時，是完全沒有反應的，因為我們尚未決定按下按鈕後要做什麼事情。先讓我們來看看 Blocks 頁面中有什麼。

Blocks 頁面是用來設定程式元件的行為，也就是各個元件該做什麼，以及什麼時候要做。如果我們把元件看作食譜中的食材的話，那這些長得像積木的控制指令就是烹調方法。以本範例來說，我們要告訴按鈕，當它被按下時就要改變它的背景顏色與文字內容。

在 Blocks 頁面的左側有兩個選項：**內建指令（Built in）**、**自訂指令（My Blocks）**，以及**任何指令（Any component）**。內建指令是常用的標準指令，所有的程式都可使用這些指令。自訂指令則是根據您所選擇的元件來顯示對應的指令，在本範例中我們只新增了 Button 元件，因此您只會在 Screen1 元件下看到一個 Button1。點選 Button1 就會在右側展開 Button 相關的指令。在此請依序操作：

1. 新增一個**Button1.Click**事件，這是一個匚字型的土黃色指令，代表當 Button1 被按下時，執行其中的所有指令。

2. 新增一個**set Button1.BackgroundColor**指令，在右側的 to 欄位放入 Colors 指令區中的綠色（或任何您喜歡的顏色），最後放到**Button1.Click**事件中，完成後如下圖：

圖 1-22 按鈕改變背景顏色

<STEP8> 改變文字內容

新增一個 **set Button1.Text** 指令，在右側的 to 欄位放入一個文字常數，內容為「早安~」。完成之後，把它放在 **set Button1.BackgroundColor** 指令的下方，如下圖。這樣一來，當您點擊按鈕時就會執行這兩個動作了。

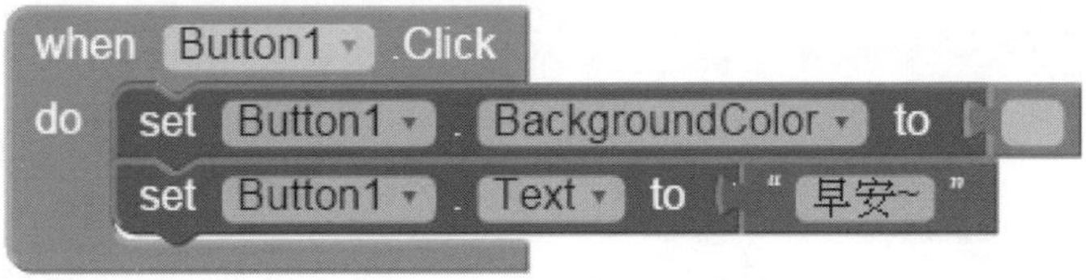

圖 1-23 按下按鈕改變背景顏色與文字

<STEP9> 加入判斷條件

在此要做的是每當按下按鈕時根據按鈕的背景顏色來切換兩種狀態。請依序操作：

1. 在 Built in 的 **Control** 指令區中，新增一個 **if** 判斷式，它會根據右側判斷式的結果來決定是否執行 **then** 區塊中的指令。不過在此我們希望在判斷式不成立時也要執行動作，所以請點擊 **if** 左上角的藍色小方塊，將 **else** 放進去，則原本的 **if** 判斷式會變形成如下圖的樣子：

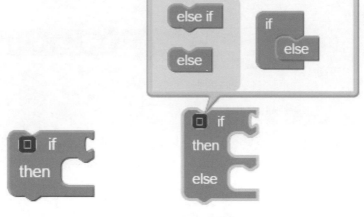

圖1-24 if判斷式　　　　　　　　　圖1-25　if/else判斷式

2. 在 Built in 的 **Math** 指令區中，新增一個=指令，左側欄位請放入 **Button1.
BackgroundColor** 指令，右側請放入Color的粉紅色。代表**if**會去判斷Button1的背
景顏色是否為粉紅色，如果是，則執行**then**區塊中的指令；反之，則執行**else**區
塊中的指令。藉此我們就能根據判斷式的結果來執行兩種動作其中之一。完成後
如下圖

圖1-26 決定判斷式內容

3. 請點選之前的 **set Button1.BackgroundColor** 指令與 **set Button1.Text** 指令，並對
它們點選滑鼠右鍵，選擇「**Duplicate**」就能複製指令（或按下鍵盤的Ctrl+c與
Ctrl+v也可以），如圖1-27a。請將第二組的顏色改為綠色，文字內容改為「**您也
早**」，接著將它們如圖1-27b放置。

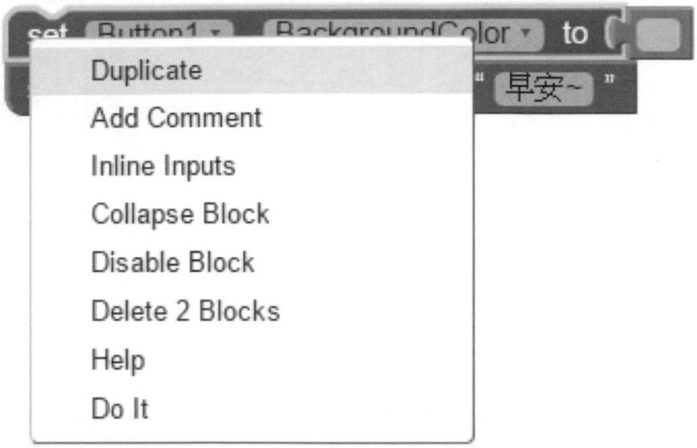

圖 1-27a　Duplicate 複製指令

圖 1-27b　設定兩組不同的動作

4. 最後，將所有指令放到 **Button.Click** 事件中就完成了。每次當您點選按鈕時，程式會判斷 Button 的背景顏色是否為粉紅色，並根據判斷結果執行對應的動作，如下圖：

圖 1-28 <EX1-1> 程式完成圖

　　恭喜您已經完成第一個 App Inventor 2 程式了。您可以在 Designer 或 Blocks 頁面上方找到兩種不同的下載方式：

1. **App（provide QR oode for apk**）：將程式打包並產生一組二維條碼，您可以使用 MIT AI2 Companion 或任何條碼掃瞄程式來掃描之後即可透過無線網路或 3G 網路來下載程式。

2. **App（save .apk to my computer**）：將 .apk 安裝檔下載到電腦，您可以將這個檔案直接寄給擁有 Android 裝置的朋友們，讓它們一起分享您的成果。

最後，讓我們回顧一下設計 App Inventor 2 程式時的重點：

■ 程式設計的方式是藉由選擇不同的元件（好比是食材），接著告訴它們何時該做什麼事。

■ 在 **Designer** 頁面中選擇元件，元件根據其屬性而有可能不會顯示在畫面上。

■ 可從電腦上傳音效檔與圖檔做為程式的媒體檔案。

■ 在 **Blocks** 頁面中將各種指令組合起來，由此決定各元件的行為與互動關係。

■ **when...do...** 指令事實上就是事件處理器（**event handlers**），它會告訴元件當某個特殊狀況發生時應該執行的動作。

■ **call...** 指令是用來設定元件所要執行的動作。

1-6 總結

　　App Inventor 2對於看到大串程式碼就頭暈的朋友來說，的確是個天大的好消息。但您已經體會到它與完整的 Android SDK有先天體質上的差異，支援性與完整性都會比較弱。不過有了這樣一個簡易又可愛的程式環境，的確是讓寫程式時的心情都好起來了呢！

1-7 實力評量

1、（　）開發 App Inventor 2需具備 Java 程式語言基礎。

2、（　）App Inventor 2的原始碼為 .apk。

3、（　）App Inventor 2的原始碼可以轉換為 Android 專案的 Java 程式語言。

4、（　）非可視元件（non-visible component）是沒有作用的元件。

5、請說明比較圖形化程式與文字式程式的異同。

6、請說明 Designer 頁面與 Blocks 頁面的功能。

7、請說明如何將 if 判斷式變成 if/else 判斷式。

8、請修改 <EX1-1>，在點擊按鈕時可以改變 Button 的字體大小（TextSize）。

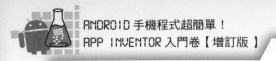

CHAPTER {02}
運算與判斷

本章重點	使用元件
了解各資料型態變數與常數操作方法 數值運算 邏輯判斷 熟悉 **if** 指令使用方式，並能依需求製 作出 **if/else** 與 **if/else if** 等判斷結構	**Variables** 變數 **Math** 指令 **Logic** 指令 **if** 指令及延伸出的判斷 結構

本章我們將介紹所有程式語言的入門基礎：「變數、常數、運算及判斷結構」。App Inventor 跟傳統的程式語言一樣，提供了基本的運算與條件判斷式，讓程式得以根據使用者的輸入做出不同的結果，本章將以「求 BMI」的範例介紹幾種常用的運算方式及條件判斷式的用法。本章僅介紹常用的指令，其餘指令的詳細使用說明請參閱本書附錄 A。

表 2-1 第 2 章範例列表

編號	專案名稱	說明
EX2-1	BMI.aia	計算 BMI
EX2-2	BMI_2.aia	計算 BMI，並回報資訊

2-1 宣告常數

■布林常數

　　布林常數為位於 Built in→**Logic** 選單中的 `true` 及 `false`，右方倒三角形是用來修改其值的下拉式選單，如圖 2-1。

圖 2-1 以下拉選單更換布林變數值

■數字常數

　　數字常數為位於 Built in→**Math** 選單中的 `0`，或直點選「0」處即可設定新值，如 `123`。

■字串常數

　　字串常數為位於 Built in→Text 選單中的 `" "`，直接按下「" "」空白處即可更改內容，APP Inventor 2 已可以設定並顯示正體中文字串，如 `繪圖`。

2-2 運算

■ 數值運算

數值運算指令位於 Built in → **Math** 選單中：

運算子	說明	範例	結果
▣ ＋	加法	▣ 1 ＋ 2	3
－	減法	2 － 1	1
▣ ×	乘法	▣ 2 × 3	6
／	除法	10 ／ 3	3.33333
＾	次方	2 ＾ 10	1024

　　如果某個運算指令有括弧的功能，多個指令合併時會以框內的為優先，並非一般四則運算的先乘除後加減。例如圖 2-2 結果為 16，而非 11。

圖 2-2 合併運算範例

　　注意「＋」、「×」運算指令中左上角的藍色小方塊，這是 AI2 新增的實用功能，點開後會如圖 2-3、圖 2-4 般出現額外的編輯區，這裡可以讓您拖曳方塊組合數量、設定運算結構或自行調整單一運算指令中「＋」、「×」的次數，不用像以前只要遇到 2 次以上同樣性質的運算，就得再拉出指令層層套疊。

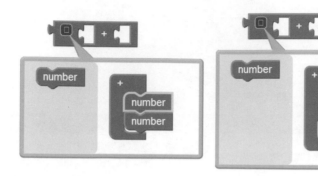

圖2-3 加法運算指令結構設計

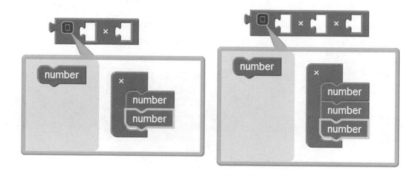

圖2-4 乘法運算指令結構設計

■結合文字join

位於 Built in → **Text** 選單中的結合文字 **join** 指令 ，可將多個文字或數字組成同一筆文字，如圖2-5的結果即為「**a0**」。同樣可藉由藍色小方塊設定合併的字串數目。（註：App Inventor 2 會盡量讓您不需要進行資料轉換就可以作業，否則在絕大多數的程式語言中，不同的資料類型是不能直接這樣運算的喔！）

圖2-5 結合文字 "**a**" 與數字 0

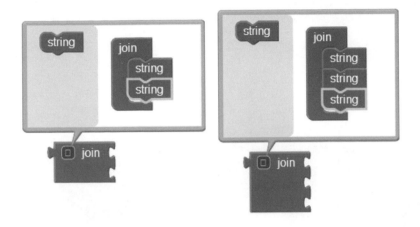

圖 2-6　擴充結合文字的數量

■關係運算

關係運算指令位於 Built in→**Math** 選單中，預設為「=」，可透過下拉式選單變更內容：

運算子	說明	範例	結果
=	等於	5 = 10	False
≠	不等於	5 ≠ 10	True
<	小於	5 < 10	True
≤	小於等於	5 ≤ 10	True
>	大於	5 > 10	False
≥	大於等於	5 ≥ 10	False

■邏輯運算

　　邏輯運算指令為位於 Built in→**Logic** 選單中，預設為「=」、「and」，同樣可以透過下拉式選單修改內容：

運算子	說明	範例	結果
	等於		False
	不等於		True
not	相反，傳回運算式相反的結果		True
and	且，只有全部為真才傳回真		False
or	或，只有全部為假才傳回假		True

2-3 求 BMI 值

<EX2-1> BMI.aia

　　身高體重指數又稱身體質量指數（Body Mass Index，縮寫為 BMI），其計算式為 **BMI=體重（kg）/身高平方（m²）**。本範例要設計一個可輸入身高和體重的使用者介面，利用這關係式求出 BMI 值並顯示在螢幕上。

圖 2-7 <EX2-1> 執行畫面

2-3-1 Designer 人機介面

運算與判斷

<STEP1> *建立專案、選擇程式元件*

請在 Projects 選單中建立一個新專案「**BMI**」。本專案使用元件如下表：

表 2-2 <EX2-1> 使用元件

元件	說明
TextBox	供使用者輸入字串。
Button	按鈕元件用來觸發事件。
Label	顯示文字。

<STEP2> *設定程式元件屬性、 步驟：*

- Screen1 的 Title 欄位修改為「**BMI 計算程式**」。
- 新增兩個 TextBox 元件，並依序修改 Hint 欄位如下表：

表 2-3 TextBox 屬性修改

元件名稱	修改後功能	Hint 欄位
TextBox1	供使用者輸入字串。	請輸入身高（m）
TextBox2	按鈕元件用來觸發事件。	請輸入體重（kg）

- 新增 Button 元件，text 欄位輸入「求 **BMI**」。
- 新增 Label 元件，text 欄位清空。設定完成後如圖 2-8。

圖 2-8 <EX2-1>Designer 頁面完成圖

2-3-2 Blocks 程式方塊

<STEP1> 程式解說

1. 切換到 Blocks 頁面。

2. 新增按鈕觸發事件。

- 新增 **Button1** 的 **when Button1.Click** 事件。
- 新增 **Label1** 的 **set Label1.Text** 指令，放置到事件中。

3. 計算 BMI

- 新增除法運算指令至 **set Label1.Text** 指令的 to 欄位。
- 新增 **TextBox_Weight.Text** 參數至被除數位置。
- 新增 math 的 **次方 ^** 指令至除數位置，新增 **TextBox_Height.Text** 參數至底數位置，指數則設定為 2。

圖 2-9 計算 **BMI** 並顯示在標籤上

操作時，請分別在TextBox中輸入數字，在按下按鈕即可看到計算結果顯示於Label上。第一個程式已經完成了，是不是很輕鬆呢？

圖 **2-10** 程式執行結果

<STEP2> 加入說明字串

- 計算結果只有數字的話，不太容易理解要表達什麼，也不清楚使用什麼單位。在此您可以利用**join**結合文字指令來修飾顯示的內容。
- 新增 **Built in → Text** 選單中的**join**指令至 **set Label1.Text** 指令的to欄位，此時BMI的計算式會被擠開。
- 新增字串常數「**BMI=**」至**join**指令的第一欄，第二欄則為原本的BMI計算式。

圖 **2-11** 利用**join**指令合併說明字串

2-3-3 操作

依序輸入身高體重後點選「**求BMI**」鍵，即可在下方看到BMI的數值。

圖 **2-12a** 程式起始畫面

圖 **2-12b** 正確顯示結果並加上單位

2-4 宣告變數

變數相關功能位於 **Built in** → **Variables** 選單之中。變數可用來傳遞資料與控制迴圈執行次數，是相當好用的功能。

■宣告變數

宣告變數指令為 **initialize global（name）to** 指令 `initialize global name to`，修改「**name**」欄

位即可修改變數名稱。

注意變數名稱必須以字母字元開頭，不能使用中文字。且只能包含字母字元、十進位數字和底線。此處的「**global**」係指該變數為全域變數，在程式中的所有事件、指令中都可以使用，與之相對的是只能在特定事件內使用的事件變數（例如Canvas Touched事件的X與Y），在下一章會更進一步的說明。

宣告變數時需設定初始值，同時會決定該變數的資料型態，例如：`initialize global BMI to 0`表示宣告BMI為數字變數，初始值為0；`initialize global msg to "哈囉"`表示宣告msg為字串變數，初始值為哈囉。

■使用變數

變數的使用分為「寫入」及「讀取」兩種。將游標移到變數名稱上時，會如下圖出現get與set兩個指令：

initialize global BMI to 0
get global BMI
set global BMI to

圖2-13 將游標移動到變數名稱，會出現讀寫等兩個指令

get指令可取得已宣告的變數值；set指令則是用於儲存、修改已經宣告的變數值，後方的to欄位用以填入新值。您也能從Built in→**Variables**指令區找到這兩個指令，以下拉式選單來選擇已宣告變數。

圖2-14 以下拉式選單修改要操作的變數（需先宣告完成）

2-5 判斷結構 if、if/else、if/else if

　　if判斷式位於 **Built in → Control** 選單中，它能建立判斷結構、讓程式依不同情況做出不同反應。AI2 的 **if** 判斷式也有藍色小方塊的功能，讓您可以依需求設計出不同的判斷結構。以下將介紹判斷結構的基本形式：

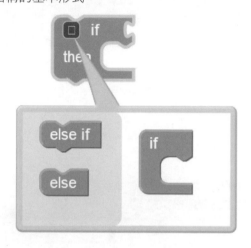

圖 2-15 **if** 判斷式及藍色小方塊中的編輯區

■ **if** 判斷式

　　這是 **if** 判斷式的最基本型態。假如判斷式為 True，則執行「**then**」區塊中的指令；若否，則不做任何動作，直接跳離這個 **if** 判斷式。

圖 2-16 **if** 判斷式

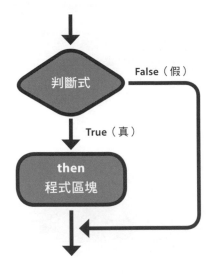

圖2-17 **if**判斷式執行流程

舉例而言:

假如BMI變數值≧35,Label2標籤就會顯示「**重度肥胖**」。如果不是的話,就跳過這個**if**判斷式。

■ **if/else**判斷式

if/else判斷式是由**if**判斷式經藍色小方塊編輯而成,讓程式在不符合判斷式時仍能有所動作。假如判斷式為True,則執行「**then**」區塊;若否,則執行「**else**」區塊。

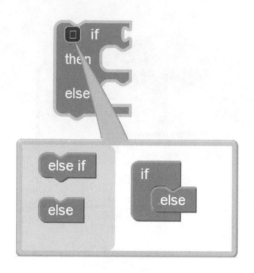

圖 2-18 **if** 修改成為 **if/else**

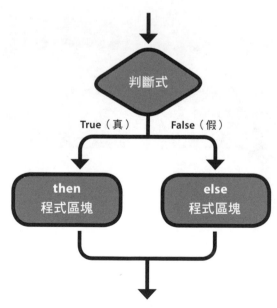

圖 **2-19** **if/else** 判斷式執行流程

舉例而言：

這是一個計算絕對值的程式，當變數x<0時，x乘以-1轉為正數再顯示；其餘情況（即x≧0）則直接顯示x原值。

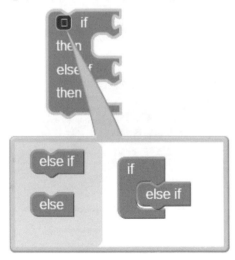

■ **if/else if 判斷式**

if/else if 判斷式由if判斷式經藍色小方塊編輯而成，可設定更多的條件式。假如「判斷式」為True，則執行「**then**」程式區塊；若否，再檢查「**else if**」判斷式，結果為True則執行對應的「**then**」程式區塊；若仍不符合條件式，就直接跳離該指令。

圖2-20 if修改成為if/else

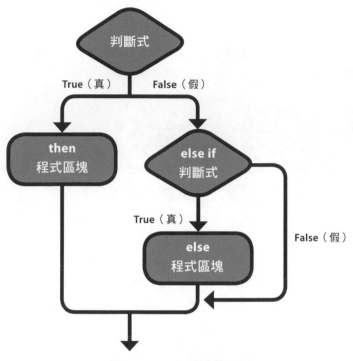

True（真）　　　False（假）

then
程式區塊

else if
判斷式

True（真）

else
程式區塊

False（假）

圖 2-21 if/else if 判斷式執行流程

舉例而言：

這是依成績給予回饋的程式，當分數 ≧ 80 時，Label1 標籤會顯示「GOOD ！」；當分數 < 60 時，Label1 標籤會顯示「請多加油」。而當分數落在 60 ～ 79 的區間時，程式不會有所反應，當然，您也可以再利用藍色小方塊在判斷式的最後加上 **else** 補足剩下情況的反應。接下來的 EX2-2 將會運用這些基本的資料型態，組出所需的判斷結構。

2-6 判斷BMI分級

本範例延伸自<EX2-1>，會把BMI宣告為變數，並判斷其數值範圍來顯示分級標準。

BMI數值代表之意義如下：

表 2-4 <EX2-2> BMI分級標準

分級標準	身體質量指數
體重過輕	BMI < 18.5
正常範圍	18.5 ≦ BMI < 24
過　　重	24 ≦ BMI < 27
輕度肥胖	27 ≦ BMI < 30
中度肥胖	30 ≦ BMI < 35
重度肥胖	BMI ≧ 35

2-6-1 Designer 人機介面

<STEP1>新增程式元件、設定屬性

延續EX2-1的內容，新增兩個Label元件，text欄位都清空。並分別改名稱為Label_BMI與Label_Range。設定完成後如下圖。

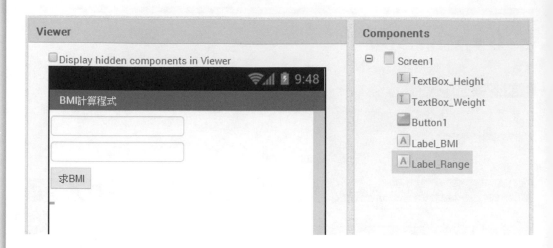

圖 2-22 <EX2-2>Designer 頁面完成圖

2-6-2 Blocks 程式方塊

<STEP1> 程式解說

1. 切換到 Blocks 頁面。

2. 宣告變數 BMI

   - 新增 **Built in → Variables** 選單中的 **initialize global（name）to** 指令，將變數名稱由「name」改為「**BMI**」。

3. 計算 BMI 值並儲存至變數

   - 新增 **Built in → Variables** 的 **set** 指令於 **set Label1.Text** 指令之上，變數名稱選擇「global BMI」。to 欄 位 為 BMI 計 算 式「**TextBox_Height.Text/（TextBox_Weight.Text）^2**」。

4. 讀取變數資料並顯示 BMI 數值

   - 新增 **Built in → Variables** 選單中的 **get** 指令，選擇名稱為「global BMI」,；以 **join** 指令合併說明文字「**BMI=?**」及 BMI 變數值，最後把它們放到 **set Label1.Text** 指令的 to 欄位，如圖 2-23。

圖 **2-23** 以變數 **BMI** 儲存計算結果再顯示於 **Label** 上

<STEP2> 判斷 BMI 數值範圍

1. 判斷 BMI 數值範圍——小於 18.5
   - 新增 **Built in→Control** 的選單中的 **if** 判斷式至 **set Label1.Text** 指令之下。
   - 新增 **Built in→Math** 的選單中的小於指令＜至 **if** 判斷式，左格填入變數 **BMI**，右格填入數字常數 **18.5**。

2. 顯示範圍意義
   - 新增 Label_BMI 的 **set Label_BMI.Text** 指令至 **if** 判斷式的 then 程式區塊，to 欄位填入「**體重過輕**」的文字常數。

3. 判斷 BMI 數值範圍——介於 18.5 到 24 之間
   - 再新增一個 **if** 判斷式至前一個 **if** 判斷式之下。
   - 新增 **Built in→Logic** 的 **and** 指令，用以合併兩個判斷式「**BMI ≧ 18.5**」及「**BMI ＜ 24**」，判斷式設定方式請參考 1.。
   - 新增 Label_BMI 的 **set Label_BMI.Text** 指令至 **if** 判斷式的 **then** 程式區塊，to 欄位填入「**正常範圍**」的文字常數。

4. 完成判斷式設定
   - 依表 2-4 及前述觀念，複製 **if** 判斷式及其內容，接著修改 BMI 數值判斷及分級標準顯示。如圖 2-24。

運算與判斷

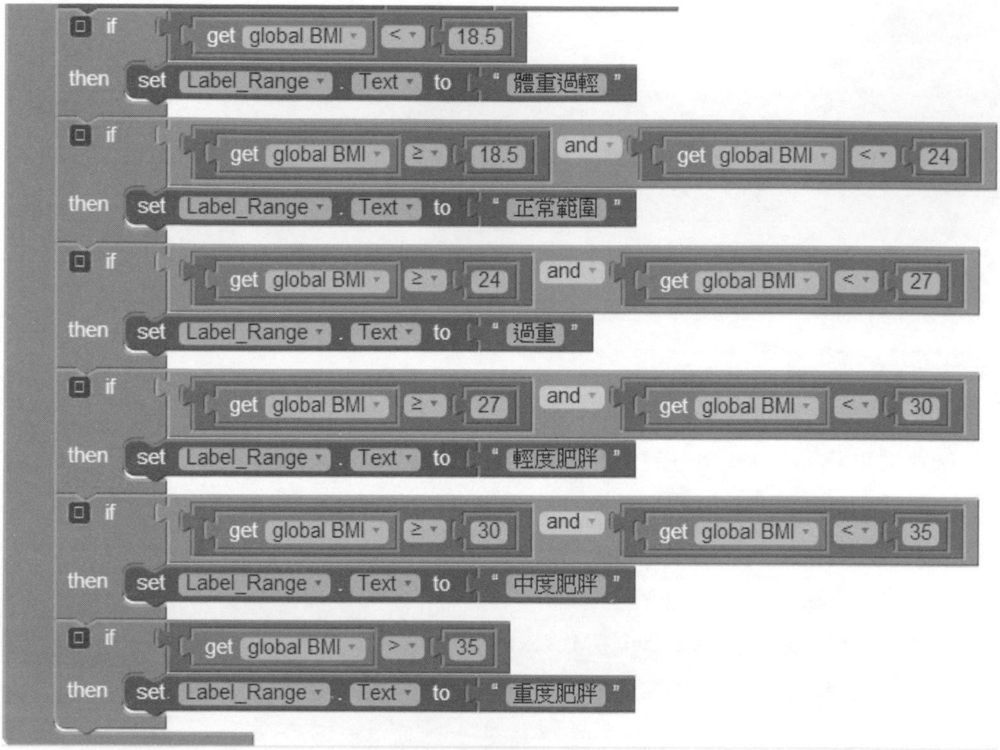

圖 2-24 判斷 BMI 數值並顯示文字說明

<STEP3> 改用 if/ else if/ else 判斷式結構

　　到 <STEP2> 這個範例就算完成了，但您可以利用 AI2 新增的藍色小方塊自行設計判斷式結構，讓程式變得更為整潔。

- 由表 2-4 可知，BMI 的分級標準共有 6 個，且涵蓋了所有的數值範圍，沒有缺漏。
- 如圖 2-25a，點開 if 判斷式的藍色小方塊，新增四個 else if 判斷式及一個 else 判斷式。
- 依序填入 BMI 數值範圍判斷式及相應的分級標準顯示，最後一個範圍因為是全範圍扣掉前五個區間，可以省去判斷式，只用 else 指令來設定顯示文字。完成如圖 2-25b。
- 本範例有許多的類似的段落，可以善用「Ctrl+c」複製、「Ctrl+v」貼上的功能來簡化程式編寫的步驟。

else if
else
if
else if
else if
else if
else if
else

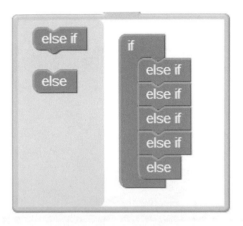

圖 **2-25a** 依 **<EX2-2>** 需求自訂判斷式結構

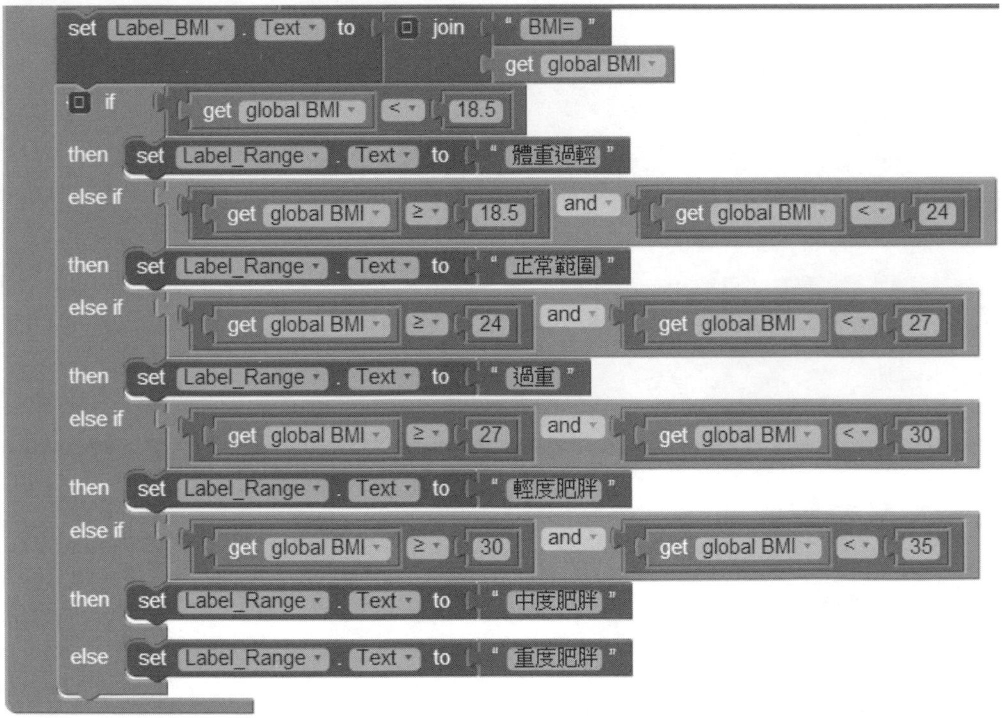

set Label_BMI . Text to join " BMI= "
get global BMI
if get global BMI < 18.5
then set Label_Range . Text to " 體重過輕 "
else if get global BMI ≥ 18.5 and get global BMI < 24
then set Label_Range . Text to " 正常範圍 "
else if get global BMI ≥ 24 and get global BMI < 27
then set Label_Range . Text to " 過重 "
else if get global BMI ≥ 27 and get global BMI < 30
then set Label_Range . Text to " 輕度肥胖 "
else if get global BMI ≥ 30 and get global BMI < 35
then set Label_Range . Text to " 中度肥胖 "
else set Label_Range . Text to " 重度肥胖 "

圖 **2-25b** 修改後的判斷結構

運算與判斷

2-6-3 操作

依序輸入身高與體重，並點選「求BMI」鍵，即可在下方見到BMI的數值及分級標準。

圖 2-26 <EX2-2> 執行結果

2-7 總結

　　練習過幾個範例後，是不是比較能了解App Inventor 2的圖形化程式環境呢？程式撰寫分為兩階段，首先是在Designer人機介面選擇所需的元件、設計畫面，再來於Block程式方塊區中來撰寫程式。Blocks中的程式方塊來源可分為內建的「Built in」指令及隨新增元件出現的屬性、動作設定兩大部份。

　　這個章節也可看見AI2做的些許改革，簡化了不少繁瑣的程序。例如：將Designer及Blocks整併於網頁中，只需用一個按鈕切換；以下拉式選單來決定元件內容，不像從前找個元件要找好久；加入藍色小方塊，讓您可以彈性調整元件等等……比上個版本更加方便快速呢！

2-8 實力評量

1、（　）當四則運算同時出現時，系統會自動先乘除後加減。

2、（　）宣告的變數可以供給任何區塊使用。

3、請輸入考試成績0～100分，並轉換成等第，轉換規則如下:

　　90～100：**A** 等、80～89：**B** 等、70～79：**C** 等、60～69：**D** 等、0～59：**E** 等。

4、如果使用者在成績輸入負數或超過100的分數，程式可以怎麼處理？（提示：顯示

錯誤訊息或設定上下限。）

5、如果使用者輸入非數字的內容，如英文字、標點符號或中文字，程式該怎麼辦呢？（提示:可利用TextBox的Numbers Only欄位設定來克服。）

6、如果使用者都沒有輸入任何資料即按下按鈕會發生何事？該如何克服？（提示：檢查**TextBox.Text**是否等於一個空的文字來判斷。）

CHAPTER {03}
迴圈與清單

本章重點	使用元件
了解清單 List 的使用方法 了解 for range 迴圈使用方法 了解 while 迴圈使用方法 了解 for each（item）in list 迴圈的 使用方式	Lists 清單指令區 Control 控制指令區 random integer 隨機指令 控制迴圈執行次數

程式編寫過程中，常常需要重複執行某些動作，然而這些重複的程式碼卻會讓程式變得十分冗長。為了簡化程序及版面，我們會使用迴圈程式碼，還可以透過以清單來儲存性質相近的資料。本章我們將以「抽籤」這個實用的範例，介紹AI2中清單功能與迴圈結構，包含以 **for each** 迴圈來模擬開獎情況，並透過 **List** 清單的觀念和 **while**、**for each（item）in list** 迴圈來處理開出號碼重複的問題，同時介紹整理畫面的元件及隨機產生亂數的程式。

表 3-1 第 3 章範例列表

編號	名稱	說明
EX3-1	Ballot.aia	抽籤程式
EX3-2	Ballot_2.aia	抽籤程式，修正重複問題

3-1 for each 迴圈

for each 迴圈位於 **Built in → Control 選單**中，預設型式如下。根據 **from** 值與 **to** 值範圍的個數來決定 **do** 區塊的執行次數，也可自行設定每次累加的 **by** 值（通常為 1 或 -1 代表遞增或遞減），並使用該變數名稱 **number** 來取得它的值，其中 **number** 是只能在該迴圈中使用的事件變數。

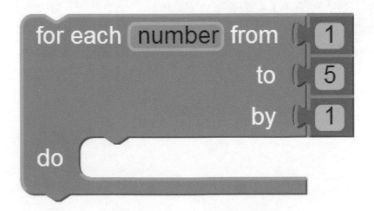

圖 3-1 for each 迴圈

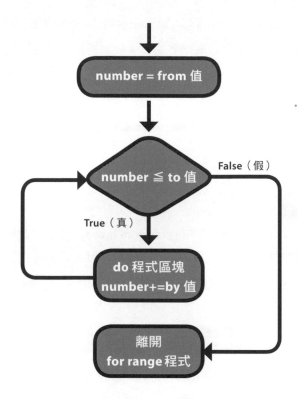

圖 3-2a for range 迴圈執行流程

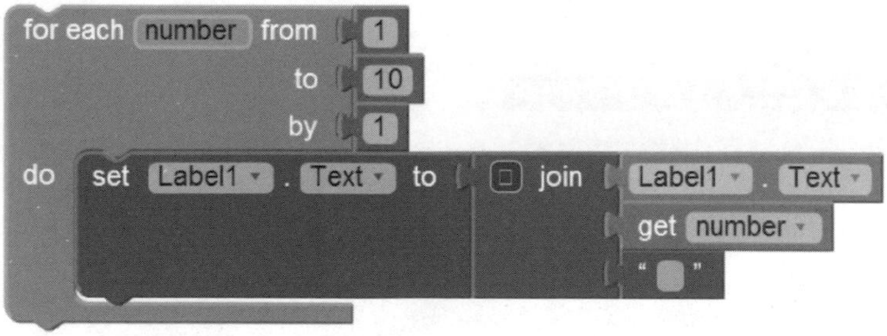

圖 3-2b 使用 **for each** 迴圈來連續輸出遞增的數字

舉例來說：

Label1.Text 的輸出結果為 **1 2 3 4 5 6 7 8 9 10**。在此使用一個空白的文字常數來分開每回產生的數字，不然它們會黏在一起。注意這裡取得變數的指令與第二章所提的略有不同，變數名稱前少了「global」這個形容詞，這是因為 **number** 變數只能在這個 **for each**

迴圈中使用；當您從 **Built in** → **Variables** 選單中新增 get 指令或 set 指令到程式中的任意一處時，會發現下拉式選單中便沒有這個選項。只有將指令放在這個迴圈中，才能使用這個區域變數，或稱事件變數。當然，您也可以直接將游標移至 **number** 變數名稱上，即可直接出現該變數的讀寫指令。

3-2 抽籤程式

<EX3-1> Ballot.aia

本範例將使用 **Built in** → **Math** 選單中的 **random integer** 隨機亂數指令，在指定範圍中隨機產生數字，達成抽籤效果。**random integer** 指令可回傳一個介於指定範圍之間的隨機整數，包含上限（**to**）與下限（**from**），參數由小到大或由大到小不會影響計算結果。預設為隨機產生 0-100 間的亂數。

圖 3-3 **random integer** 隨機亂數指令

3-2-1 Designer 人機介面

<STEP1> 建立專案、選擇程式元件

請在 My Projects 頁面中建立新專案「**Ballot**」。本專案使用元件如下表：

表 3-2 <EX3-1> 使用元件

元件名稱	說明
Button	按鈕元件用來觸發事件
Label	顯示抽籤結果

- 將 Screen1 的 Title 欄位清空。
- 新增 Button 元件，text 欄位輸入「**抽籤**」。
- 新增 Label 元件，text 欄位清空。

圖 3-4 <EX3-1>Designer 頁面完成圖

3-2-2 Blocks 程式方塊

1. 切換到 **Blocks** 頁面。

2. 新增按鈕點擊事件

- 新增 **Button1** 的 **when Button1.Click** 事件。
- 新增 **Built in → Control** 選單中的 **for each** 迴圈，放入按鈕事件中。

3. 隨機產生變數並顯示於 **Label**。

- 新增 **Label1** 的 **set Label1.Text** 指令。
- 新增 **Built in → Math** 的 **random integer** 指令，將範圍改成 from **1** to **30**。
- 以 **join** 指令合併 **Label1.Text**、**random integer** 指令、「 」空白文字常數至 **setLabel1.Text** 指令的 to 欄位。

圖 3-5　<EX3-1> 程式完成圖

3-2-3 操作

　　多按幾次抽籤按鈕後，您應該會發現兩個問題：首先是顯示結果並不會消除，而是隨著每一次的抽籤逐漸增加；再來抽出的數字常有重複的現象。前者可以藉由在 **for each** 迴圈前加上  來解決。而後者則會用到接下來要介紹的清單與迴圈，將於 <EX3-2> 說明。

圖 3-6 程式起始畫面

圖 3-7 <EX3-1> 執行結果

圖 3-8 數字重複了

3-3　List 清單

　　List 清單就是一般程式語言中「陣列」的概念。清單可以整合多個資料型態相同的變數（在某些狀況下，也可以不同），將它們排列整齊並依序給予編號；就像在學校中每個人被依序排列、分配一個代表自己的學號。您可以報上自己學號表明身分、也可以透過學號找到您。要特別注意的是，一般程式語言的陣列編號從 0 開始，然而 App Inventor 2 的 List 清單的起始值為 1。清單指令位於 **Built in→Lists** 選單中，經常搭配 Designer 介面中的 ListPicker、Spinner 與 ListView 等元件來使用。以下僅介紹幾個常用的 Lists 指令，其餘指令的詳細說明請參閱 App Inventor 中文學習網。

■建立新清單

　　使用變數宣告指令將清單命名、初始化，並搭配 **make a list** 指令來建立清單內容或 **create empty list** 建立空白清單。兩者皆有藍色小方塊可設定清單項目，而 **create empty list** 指令其實是 **make a list** 指令內容（item）數目為 0 的狀況。您可以先建立空白清單，再以接下來介紹的新增清單內容指令來動態擴充清單內容。

圖 3-9　**make a list** 建立清單指令及 **create empty list** 建立空白清單指令

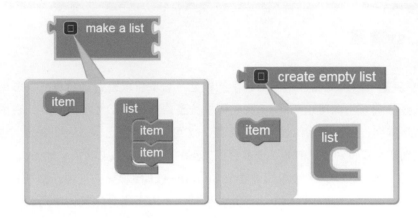

圖 3-10 兩者皆有藍色小方塊可設定清單項目，而 **create empty list** 指令其實是 **make a list** 指令項目數為 **0** 的狀況。

舉例而言，這樣是宣告一個名為 **name** 的空白清單，

initialize global **name** to 🔲 create empty list

而這樣則是宣告一個名為 score 的數字清單，內容為（98 87 92 74 85）。

■取得清單內容

select list item 選擇清單元素指令可以取得清單 **list** 的指定位置 **index** 元素內容；注意第一個清單元素位置為 1。

圖 3-11 select list item 選擇清單元素指令

舉例而言，這樣可以取得 score 清單的第 2 項元素，其內容為數字 87。

■新增清單元素

　　add items to list 新增清單元素指令可在清單尾端接上一個新的元素，其中**list**欄位為清單名稱，**item**欄位則為新增的元素內容，也可利用藍色小方塊設定每次要新增的元素數量，可以不只一個元素。

圖 3-12 add items to list 新增清單元素指令

■ **ListPicker** 元件

　　Lists 清單經常搭配 ListPicker 清單選取元件來取得清單內容，此項功能將在 <EX3-2> 中有更詳細的介紹。

3-4 while、for each (item) in list 迴圈

■ while 迴圈

　　while 迴圈依據判斷式成立與否來決行迴圈或跳過。假如條件式為True，則重複執行 **do** 程式區塊內容，直到條件式不成立才離開迴圈。

範例1：

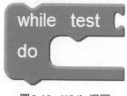

圖 3-13a While 迴圈

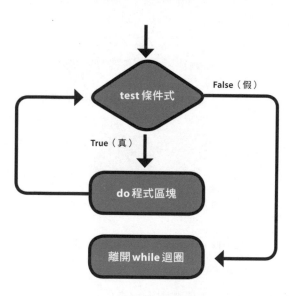

圖 3-13b while 迴圈執行流程

舉例來說：

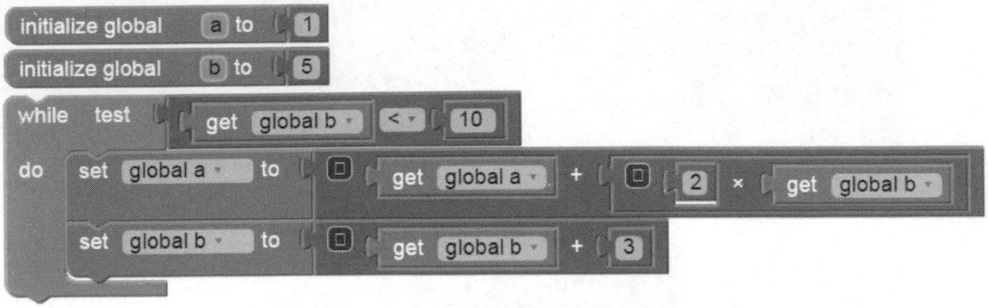

initialize global a to 1
initialize global b to 5
while test get global b < 10
do set global a to get global a + 2 × get global b
set global b to get global b + 3

圖 3-13c 使用變數控制迴圈執行次數

a的初始值為1，b的初始值為5。一開始b<10，所以執行**do**程式區塊：a=a+b*2，b=b+3，新的a值為11，b為8；第二次進入while迴圈時由於b仍然<10，所以再一次執行**do**程式區塊，a值更新為27，b為11。這時由於b>10，不再滿足while迴圈的條件了，因此就會跳出**while**迴圈，最終的a值為27、b值為11。

■ for each (item) in list 迴圈

for each (item) in list迴圈會根據指定清單的元素數目決定迴圈執行的次數。在in list 後方的欄位填入清單的名稱，其中「**item**」是該迴圈的事件變數，代表當迴圈執行第n 次時，清單第n 項元素的內容（注意list 編號由1 開始）。您也可依自行需求更改item變數的名稱。

for each item in list
do

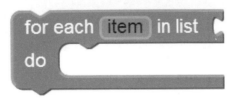

圖 3-14a for each (item) in list 迴圈

舉例來說：這個**for each (item) in list**迴圈會根據**score** 這個 list的元素個數來重複執行5 次，最後Label1.Text的內容為98 87 92 74 85。

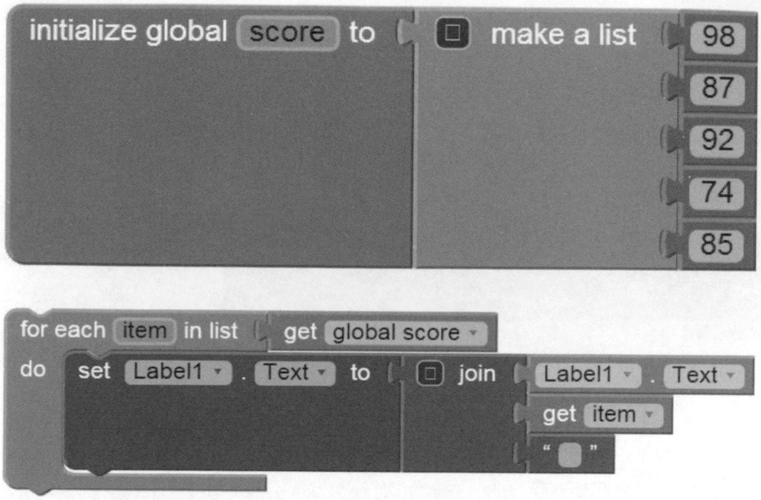

圖 3-14b 使用清單來決定 for each 迴圈執行次數

3-5 抽籤程式修正版

<EX3-2>Ballot_2.aia

本範例將由 <EX3-1> 延伸，利用先前介紹的清單與迴圈，修正抽籤結果重複的問題，並利用變數功能，讓使用者自行決定抽籤範圍及數量，最後以 ListPicker 顯示抽籤結果。讓我們來認識 ListPicker 吧。

表 3-3 ListPicker 元件常用屬性說明

元件名稱	常用屬性	內容
ListPicker	BackgroundColor	背景顏色
	ElementsFromString	指定為清單內容，以逗號分隔並排
	Enabled	是否啟用
	FontBold	粗體
	FontItalic	斜體
	FontSize	字形大小
	FontTypeface	字體樣式
	Image 設定 List	背景圖案
	Selection	選擇清單元素
	Text	文字內容
	TextAlignment	文字排列方式
	TextColor	文字顏色
	Visible	是否看得見該元件
	Width	寬度
	Height	高度

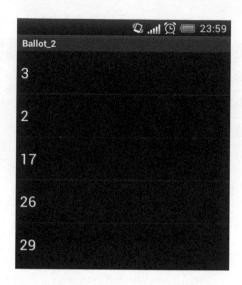

圖 3-15 <EX3-1> 執行畫面

3-5-1 Designer 人機介面

<STEP1> 新增程式元件、設定屬性

延續 <EX3-1> 的內容，新增三個 **TextBox** 元件，text 欄位清空，勾選 **NumbersOnly** 欄位，最後將三個 **TextBox** 元件名稱及 **Hint** 欄位依序修改如下：

表 3-4 TextBox 元件設定

原名稱	修改後名稱	Hint 欄位
TextBox1	TextBox_Initial	請輸入起始值
TextBox2	TextBox_Finial	請輸入結束值
TextBox3	TextBox_Number	請輸入抽籤數量

新增 ListPicker 元件，將 Text 欄位改為「公布結果」，完成如圖 3-16。

Viewer	Components
☐ Display hidden components in Viewer	⊖ ☐ Screen1
📶 🔋 9:48	I TextBox_Initial
	I TextBox_Finial
	I TextBox_Number
抽籤	Button1
公布結果	ListPicker1

圖 3-16 <EX3-2>Designer 頁面完成圖（Hint欄位不會顯示）

3-5-2 Blocks 程式方塊

<STEP1> 程式解說

首先解決抽籤結果重複的問題，抽籤的次數及範圍則先使用 <EX3-1> 的設定。我們以清單來儲存抽籤結果，利用 **for each（item）in list** 迴圈搭配 while 迴圈讀取先前的抽籤結果、逐一比對是否有重複，再將其加入清單尾端，直至抽出預定的數量為止。

1. 切換到 Blocks 頁面。
2. 宣告變數
   - 新增空白清單「**Ballot**」，用以儲存抽籤結果。
   - 新增布林變數「**run**」，初始值（to欄位）為 **true** 邏輯常數。用以表示抽籤結果是否重複、如果重覆就需要進行下一次抽籤。
   - 新增數字變數「**n**」、to欄位為數字 **0**。用以儲存抽籤結果。

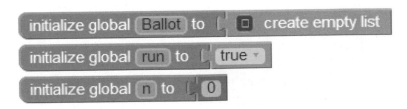

圖 3-17 <EX3-2>變數宣告

3. 初始化抽籤結果

- 在 **when Button1.Click** 事件之下，重新將清單 Ballot 設定為空白清單。

4. 抽籤

- 新增 variables 的 **set global run to** 指令，to 欄位為 **true**。
- 新增 Built in→**Control** 中的 **While** 迴圈，條件式為變數 **run** 的值。
- 新增 variables 的 **set global run to** 指令，to 欄位為 **false**。
- 新 增 variables 的 **set global n to** 指 令，to 欄 位 使 用 **Math** 的 **random integer** 指令，from 欄位為 **1**，to 欄位為 **30**。

5. 檢查抽籤結果是否重複

- 新增 Built in→**Control** 的 **for each（item）in list** 迴圈，list 欄位填入「**Ballot**」。
- 新增 Built in→**Control** 的 **if** 判斷式，判斷新一次的抽籤結果是否與先前重複。新增 Built in→**Logic** 的 **=** 指令，分別填入 **n** 變數值及 **item** 變數值。
- 在 **then** 區塊新增 **variables** 的 **set global run to** 指令，to 欄位為 **true**。

6. 將變數結果儲存至清單

- 新增 Built in→**Lists** 的 **add items to list** 指令，**list** 欄位填入 **Ballot** 清單內容，**item** 欄位填入 **n** 變數值。
- 新增 ListPicker1 的 **set ListPicker1.Elements** 指令，**to** 欄位填入 **Ballot** 清單內容，代表以 ListPicker 元件來顯示抽籤結果。

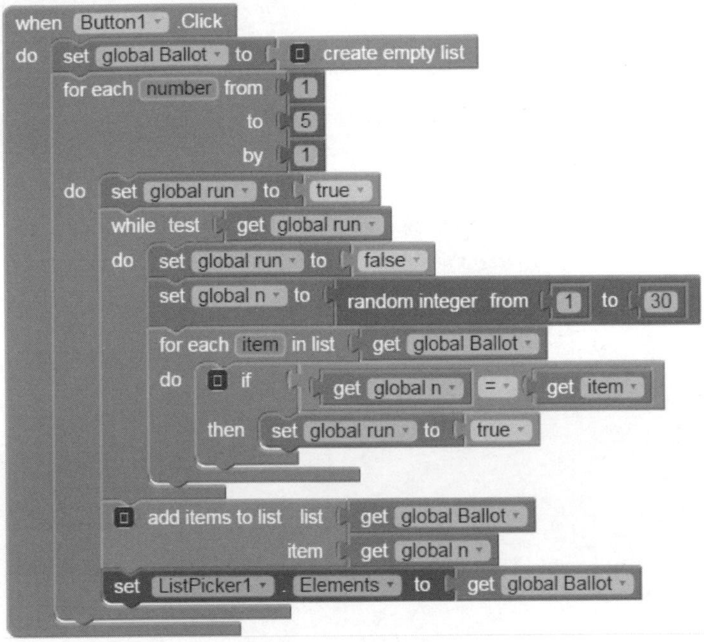

圖 3-18 <EX3-2> 程式完成圖

<STEP2> 自行設定抽籤範圍

在此將抽籤範圍指定為兩個 TextBox 的內容，抽籤數量也是相同的作法。

- **for each** 迴圈的 **to** 欄位改為 **TextBox_Number.Text** 參數。
- **random integer** 指令的 **from** 欄位改為 **TextBox_Initial.Text** 參數，**to** 欄位改為 **TextBox_Final.Text** 參數。

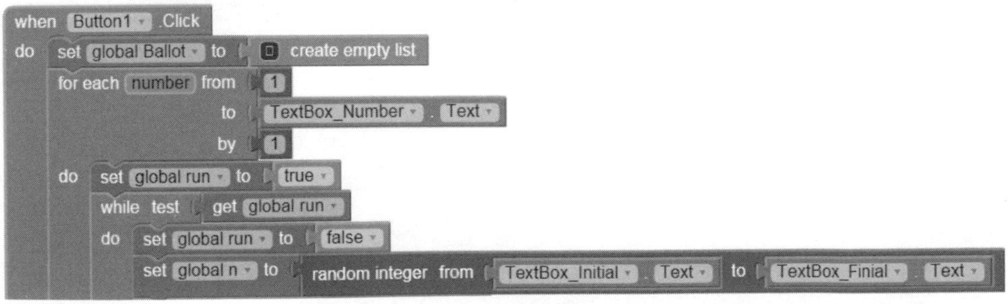

圖 3-19 <EX3-2> 程式修改後結果

3-5-3 操作

依序輸入抽籤範圍的起始值與結束值、數量，再按下抽籤按鈕。最後按下「公布結果」按鈕即可見到抽籤結果。

圖 3-20 <EX3-2> 程式起始畫面

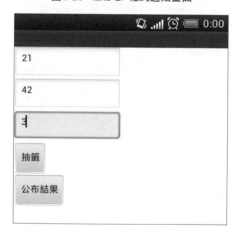

圖 3-21 輸入抽籤範圍（21 ～ 42）及個數（3 筆）

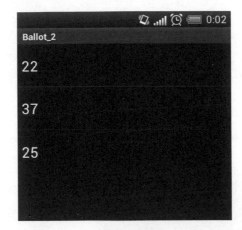

圖3-22 公布抽籤結果為（22 37 25）

3-6 總結

　　迴圈在程式設計的使用上有兩類情形：一是已知要重複執行的次數，另一個未知。前者通常用 **for each** 迴圈或是 **for each**（**item**）**in list** 迴圈，前者是藉由from、to、by三個值或某個清單的內容個數來決定迴圈執行的次數，例如本章的抽籤小程式；後者則用 **while** 迴圈來決定迴圈執行的次數，例如範例中開出的抽籤結果是否要保留，或者因重複而需再抽1次。由本章的第一個範例來說，您可以將「產生抽籤結果的程式碼」複製5次或使用迴圈來循環5次，一樣可以達到目的。使用迴圈可以讓您的程式更簡潔又聰明，快點學著玩玩看吧！

3-7 實力評量

1、（　）在 **for each** 迴圈中from、to、by三個值不能有小數。

2、（　）在 List 中，第一個元素的起始編號為0。

3、（　）一個List中的所有項目內容的資料型態一定要相同，例如必須同為數字或文字。

4、（　）while 迴圈會不斷執行，直到 test 欄位的結果為 False 為止。

5、下圖的執行結果會發生什麼事？

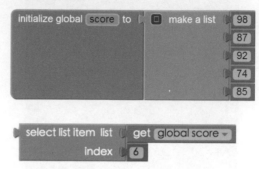

6、在 <EX3-2> 中，第 1 次執行程式時如果直接按「開獎結果」會出現黑畫面，請問要如何解決呢？（提示：可利用 **is list empty?** 指令來克服）

7、如果將以下 **for each** 迴圈中的 to 改成 2，by 改成 0.1，則 Label1.Text 的結果為何？

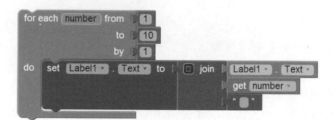

[CHAPTER {04}

App Inventor 2 基本功能與程序觀念

本章重點	使用元件
了解如何下載 / 上傳 .aia 原始檔 了解如何下載 / 上傳 .apk 安裝檔 了解如何加入註解 了解如何停用指定程式段 事件（event）基礎概念	Screen 螢幕元件 Procedure 副程式 Sound 音效 Math 運算指令

從本章起，將開始為各位讀者們深入介紹App Inventor的基本元件以及其使用方法。
請各位登入MIT App Inventor網站之後，新增一個Project，接著請直接點選網頁右上方
「**Blocks**」來切換到Blocks頁面。

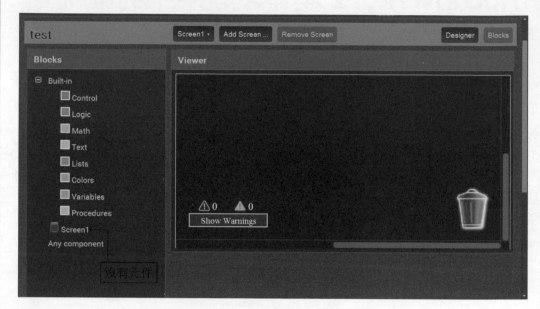

圖 4-1 **Blocks** 頁面

因為我們在 Designer 頁面中尚未新增任何元件，因此在Blocks頁面中的Screen1下就
沒有任何東西。Built in指令則是內建基礎指令，裡面有數學、邏輯、文字、清單與控
制等等基本指令，之後我們會用許多範例帶您認識它們。**Any Component**則是進階使
用方法，在此先不介紹。若您在切換到Blocks頁面之前已經加入某些任何元件的話，則
Blocks頁面中的元件列表也會隨著更新。

4-1 如何下載 / 上傳原始檔

App Inventor 2的程式原始檔是 .aia 檔，而且上傳下載的名稱只能用英文跟數字，若是
將名稱改成中文就會無法進行這些步驟。

下載 App Inventor程式原始碼的方式很簡單，首先在Designer視窗中點選「**Projects**」

選單就可以將 .aia 原始檔下載到您的電腦，如下圖。（請注意下載位置和您的瀏覽器設定有關）。或者您可點選 [**Export all projects**] 來下載所有專案原始檔的壓縮檔。

圖 4-2 下載 **.aia** 原始檔

上傳原始檔時，請在 **Projects** 選單中點選 [**Import project（.aia）from my computer**] 選項，再指定檔案位置即可上傳，如下圖。

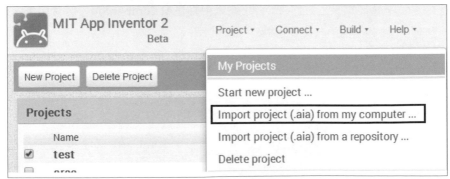

圖 4-3 上傳 **.aia** 原始檔

4-2 同步連接

<STEP1>

請到Google Play 來下載「**MIT AI2 Companion**」程式，建議您勾選「允許自動更新」的選項，本程式會不定期更新。

圖 4-4 在 **Google Play** 找到 **MIT AI2 Companion** 小程式

<STEP2>

在App Inventor 2網頁上方的Connect 選單中點選**AI Companion**。將會出現一個訊息框，會有一組6個字元的代碼和QR碼，如圖4-6。

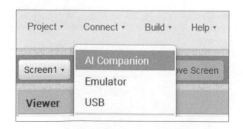

圖 4-5 選擇用 **AI Companion** 同步到實體裝置

圖 4-6 同步用的 **QRCODE** 視窗

<STEP3>

在您的手機上開啟 MIT AI2 Companion，在文字框中輸入STEP2所顯示的代碼，點擊 **connect with code**鍵。另外，如果您的手機有攝影鏡頭和條碼掃描應用程式的話，也可以在程式畫面中選擇**scan QR code**鍵掃描電腦上所顯示的QR碼（掃描結果就是那六個字母），即可自動更新程式到手機。

圖 4-7 MIT AICompanion 開啟畫面

<STEP4>

　　然後按下對話框的「**scan QR code**」鍵後，手機上就會顯示您的應用程式畫面了。如果輸入錯誤的話，則會看到一個錯誤訊息的對話框。如果發生這樣的情況，請重新啟動手機上的App Inventor Companion App（使用手機上的Return鍵退出，並重新啟動即可）。

CAVEDU 說：什麼時候無法用模擬器來執行程式？

　　如果要用到 Android 的硬體裝置功能的話，就無法使用模擬器來執行了，例如感測器、照相機、多點觸控與藍牙傳輸等。

4-3 如何將程式真的安裝到手機上

　　如果在Google Play下載一些有趣的程式或是在Eclipse中寫Android程式，事實上都是把程式碼打包成.apk安裝檔來進行。原因很簡單，如果您想要把一個引以為傲的自創App Inventor程式分享給朋友們，總不能要他也把App Inventor開發環境裝起來吧。所以App Inventor可以將應用程式包裝成.apk安裝檔，Android裝置會認得這個檔案並詢問您是否要安裝，確認之後就能自動安裝完成了。

　　App Inventor 2一共提供了兩種下載.apk檔的方式：

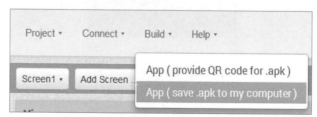

圖4-8 Build 選單下可選則取得**.apk**的方式

1.通過QRcode下載

　　會顯示一個二維條碼，只有該程式的開發者才能下載（以email帳號區分），使用Android裝置上的任何一種條碼掃描程式，掃描完成之後即可自動透過網路下載程式並安裝完成。

圖4-9 下載.apk檔用的QRCODE

2. 下載到電腦

　　將.apk檔案下載到電腦，請注意程式下載位置會因為您所使用的瀏覽器而有所不同，如Google的Chrome瀏覽器和Mozilla Firefox瀏覽器預設下載路徑均為「C:\ Documents and Settings\（您登入的帳號）\My Documents\Downloads」。

4-4 如何加入註解或使某段程式碼無效化

　　當程式愈來愈大的時候，勢必要加入必要的說明，否則別人很難看懂您的程式邏輯，甚至有可能一個月後您連自己的程式都不認識了呢！

　　每一個App Inventor指令，不分大小都可以加入註解。只要對想要加入註解的指令點選滑鼠右鍵，再選擇**Add Comment**就會跳出一個小視窗。請在其中輸入您所要想要註明的內容。

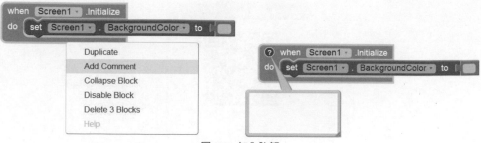

圖**4-10** 加入註解

　　完成之後就會在該指令上顯示一個問號，代表這個指令有註解説明。我們只要將滑鼠游標移到問號之後就會自動跳出剛剛的小視窗，這樣就可以看到註解內容了。改版之後的 App Inventor 2 在註解區也可以輸入正體中文了。

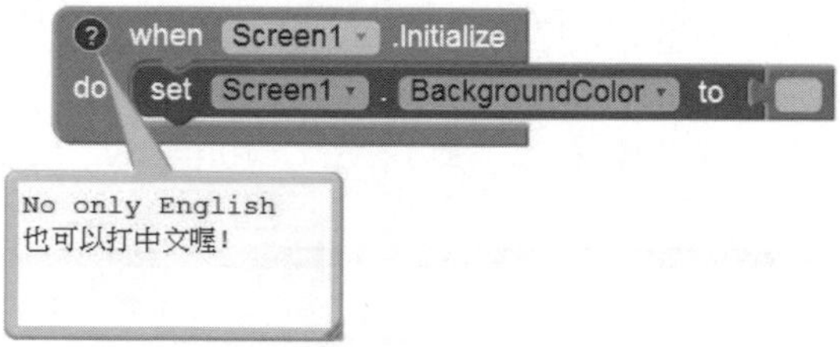

圖4-11 註解可以輸入中文

　　另一方面，當我們進行除錯時，可以將程式模組劃分開來，分段擊破是比較有效率的方式，不然每次都從頭一個個檢查很浪費時間。這時候可以將某些指令無效化（**Disable**），作法和加註解是一樣的。對您想要無效化的方法點選滑鼠右鍵，再選擇 **Disable Block** 就完成了。設定無效化的指令會變成白色，程式執行時會自動忽略這一段。

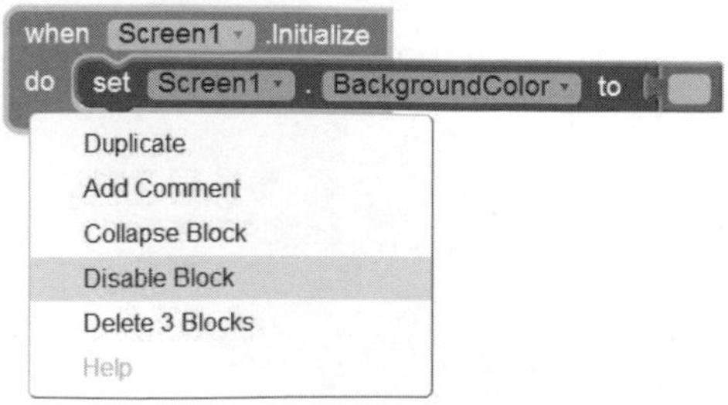

圖4-12a 將 Blocks 無效化 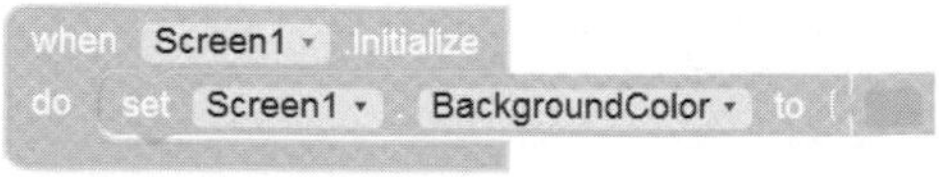　　　　　　　　圖4-12b 無效化的指令

App Inventor 2　基本功能與程序觀念

> **CAVEDU 說：**
>
> 　　如果您無效化的這段指令與其他指令有互動關係，這時候可能會讓程式發生錯誤。例如 A 段程式要顯示 B 段程式的計算結果，這時候將 B 段程式無效化就可能發生錯誤。

4-5 設定 Screen 元件屬性

在開始本章範例前，我們要先介紹 Screen 元件，所有使用者自行新增的元件都包含在它之下。換句話說，在程式執行時會先載入 Screen 元件後才載入其他的元件。Screen 元件主要負責初始化、回報錯誤碼、偵測裝置握持方向以及其他基本設定。

先來看看 Screen 元件的各個屬性，或者您可以參閱附錄 B 的詳細說明：

BackgroundColor

設定背景顏色。

set Screen1 . BackgroundColor to Screen1 . BackgroundColor

Image

設定背景圖片。

set Screen1 . BackgroundImage to Screen1 . BackgroundImage

ScreenOrientation

Unspecified：螢幕會隨著握持方向而改變。

Landscape：螢幕會鎖定在直向握持方向。

Portrait：螢幕會鎖定在橫向握持方向。

icon

　　當我們要把 App Invenor 程式下載到 Android 裝置上時，可由本屬性來設定本應用程式的圖示，建議使用 PNG 或 JPG 檔案，並請先調整圖檔解析度為 48 × 48。

　　注意：使用其他非 PNG 或 JPG 的圖檔例如 .ico 檔，可能會使 App Inventor 無法順利下載程式。

Scrollable

　　勾選本屬性的話，只要應用程式的高度超過螢幕的實際 Y 軸解析度時，螢幕右側會出現可上下拉動的卷軸；反之未點選時，代表應用程式高度被限制在設備的螢幕 Y 軸解析度。

set Screen1 ▾ . Scrollable ▾ to

Screen1 ▾ . Scrollable ▾

Title

　　設定螢幕的標題，就是程式運行時螢幕左上角的那一串文字，一般來說都是 Screen1。比較常見的做法是將 Title 設為本應用程式的檔名，當然您也可以好好運用它，例如讓它顯示某些訊息或是運算結果。

set Screen1 ▾ . Title ▾ to　　Screen1 ▾ . Title ▾

　　底下來說明 Screen 元件的用途：

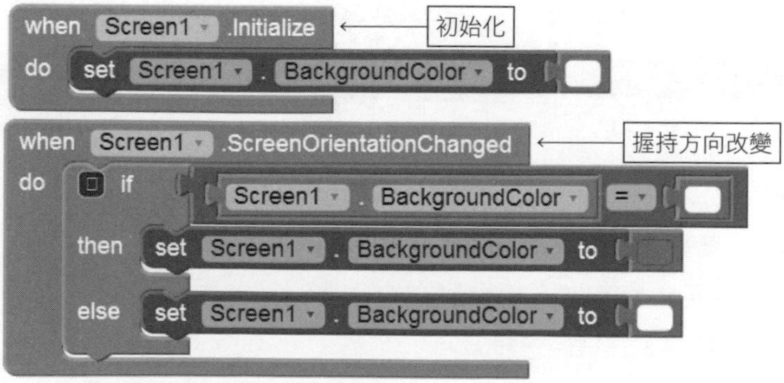

when Screen1 ▾ .Initialize　←初始化
do set Screen1 ▾ . BackgroundColor ▾ to

when Screen1 ▾ .ScreenOrientationChanged　←握持方向改變
do if Screen1 ▾ . BackgroundColor ▾ = ▾
then set Screen1 ▾ . BackgroundColor ▾ to
else set Screen1 ▾ . BackgroundColor ▾ to

圖 4-13 螢幕初始化事件與螢幕方向改變事件

這是使用**Screen1.BackgroundColor**指令來設定Screen1的背景顏色，程式一啟動就會先執行**Screen1.Initialize**事件來設定背景顏色為白色，同時我們利用**Screeen1.ScreenOrientationChanged**事件來改變畫面的顏色，所以每當裝置的握持方向改變時，Screen1的背景也會交替顯示紅色與白色。

圖**4-14**改變握持方向即可改變螢幕顏色（左：橫向，右：直向）

4-6 何謂事件 event？

本段將帶您認識 App Inventor 中的事件處理器（event handler）。在 C 語言中，如果我們要持續偵測某個變數的狀態，通常要用以下的語法來處理：

```
while（true）
{
    if（X ==1）//條件不滿足時所執行動作
    {...}
```

```
    else // 條件不滿足時所執行動作
    {...}
}
```

在這段程式中，我們應用藉由 **while** 迴圈不斷檢查觸碰感測器是否被壓下，藉此來執行對應的動作。我們把這種方式稱為「**polling programming**」，不過這種方式會有一個缺點：程式要不斷進行檢查，會浪費系統資源。若要處理多個事件時，結構會更加複雜，因此 Java 提供一個有效率的解決方案「**事件（Event）**」。

想像你是一位火車站站務員，在火車來時必須通知乘客上車，如果用 **polling programming** 的方式，就像站務員不斷地每隔一段時間就到月台探視，雖然這也是一種檢查火車到站的方法，不過這樣一來會一直消耗站務員的體力，而且大部分時候都是在空等。

圖 4-15　polling programming 火車站員範例

換一種方式如何？只要火車沒來，站務員只要負責在旁等待，直到看到遠方火車來臨時，再去通知乘客上車，這樣一來比 **polling programming** 有效率多了，站務員也能去辦理其他的事，這就是「事件」的效果。

圖 4-16　event programming+ 火車站員範例

一個事件有三個要素：

· **事件 Event**：指發生的事件，如按鈕被壓下或放開等。

· **事件來源 Event Source**：指引發事件的來源，如感測器、按鈕等等。

· **事件監聽器 Event Listener**：監聽器，負責監視**可能會發生的事件**，並做出對應動作。

我們用站務員的故事打個比方，請看表4-1：

表 4-1 站務員和事件的關係

事件 Event	事件來源 Event Source	事件監聽器 Event Listener
火車來這件事	火車	站務員

事件的來源是「火車」，「火車」觸發「火車來這件事」事件給「站務員」，「站務員」去呼叫乘客上車，這之間的互動就是就像事件三要素之間的關係。

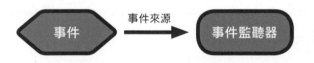

圖 **4-17 Java** 的事件觸發機制

4-7 副程式

當程式愈寫愈大時，有些程式片段會經常性重複出現，此時可以將重複的片段以**程序**（**Procedure**）的方式來呈現，這種觀念就叫「**副程式**」。副程式可以讓「程式長度縮短」、「容易找出程式的錯誤」、「節省程式的撰寫時間」。使用時只需呼叫該副程式的名稱即可。App Inventor 提供 **procedure**、**procedureWithResult** 兩種型態的副程式，位於 Built in 的 **procedures** 選單中，請看以下介紹：

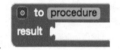

1.

將多個指令集合在一起，之後可透過呼叫該程序來使用這些指令。如果該程序包含了參數，則必須使用 **name** 指令來命名該參數。當建立一個程序之後，App Inventor 會自動產生一個呼叫（call）指令，一樣位於 procedures 選單中，您可使用該指令來呼叫對應的程序。

當建立一個新的程序指令時，App Inventor 會自動幫它取一個名稱，您也可以點選它的名稱（procedure）之後自行改成您所需要的名稱。在一個程式中的程序名稱必須是唯一的，App Inventor 不允許在同一個程式中有兩個名稱相同的程序。

2.

本指令與程序指令相同，但使用時會回傳一個結果（**result**）。可把本副程式作為欄位參數，例如指定給 TextBox.Text 來顯示。

4-8 面積計算

<EX4-1> area.aia

圖 4-18 ＜EX4-1＞程式執行畫面

<STEP1> 建立專案、選擇程式元件

　　請在 Projects 選單中建立一個新專案「**area**」。並依序新增兩個 TextBox、一個 Button 與一個 Label 元件，依照表4-1修改完成如圖4-19。

表 **4-1**

元件名稱	數量	說明
TextBox	2	輸入長度與寬度等數值
Button	1	按下後計算結果
Label	1	顯示計算結果

<STEP2> 設定程式元件屬性

- 點選 Screen1，將「Title」欄位修改為「面積計算」。
- 新增 2 個 TextBox 元件到 Screen1 中，將第一個的「Hint」欄位修改為「請輸入長度」，另一個「Hint」欄位修改為「請輸入寬度」。
- 將 Button 元件拖到 Screen1 中，將 Text 欄位修改為「求面積 =?」。
- 將 Label 元件拖到 Screen1 中，將 Text 欄位刪除；TextAlignment 欄位設定為 **center**；Width 欄位設定為「**Fill Parent...**」，如圖4-19所示。

圖 **4-19** ＜ **EX4-1** ＞ **Designer** 頁面完成圖

<STEP3> 新增副程式與參數

　　在此我們要用副程式來處理面積計算這件事。 請依序操作 ：

- 在 Built in **Procedures** 指令區中，新增一個有回傳值副程式,預設名稱就是

procedure。請點選左上角的藍色小方塊，新增兩個input 參數（圖4-20），預設名稱會以流水號編排為**x**與**x2**，名稱可以自由修改。

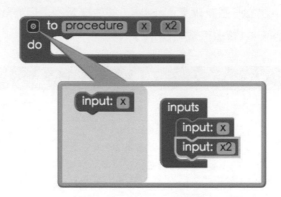

圖4-20 新增副程式與兩個參數

· 將這個副程式改名為**area**，兩個參數分別改名為**Length**與**Width**。您熟悉之後可以改為任何您喜歡的名稱，良好的命名方式可以讓程式管理更方便。完成之後，您會在**Procedures**指令區中看到對應的副程式呼叫指令，如圖4-21。

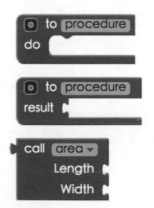

圖4-21 新增完成之後可以看到對應的指令

· 在**area**副程式的**result**欄位中，使用**Math**的×乘法指令填入**Length**與 **Width**這兩個事件變數。代表每次呼叫**area**副程式時，它就會回傳**Length**與 **Width** 這兩個事件變數的相乘結果，也就是面積。

- 新增**Button1**的**Button1.Click**事件。
- 在事件中加入**Label1**的set Label1.Text指令，to欄位使用**join**指令組合這兩個項目：" **面積=**" 與 **call area**指令，並在這個指令的**Length**與**Width**兩個欄位分別填入**TextBox1.Text** 與**TextBox2.Text**。代表將兩個TextBox的輸入內容作為參數傳送給**area**副程式，並將回傳結果顯示於Label元件上。

to area Length Width
result
get Length
×
get Width
when Button1 .Click
do set Label1 . Text to
join
" 面積= "
call area
Length TextBox1 . Text
Width TextBox2 . Text

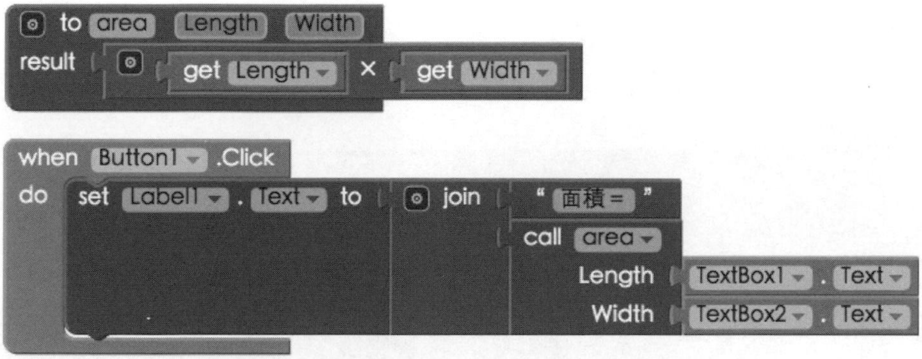

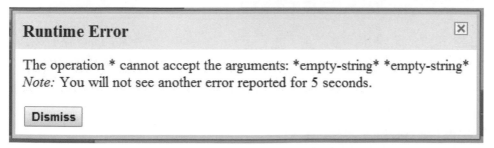

圖4-22 程式完成圖

- 接著至模擬器（或手機）畫面中測試程式，如果沒有輸入資料就直接按「**求面積=?**」按鈕的話，會出現錯誤訊息（圖4-23），告訴您「*」乘法指令的運算內容不能為空字串，那該怎麼辦呢?底下我們運用**call is a number?**判斷是否為數字來解決這個問題。

Runtime Error
The operation * cannot accept the arguments: *empty-string* *empty-string*
Note: You will not see another error reported for 5 seconds.
Dismiss

圖4-23 錯誤資訊：乘法指令無法接受非數值的輸入資料

- 新增Procedures的**to.procedureWithResult.do**事件，利用Math的乘法指令將variables的Length和Width變數指令放在一起。

- 新增Button1的 **when Button1.Click do** 事件，再放入一個if判斷式。在if欄位利用**and**邏輯元件，將兩個**is a number?**指令結合起來，分別放上**TextBox1**和**TextBox2**指令。代表只有在TextBox1和TextBox2的text內容為數字時，才會執行**Then**區塊內容欄，即先前的面積計算結果。其他指令維持不變，完成後後您的畫面會如圖4-24。

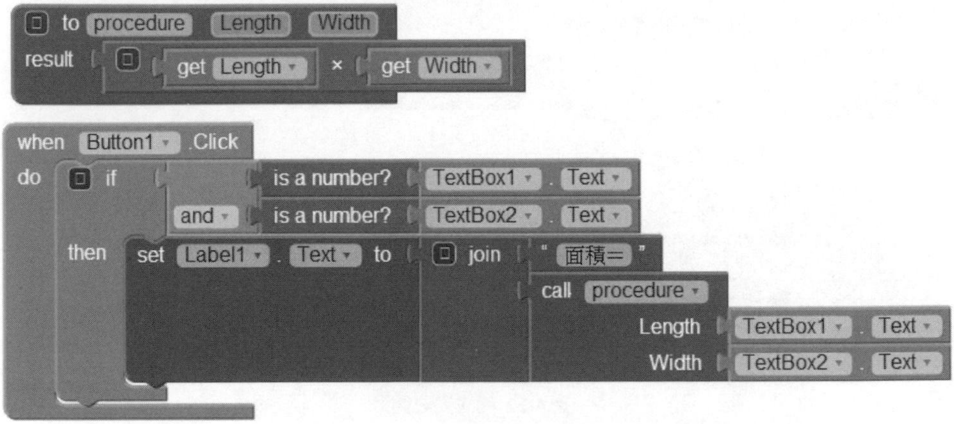

圖 4-24　程式完成圖

4-9 總結

經過本章的介紹，相信讀者們都了解了 App Inventor 中的基本功能（如專案管理）和程序（副程式）的觀念。只要您能用心練習，必能奠定良好的程式設計基礎。從後面的章節開始，讀者們還可以學習到更多實用的 App Inventor 專題與不同的程式風格（元件會根據所需更改名稱，不再是使用內定值），請繼續讀下去並隨時打開 App Inventor 進行實作，開發出更棒更完整的 App 程式。

4-10 實力評量

1、（ ）在 Connect 選單中選擇 AI Companion，可以將程式同步到 Android 裝置中。

2、（ ）將指令無效化之後，除了該指令沒有反應之外，對程式運作不會有任何影響。

3、請説明 **Screen1.Initialize** 這個事件的發生時機與用途。

4、請説明 **procedure** 與 **procedureWithResult 兩種副程式**的不同。

5、請修改 <EX4-1>，讓它可以計算其他形狀的面積，例如三角形或梯形。

6、請説明 TextBox 屬性的 **NumbersOnly** 和 **is a number?** 指令的不同。

CHAPTER {05}
生活好幫手

本章重點	使用元件
觸碰原理	**Canvas**
系統時間	**Clock**
清單選取	**ListPicker**

　　本章節提供三個與生活相關的實用小程式，包含繪圖板、計時器、單位換算。其中繪圖板將介紹畫布Canvas元件的點擊與拖拉事件，分別用以執行畫點及畫線的指令；計時器透過Clock元件來取得系統時間，藉由按鈕點擊的時間差來計算經過多少時間，最小單位為毫秒；單位換算則使用了清單List方便我們整理各種不同的長度及重量單位，並進行換算。

　　這些都是Google Play中常見的工具程式，您可以加入更多功能讓本章的範例更加完整，也讓自己的程式能力更加熟練。

表5-1　第5章範例列表

編號	名稱	說明
EX5-1	Paintpot.aia	繪圖板
EX5-2	Time.aia	計時器（碼表）
EX5-3	Transfer.aia	單位換算

5-1 繪圖板

\<EX5-1\>PaintPot

　　本範例是一個簡易繪圖板，當點擊螢幕時會顯示不同顏色的小圓圈，另外在拖拉時會跟著手指移動的軌跡畫線。除此之外還可以將繪圖板上所繪圖案全部清除，藉此我們可以了解Canvas畫布元件的使用方法。

圖5-1 \<EX5-1\> 執行畫面，可畫圓圈與曲線

5-1-1Designer 人機介面

STEP1 建立專案、選擇程式元件

請在 Projects 選單中建立一個新專案「**Paintpot**」。本專案使用元件如下表。

表 5-2 <EX5-1> 使用元件

元件名稱	數量	說明
Button	4	3個用來修改畫筆顏色，1個用來清除畫面。
HorizontalArrangement	1	將三個調整顏色的按鈕水平排列。
Canvas	1	畫圓與畫線的執行區域。

<STEP2> 設定程式元件屬性、步驟：

- Screen1 的 Title 欄位清空。
- 新增 Horizontal Arrangement 元件，width 欄位設為 Fill parent。
- 新增3個 Button 元件放置到 Horizontal Arrangement1 元件中，並如下表修改它們的顯示字串 Text 及背景顏色 BackgroundColor，設定元件名稱分別為 **ButtonRED**、**ButtonYELLOW**、**ButtonBLUE**，FontSize 皆設為 **20**，如圖 5-2。

表 5-3 <EX5-1>Button 元件設定

原名稱	修改後名稱	顯示字串 text
Button1	ButtonRED	RED
Button2	ButtonYELLOW	YRLLOW
Button3	ButtonBLUE	BLUE

圖 5-2 顏色按鈕排列

- 新增 Canvas 畫布元件，將 Width 設定為 **Fill parent**、Height 為 **320**pixels。
- 在畫布下方加入一個按鈕元件，text 欄位為輸入「**CLEAN**」，修改元件名稱為 **ButtonCLEAN**，FontSize 設為 **16**，完成如圖 5-3。

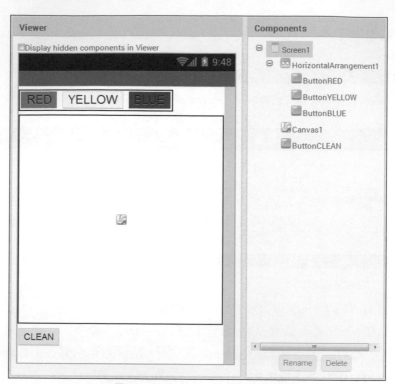

圖 5-3 <EX5-1>Designer頁面完成圖

5-1-2 Blocks 程式方塊

<STEP1> 程式解說

1. 切換到 Blocks 頁面。

2. 新增 3 個按鈕觸發事件，用來設定畫筆顏色

- 先以 ButtonRED 為例，新增 **when ButtonRED.Click** 按鈕觸發事件。

- 新增 Canvas1 的 **set Canvas1.PaintColor** 指令，to 欄位填入 **Built in → Colors** 的顏色常數紅色。

- 同理，完成 ButtonYELLOW、ButtonBLUE 的 **Click** 事件，顏色別放錯啊。

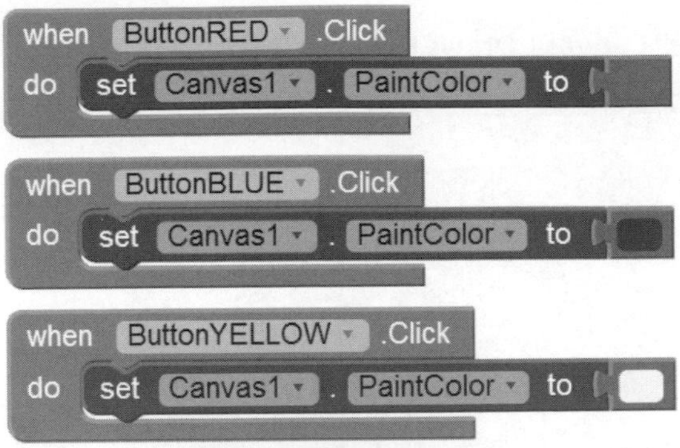

圖5-4 顏色按鈕功能設定

3. 畫線

- 新增Canvas1的 **when Canvas1.Dragged** 畫布拖曳事件。該事件將在手指滑過畫布被滑過時觸發，包含六個事件變數：**startX**、**startY**、**prevX**、**prevY**、**currentX**、**currentY**，依序代表本次觸控事件的：起始位置XY座標、前一刻的XY座標、目前的XY座標。

- 新增Canvas1的 **Canvas1.DrawLine** 畫線指令。x1欄位填入 **prevX** 變數、y1欄位填入 **prevY** 變數，x2欄位填入 **currentX** 變數、y2欄位填入 **currentY** 變數。代表從上一個時間點座標畫直線連到現在的座標，也就是手指的位置，完成後如下圖：

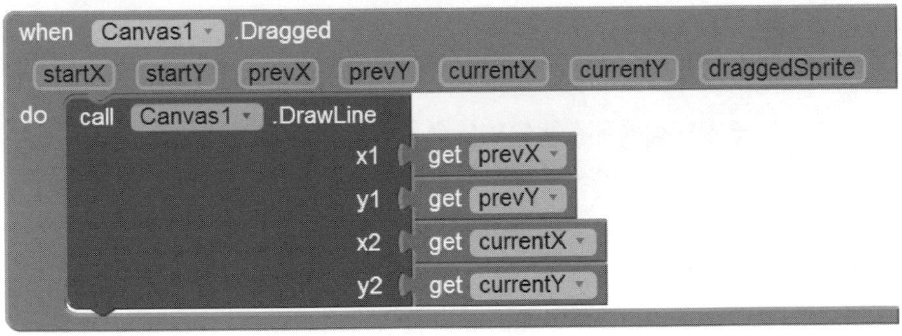

圖5-5 拖拉手指來畫線

4. 畫圓

- 新增 **Canvas1** 的 **when Canvas1.Touched** 畫布觸碰事件。該事件將在畫布點下時觸發，包含三個事件變數：**x**、**y**、**touchedSprite**，其中x、y指的是手指觸碰時的座標。**touchedSprite** 則是個布林變數，用於表示該位置是否有其他動畫元件。

95

05

生活好幫手

- 新增 Canvas1 的 **Canvas1.DrawCircle** 畫圓指令。x 欄位填入 x 變數、y 欄位填入 y 變數。r 欄位代表點的半徑，在此填入 5。代表在點擊位置畫一個半徑 5 像素的小圓。

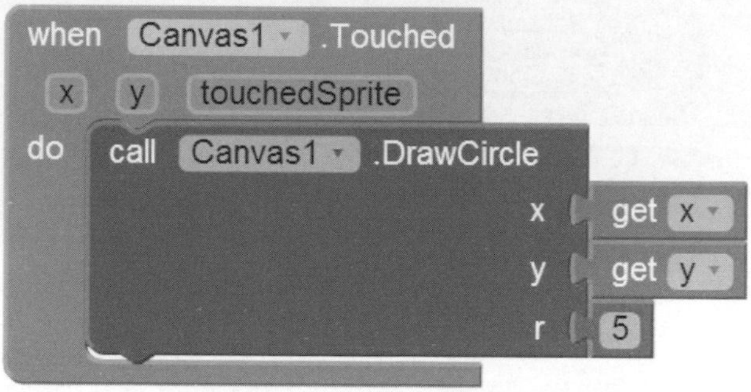

when Canvas1 .Touched
x y touchedSprite
do call Canvas1 .DrawCircle
x get x
y get y
r 5

圖 5-6 在點選的位置繪製半徑 5 像素的圓

5. 按鈕清空畫布
- 新增 **when ButtonCLEAN.Click** 的按鈕觸發事件。
- 新增 Canvas1 的 **Canvas1.Clear** 畫布清空指令。

when ButtonCLEAN .Click
do call Canvas1 .Clear

圖 5-7 清空畫布

6. 畫筆顏色初始化
以上便完成了小畫家的程式。在實際的操作過程中可以發現，在未使用按扭來改變畫筆顏色時，畫筆的預設顏色為黑色，我們可以用以下的方式進行修改：
- 新增 Screen1 的 **when Screen1.Initialize** 事件。該事件將在程式首次執行，也就是螢幕初始化時觸發。
- 新增 Canvas1 的 **set Canvas1.PaintColor** 指令，to 欄位填入藍色顏色參數。

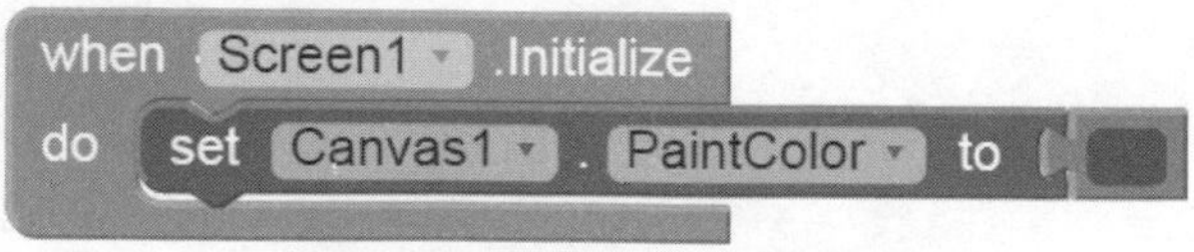

when Screen1 .Initialize
do set Canvas1 . PaintColor to

圖 5-8 設定畫筆預設顏色為藍色

圖 5-9 <EX5-1>程式完成圖

5-1-3 操作

隨意輕觸畫布，可以產生一個個的小圓圈，手指或滑鼠在畫面上拖曳則能產生線條；畫筆預設為藍色，可藉由頂端的按鈕更改，底端的 CLEAN 可以將畫布清空再玩一次。

圖 5-10 <EX5-1>程式初始畫面　　圖 5-11 <EX5-1>執行結果

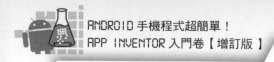

5-2 碼表

\<EX5-2\>Time.aia

　　利用變數及程式架構，讀取系統時間並存入變數加以應用，以按下按鈕的時間差做出碼表（計時器）的功能。系統時間的單位為毫秒（ms），也就是1秒。

圖 5-12 \<EX5-2\> 執行畫面

5-2-1 Designer 人機介面

\<STEP1\> 建立專案、 選擇程式元件

　　請在 Projects 選單中建立一個新專案「**Time**」。本專案使用元件如下表。

表 5-4 \<EX5-2\> 使用元件

元件名稱	說明
Button	兩個。分別用來開始與停止計時。
Label	顯示經過的時間。
Clock	系統時間元件

\<STEP2\> 設定程式元件屬性、步驟 ：

- Screen1 的 Title 欄位清空。
- 新增兩個 Button 元件，依序修改 Text 欄位為「**開始**」、「**停止**」。
- 新增 Label 元件，並將元件設為隱藏，亦即將 Visible 欄位由下拉式選單更改為 **hidden**。

圖 5-13 元件隱藏設定 hidden

- 新增 Clock 時鐘元件，它是一個非可視元件，因此不會顯示在螢幕上。不過您可以在 Designer 頁面下方看到它的圖示。

圖 5-14 Clock 元件

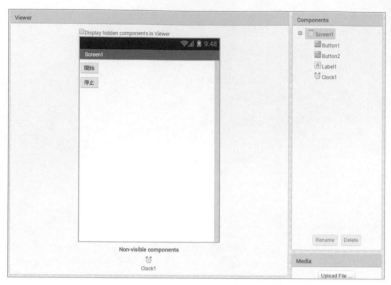

圖 5-15 <EX5-2>**Designer** 頁面完成圖

5-2-2 Blocks 程式方塊

<STEP1> 程式解說

1. 切換到 Blocks 頁面。

2. 宣告變數

- 新增數字變數「**Time**」、to 欄位為數字 **0**。用以儲存系統時間。

圖 5-16 宣告變數

3. 設定 Button1 觸發事件，開始計時。

- 新增 **when Button1.Click** 按鈕觸發事件。
- 新增 variables 的 **set global Time to** 指令，to 欄位填入 Clock1 的 **Clock1.SystemTime** 指令。將 Time 變數設定為系統時間。
- 新增 Label1 的 **set Label1.Visible** 指令，to 欄位填入 **true** 邏輯常數。在此會在畫面上看到 Label1 元件。
- 新增 Clock1 的 **set Clock1.TimerEnabled** 指令，to 欄位填入 **true** 變數。代表啟動

Clock1 元件。

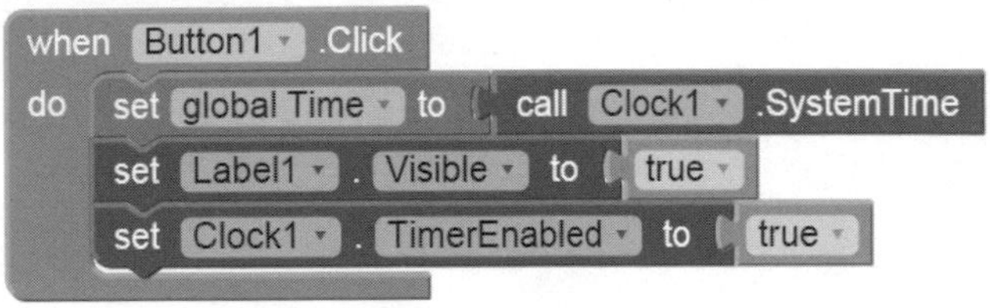

圖 5-17 開始計時

4. 記錄時間

- 新增 Label1 的 **set Label1.Text** 指令，to 欄位填入計算式：「(**Clock1.SystemTime-get global Time**)/1000」。

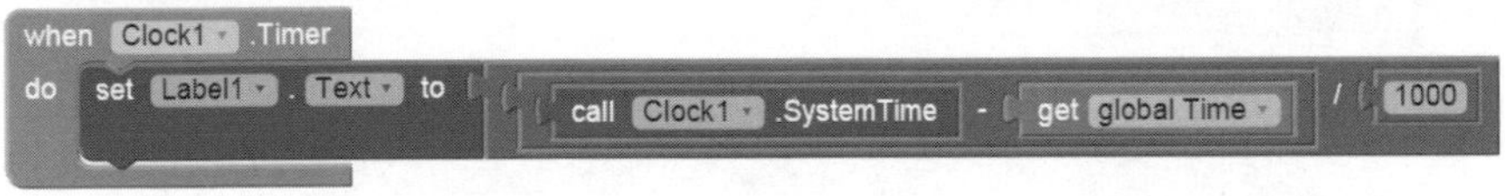

圖 5-18a 紀錄時間

　　如果您覺得這樣畫面太寬的話，請分別對減法與除法指令點選滑鼠右鍵之後選擇「**External Input**」，就可以把輸入端垂直排列。大部分的運算或是結合指令都有這個選項，這樣畫面就更清爽啦！如果要改回來的話，請再次點選，選擇「**InLine Inputs**」即可變成原本的水平排列。

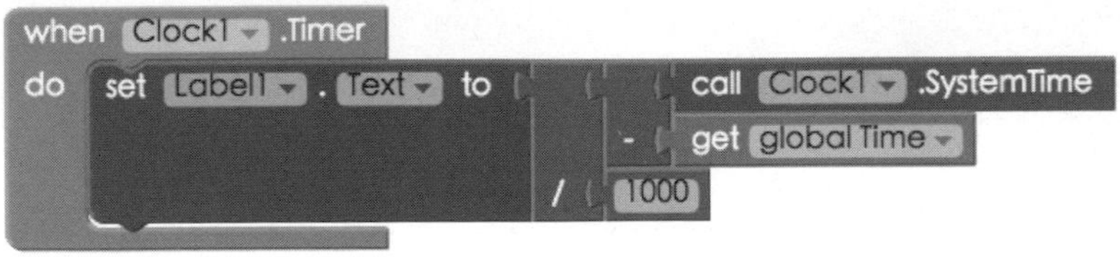

圖 5-18b 改用 External Input

5. 設定 Button2 觸發事件，停止計時並顯示經過時間

- 新增 **when Button2.Click** 按鈕觸發事件。
- 新增 Clock1 的 **set Clock1.TimerEnabled** 指令，to 欄位為 **false** 邏輯常數。
- 新增 variables 的 **set.global Time to** 指令，to 欄位填入計算式：「(**Clock1.**

SystemTime - Time）**/1000**」。

- 新增 Label1 的 **set Label1.Text** 指令，to 欄位填入 **Time** 變數值。

圖 5-19 停止計時並顯示經過時間

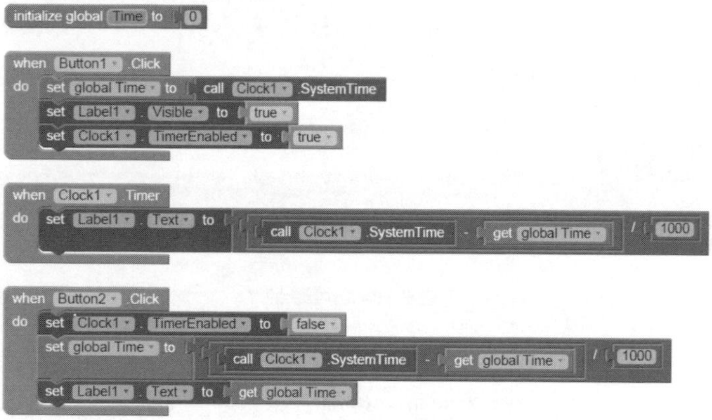

圖 5-20 <EX5-2> 程式完成圖

5-2-3 操作

　　點選「**開始**」按鈕來啟動計時器，面板會顯示經過的時間；按下「**停止**」結束計時並取得經過的時間；此外，每次按下「**開始**」按鈕都會從零秒開始計時。雖然系統時間以毫秒為單位，但您可以發現秒數的更新並非如此，這代表 APP Inventor 在執行上會有一定的延遲，在需要精細計算時間時可能會產生誤差。

圖 5-21 <EX5-2>程式起始畫面　　圖 5-22 <EX5-2>程式執行畫面

5-3 單位換算

<EX5-3 > Transfer.aia

　　單位轉換是常見的工具小程式，常見的功能是公制及英制單位間的換算。本範例除了提供兩種單位間的關係，還可以直接將一段長度轉換成不同單位，省去按計算機的功夫。本程式使用二維陣列來儲存不同的單位，第一層為單位名稱、單位數值兩大項目標題，第二層填入各自對應的內容。本範例提供重量、長度兩種轉換型式。

圖 5-23 <EX5-3>執行畫面，**26.5**英呎等於 **198.12**公分

5-3-1 Designer 人機介面

<STEP1>建立專案、選擇程式元件

請在 Projects 選單中建立一個新專案「**Transfer**」。本專案使用元件如下表：

表 5-5 <EX5-3> 使用元件

元件名稱	數量	說明
Button	2	1個用來切換轉換長度或重量，另一個則是點擊後顯示轉換結果。
TextBox	1	輸入要轉換單位的數量。
ListPicker	2	選擇轉換前與轉換後的單位（長度或重量）。
Label	1	

<STEP2>設定程式元件屬性、 步驟：

- Screen1 的 Title 欄位清空。
- 依序新增下列元件並修改 text 欄位。一律將寬度 Width 設為 **Fill parent**，完成如圖 5-24。

表 5-6 <EX5-3> 使用元件設定

元件名稱	顯示文字 text
TextBox1	**1**
ListPicker1	**mg（milligram）**
TextBox2	**1**
ListPicker2	**mg（milligram）**
Button1	**OK**
Button2	**Length**

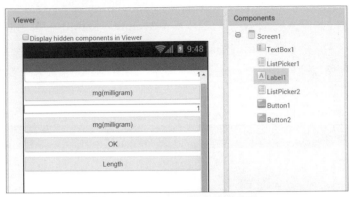

圖 5-24 <EX5-3>Designer 頁面完成圖

5-3-2 Blocks 程式方塊

《STEP1》程式解說

1. 切換到 Blocks 頁面。

2. 宣告變數

- 新增數字變數 a=0、b=0、x=1、y=1。

圖 5-25 宣告變數

3. 宣告選單陣列，依以下表格新增二維陣列 **Weight**、**Length**，第一層為字串陣列及數值陣列，第二層則為各自的明細。表格中上方的字串與下方的數值以索引的方式相互連接，所以陣列中的內容需要按照順序，這個陣列元素較多，請耐心完成。

表 5-7 重量單位清單

字串	數值	程式
mg（milligram）	1	
g（gram）	1000	
kg（kilogram）	1000000	
t（tonne）	1000000000	
μg（microgram）	0.001	
ng（nanogram）	0.000001	
oz（ounce）	28349.523125	
lb（pound）	453592.37	
st（stone）	6350293.18	
ton（long ton）	1016046908.8	
ct（carat）	200	

表 5-8 長度單位清單

字串	數值	程式
mm（millimeter）	1	
cm（centimeter）	10	
m（meter）	1000	
km（kilometer）	1000000	
μm（micrometre）	0.001	
nm（nanometer）	0.000001	
in（inch）	25.4	
ft（foot）	304.8	
yd（yard）	914.4	
fathom	1828.8	
rod	5029.2	
chain	20116.8	
furlong	201168	
mi（mile）	1609344	
nmi（nautical mile）	1852000	
Å	0.0000001	
ls（light second）	299792458000	
AU（astronomical unit）	149597870700000	
ly（light year）	9460730472580800000	

4. 初始化清單，兩個清單的初始值皆為 **mg（milligram）**，代表預設為**重量單位轉換**。

- 新增 **when Screen1.Initialize** 事件

- 將變數 b 設為二維清單 **weight**。

- 新增 ListPicker1 的 **set ListPicker1.Elements** 指令，to 欄位填入 **select list item** 選擇

生活好幫手

清單元素指令，list 為 **b**，index 為 **1**，代表取出清單變數 b 的第一項，就是 mg ～ ct 一共 11 個元素的清單。

- 新增 ListPicker2 的 **set ListPicker2.Elements** 指令，to 欄位填入 **select list item** 選擇清單元素指令，list 為 **b**，index 為 **1**。

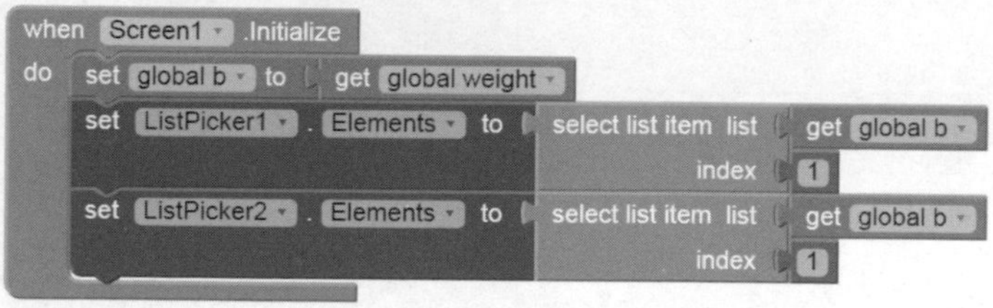

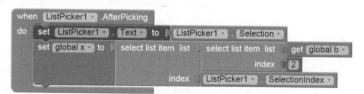

圖 5-26 清單初始化

5. 設定 ListPicker1 清單索引內容

- 新增 ListPicker1 的 **when ListPicker1.AfterPicking** 事件。
- 新增 ListPicker1 的 **set ListPicker1.Text** 指令，to 欄位填入 **ListPicker1.Selection**。代表將 ListPicker1 的 Text 欄位設為所選取的清單項目。
- 設定 x 變數的內容，建立索引，將對應的清單項目儲存在變數裡。新增兩個 List 的 **select list item** 指令，並如下圖新增變數。首先找到二維陣列 b 的第二個元素（也是一個陣列），再來取得該陣列中與 LiskPicker1 所選取元素位置相同者，也就是所選擇單位的數值大小。

圖 5-27 清單初始化

6. 設定 ListPicker2 點選後執行的內容與 ListPicker1 相同。

- 如上步驟，設定 ListPicker2 清單索引內容，注意這邊是以變數 y 來儲存內容。

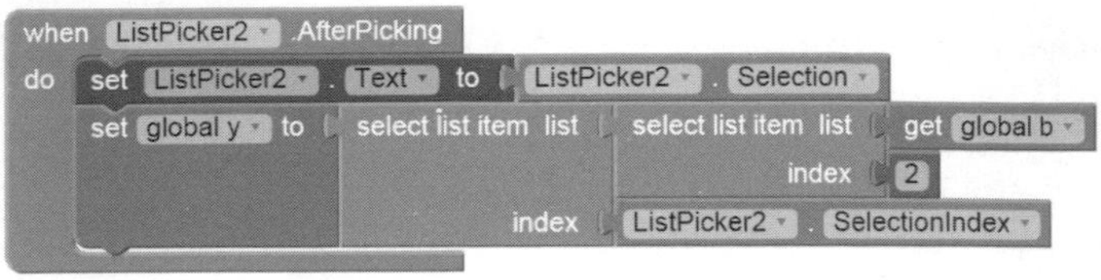

圖 5-28 設定 ListPicker2 清單索引內容

7. 設定 OK 按鈕觸發事件，顯示單位換算結果。

- 新增 **when Button1.Click** 事件。
- 新增 Label1 的 **set Label1.Text** 指令， to 欄位填入單位轉換式 「**TextBox1.Text***（**global x 變數值 / global y 變數值**）」。

圖 5-29 顯示單位轉換結果

<STEP2> 以 Button 切換轉換單位

Button2 按鈕被點擊時會在長度運算及重量運算兩種模式中切換。

1. 判斷目前模式並切換至另一個模式

- 新增 **when Button2.Click** 事件。
- 新增 **if** 判斷式，並以藍色小方塊調整成 **if/else** 的型式，判斷式為「**global a 變數值 =0**」。
- 若條件成立，則將 Button2 的文字設定為 **Weight**、變數 a 設定為 **1**、b 設定為 **Length** 清單。
- 若否，則反過來把 Button2 的文字設定為 **Length**、變數 a 設定為 **0**、b 設定為 **weight** 清單。

2. 設定輸入欄位及顯示欄位初始值

- 新增 ListPicker1 的 **set ListPicker1.Elements** 指令，to 欄位填入 **select list item** 指令，list 為 **b**，index 為 **1**。將 ListPicker1 的內容設成二維清單 **b** 的第一個元素，這是個一維清單。
- ListPicker2 的內容設成二維清單的第一個元素。
- 新增 ListPicker1 的 **set ListPicker1.Text** 指令，to 欄位填入 **select list item** 指令，list

為 **ListPicker1.Element**，index 為 **1**，代表將 ListPicker1 的文字設定為 ListPicker1 內容的第一項。

- 將 ListPicker2 的文字設定為 ListPicker2 內容的第一項。

3. 初始化清單內容及文字

- 新增 TextBox1 的 **set TextBox1.Text** 指令，to 欄位填入數值 **1**。

- 新增 Label1 的 **set Label1.Text** 指令，to 欄位填入數值 **1**。在此將轉換輸入值與結果都設為 1，避免直接用空欄位運算而發生錯誤。

- 將變數 **x** 設為數值 **1**。

- 將變數 **y** 設為數值 **1**。

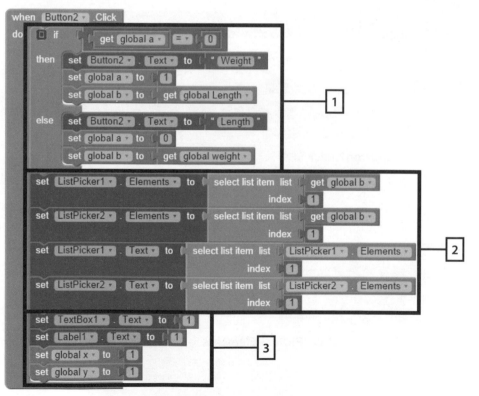

圖 **5-30** 切換模式與給定預設單位

5-3-3 操作

程式開啟後，預設模式為重量、單位皆為 **mg**（**milligram**）。

圖 5-31 <EX5-3> 程式起始畫面

點選 **mg**（**milligram**）即可開啟重量單位清單，選擇需要換算的單位。

圖 5-32 重量單位清單

選擇完畢按下 **OK** 鈕後，即可見到單位換算結果，例如 1 lb（磅）=453.59237 g（公克）。

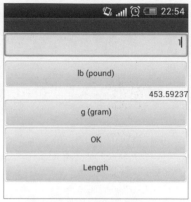

圖 5-33 重量轉換結果

點選下方的 **Length** 鈕即可切換至長度轉換模式。

圖 5-34 切換至長度轉換模式

　　除了查詢各單位間的關係外，也可以如下圖直接輸入一段長度，由程式將其轉換成其他單位（圖 5-35），是不是很方便呢？

圖 5-35 <EX5-3> 輸入數量後再轉換

5-4 總結

經過本章的三個範例，相信您已了解了 App Inventor 中的 Canvas 畫布元件、系統時間、List 清單及控制結構等功能。下一章將帶大家走入雲端，介紹 App Inventor 結合網路後的應用。

5-5 實力評量

1、（　）二維清單的元素就是一維清單。

2、（　）在不經過運算的情況下所印出來的時間數值將會是亂碼。

3、（　）Clock 元件的最小時間單位為秒。

4、請修改 <EX5-1>，加入調整畫點大小的功能。

5、請修改 <EX5-1>，新增一個按鈕「畫矩形」，點擊畫面兩處即可畫出矩形（矩形是由四條線所構成）。

6、請修改 <EX5-2>，在 TextBox 中輸入某個秒數後，按下按鈕進行倒數計時。

CHAPTER {06}
讓我們看雲去

本章重點	使用元件
開啟外部程式：**Google Map**	**ActivityStarter**
瀏覽網頁	**WebViewer**
取得網頁原始檔	**Web**
撥放線上影音	**VideoPlayer**

本章將為您介紹如何在 App Inventor 中來呼叫外部程式與雲端服務。共有四個範例：EX6-1 使用 ActivityStarter 元件來啟動 Google Map，並搜尋指定內容定位座標且顯示出來作為地圖導覽；EX6-2 則是透過 WebViewer 元件來播放 YouTube 影片。在 EX6-3 中，使用了 Web 元件來擷取網頁原始碼，您可取出所需的資料來加以應用。最後的 EX6-4，也是透過 Web 元件來取得 Facebook 粉絲頁的按讚次數喔！

表 6-1 第 6 章範例列表

編號	名稱	說明
EX6-1	MapTour.aia	Google Map
EX6-2	OnlineVideo.aia	播放線上影片
EX6-3	Web.aia	擷取網路資料
EX6-4	CAVEDU_fb_likes.aia	取得粉絲專頁按讚人數
EX6-5	CAVEDU_fb_likes_json.aia	取得粉絲專頁按讚人數 （Json 版）

6-1 呼叫 Google Map

\<EX6-1\>MapTour.aia

本範例會將數個地點整合在同一份清單中。使用者透過 ListPicker 元件選定喜歡的地點之後，就會透過 ActivityStarter 元件啟動 Google 地圖，並定位到該指定地點。

図 6-1 <EX6-1> 執行畫面

6-1-1 Designer 人機介面

<STEP1> 建立專案、選擇程式元件

請在Projects選單中建立一個新專案「MapTour」。本專案使用元件如下表：

表6-2 <EX6-1>使用元件

元件	說明
ListPicker	用來選擇指定地點
ActivityStarter	用來呼叫外部程式，本範例中為 Google 地圖

<STEP2> 設定程式元件屬性、步驟 ：

- 新增 ListPicker 元件，text 欄位輸入 [**請選擇地點**]，字體大小請改為 20。
- 新增 ActivityStarter 元件並設定以下欄位，完成如圖 6-3：

  Action 欄位為 **android.intent.action.VIEW**

  Activity Class 欄位為 **com.google.android.maps.MapsActivity**

  Activity Package 欄位為 **com.google.android.apps.maps**

設定完成後如圖 6-4，ActivityStarter 元件可讓您呼叫手機內中已安裝的程式，並可透過 URI 來傳值。本範例中是用來呼叫 Google Map，因此需要如上述來指定 Action、Activity Class 與 Activity Package 等欄位。

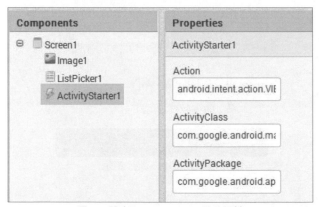

圖 6-2 設定 Activity Starter 元件屬性

圖 6-3 <EX6-1>Designer 頁面完成圖

6-1-2 Blocks 程式方塊

<STEP1> 程式解說

1. 切換到Blocks頁面。
2. 在此要使用一個清單來指定List Picker元件選單內容，如圖6-5。
   - 在Variables指令區中，使用**initialize**指令，並將 name 改名為**destinations**，to欄位請接上一個**make a list**指令，代表建立一個名為**destinations**的清單。
   - 清單內容為5個text文字常數，請分別更改為艾**菲爾鐵塔**、**日月潭**、**台北101**、**geo:121.0011, 23.0923**與**饒河街夜市**。您可自行加入任何喜歡的地名，這些字串會傳送給Google Map 進行搜尋，當然啦，也要Google Map 真的查的到這些地點才行。其中**geo:**是地理座標標頭，代表要直接搜尋指定經緯度座標。

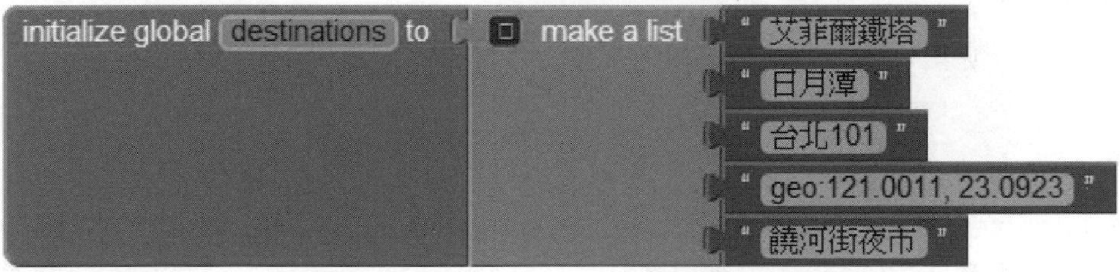

圖6-4 destination 清單變數內容

<STEP2> 指定 ListPicker 內容

- 新增Screen1的**Screen1.Initialize**事件。
- 新 增 ListPicker1 的**set ListPicker1.Elements**指 令，to欄 位 為 上 一 步 驟 新 增 的**destinations**清單。

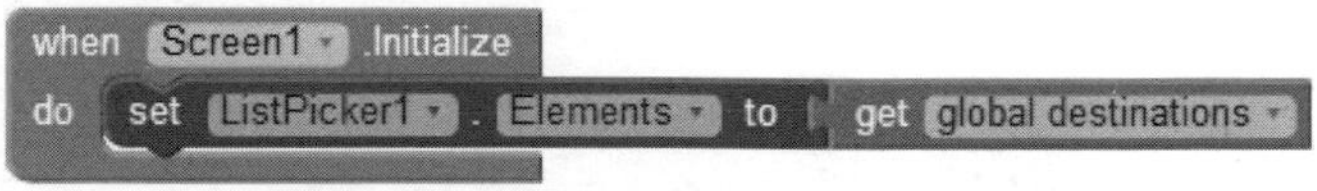

圖6-5 於程式初始化時指定ListPicker內容

<STEP3> 設定 DataUri 並呼叫 Google Map 程式解說

本範例除了可啟動Google Map之外，還可將ListPicker的點選結果傳送給Google

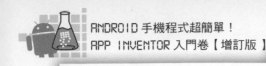

Map 進行搜尋。

- 新增 ListPicker1 的 **ListPicker1.AfterPicking** 事件。
- 新 增 ActiviyStarter1 的 **setActiviyStarter1.DataUri** 指 令，to 欄 位 使 用 **join** 指 令 將
  「**geo:0,0?q=**」與 **ListPicker1.Selection** 指令組合成同一個字串。
- 新 增 ActiviyStarter1 的 **ActiviyStarter1.StartActivity** 指 令，在 此 就 會 呼 叫 Google
  Map 並將 DataUri（geo 標頭結合我們點選的新地點）傳過去進行搜尋。

```
when  ListPicker1 ▾ .AfterPicking
do   set ActivityStarter1 ▾ . DataUri ▾ to    join   " geo:0,0?q= "
                                                     ListPicker1 ▾ . Selection ▾
     call ActivityStarter1 ▾ .StartActivity
```

圖 6-6 指定 **DataUri** 並呼叫 **Google Map**

程式完成如圖 6-7：

```
initialize global destinations to    make a list   " 艾菲爾鐵塔 "
                                                    " 日月潭 "
                                                    " 台北101 "
                                                    " geo:121.0011, 23.0923 "
                                                    " 饒河街夜市 "

when  ListPicker1 ▾ .AfterPicking
do   set ActivityStarter1 ▾ . DataUri ▾ to    join   " geo:0,0?q= "
                                                     ListPicker1 ▾ . Selection ▾
     call ActivityStarter1 ▾ .StartActivity

when  Screen1 ▾ .Initialize
do   set ListPicker1 ▾ . Elements ▾ to    get global destinations ▾
```

圖 6-7 <EX6-1> 程式完成圖

操作

操作時請點選「**選擇地點**」，會進到如圖 6-8b 的清單中，點選之後就會呼叫 Google
Map 並將方才的點選結果傳送給 Google Map 進行搜尋。您除了可直接用地名來搜尋之
外，也可透過 **geo:** 標頭來搜尋指定座標。

圖 6-8a <EX6-1> 初始畫面　　　　　圖 6-8b 選擇地點清單

圖 6-9 <EX6-1> 執行畫面，搜尋「饒河街夜市」

6-2 播放 YouTube 影片

\<EX6-2\>OnlineVideo.aia

　　本範例使用VideoPlayer元件來播放指定影片檔，您需要先將這個影片檔上傳到App Inventor專案中。另外還可以透過WebViewer元件取得指定YouTube網頁，搭配三個按鈕來控制影片的播放、停止並切換到下一部影片。

圖 6-10a \<EX6-2\> 初始畫面　　　　圖 6-10b 播放內部影片畫面

圖 **6-10c** 播放 **YouTube** 線上影片畫面

6-2-1 Designer 人機介面

<STEP1> 建立專案、選擇程式元件

請在Projects選單中建立一個新專案「OnlineVideo」。接著新增表6-3中的元件，完成如圖6-12。

表 **6-3 <EX6-2>** 使用元件

元件	說明
Button	控制影片播放、停止與切換，共5個。
WebView	播放線上影片，本範例中為 YouTube。
VideoPlayer	播放儲存在手機中的影片。

<STEP2> 設定程式元件屬性：

- 將 WebViewer1 元件拉到 Screen1 中，設定 Width 與 Height 欄位皆為 **Fill parent**，Height 為 **Fill parent**。

- 新增 3 個 Button 元件來控制網路影片，並依序修改名稱與 Text 欄位如下表：

原名稱	修改後名稱	Text 欄位
Button1	Button_Play	播放影片
Button2	Button_Stop	停止影片
Button3	Button_Next	下一部影片

- 再新增 2 個 Button 元件來控制 VideoPlayer 元件，並修改名稱與 Text 欄位如下表：

原名稱	修改後名稱	Text 欄位
Button4	Button_PlayF	播放影片
Button5	Button_StopF	停止影片

- 在 VideoPlayer1 的 Source 裡面上傳一個 mp4 影片檔。檔案名稱只能使用英文加數字，否則無法上傳。在此上傳的檔名為 **OnlineVideoExample.mp4**，上傳完成即可在 Videioplayer 的 Source 欄位中看到它，如圖 6-11。

圖 6-11 上傳 MP4 影片檔至 Source 裡

圖 6-12 <EX6-2>**Designer**頁面完成圖

6-2-2 Blocks 程式方塊

<STEP1>播放網路影片

點選[**播放影片**]按鈕之後，會讓WebViewer元件去載入指定的YouTube影片頁面。每個YouTube網址最後面的那一串英文與數字組合就是這部影片的ID，例如：**https://www.YouTube.com/watch?v=oRNQCAyKjOM**。或者您可使用自己的網路空間來放喜歡的影片。

- 新增 ButtonPlay 的 **ButtonPlay.Click** 事件。
- 新增 WebViewer1 的 **WebViewer1.GoToUrl** 指令，url 欄位為影片網址，例如 "**https://www.YouTube.com/watch?v=oRNQCAyKjOM**"。

-

圖 **6-13** 使用 **WebViewer** 元件開啟 **YouTube** 影片網址

<STEP2>播放手機內部影片

點選ButtonPlayF按鈕之後，就使用**VideoPlayer1.start**指令來播放影片。如果沒有反應的話，請檢查Source是否設定正確。

- 新增ButtonPlayF的**ButtonPlayF.Click**事件。
- 新增VideoPlayer1的**VideoPlayer1.start**指令。

```
when  ButtonPlayF ▾ .Click
do  call  VideoPlayer1 ▾ .Start
```

圖6-14 播放內部影片

<STEP3>暫停撥放網路影片

讓網頁回到上一頁您可以直接點選YouTube播放器的暫停按鈕或自己寫程式來達到這個效果：

- 新增ButtonStop的**ButtonStop.Click**事件。
- 新增WebViewer1的**WebViewer1.GoBack**指令。

```
when  ButtonStop ▾ .Click
do  call  WebViewer1 ▾ .GoBack
```

圖6-15 **YouTube**影片暫停按鈕

<STEP4>暫停播放手機內部影片

- 新增ButtonPlayF的**ButtonPlayF.Click**事件。
- 新增VideoPlayer1的**VideoPlayer1.Pause**指令。

```
when  ButtonStopF ▾ .Click
do  call  VideoPlayer1 ▾ .Pause
```

圖6-16點選按鈕時將source改為第二首歌

<STEP5>設定其他影片來源

在此要設定另一個YouTube影片網址：**https://www.YouTube.com/watch?v=lPy_d6JMgQ8**。點選**ButtonNext**按鈕之後，就會讓WebViewer元件去載入這個新網頁，達

到播放下一部影片的效果。如果您要在手機端播放另一個影片檔的話，就要再上傳新的影片檔。

- 新增 ButtonNext 的 **VideoNext.Click** 事件。
- 新增 WebViewer1 的 **Viewer.GoToUrl** 指令，url 欄位為新的影片網址。

```
when  ButtonPlay ▾ .Click
do    call  WebViewer1 ▾ .GoToUrl
                                 url │ " https://www.youtube.com/watch?v=oRNQCAyKjOM "
```

圖 6-17 點選 ButtonNext 按鈕來載入另一個影片

```
when  ButtonPlay ▾ .Click
do    call  WebViewer1 ▾ .GoToUrl
                           url │ " https://www.youtube.com/watch?v=oRNQCAyKjOM "

when  ButtonStop ▾ .Click
do    call  WebViewer1 ▾ .GoBack

when  ButtonNext ▾ .Click
do    call  WebViewer1 ▾ .GoToUrl
                           url │ " https://www.youtube.com/watch?v=lPy_d6JMgQ8 "
```

圖 6-18 <EX6-2> 程式完成圖

6-2-3 操作

YouTube 影片播放程式完成了，快點來播放您喜歡的影片吧！

圖 6-19 <EX6-2> 按下網路「播放影片」

圖 6-20 <EX6-2> 按下網路「下一部影片」

6-3 擷取網路資料

<EX6-3>Web.aia

App Inventor 的 Web 元件可以執行各種網路指令，包含發送文字、檔案、JSON/XML/HTML 解碼等實用功能。本範例會擷取指定網站的資料並且顯示出來。擷取出來的 Web 資料為文字檔。

圖 6-21 <EX6-3> 執行畫面

6-3-1 Designer 人機介面

<STEP1> 建立專案、選擇程式元件

請在 Projects 選單中建立一個新專案「Web」，並根據表 6-4 來新增元件，完成如圖 6-22。

表 6-4 <EX6-3> 使用程式元件

元件	說明
TextBox	供使用者輸入字串
Button	按鈕元件用來觸發事件
Label	顯示文字
Web	擷取指定網頁內容

<STEP2> 設定程式元件屬性、步驟

· 將新增一個 TextBox 元件，設定 Width 為 300 像素。

· 將新增一個 Button 元件，設定 Text 欄位為「**執行**」。

- 新增一個Label元件，設定Text欄位為「**顯示欄位**」。
- 新增一個Web元件，這是一個非可視元件，完成如圖6-22。

圖6-22 <EX6-3>Designer頁面完成圖

<STEP3>Web元件解說

　　設定好Web元件的Url欄位之後，就可以透過按鈕點擊事件中取得這個網頁原始碼，並顯示在Label元件中。另外也可以直接在TextBox中輸入網址，再次按鈕就可以重新取得網頁。請在Web元件的Url欄位中輸入您所希望取得的網頁，在此為CAVEDU教育團隊的Facebook粉絲專頁Open Graph 網頁原始碼，（https://graph.facebook.com/CAVEDUEducation，格式為jOSN）。我們會在下個範例中運用Web元件來找出按讚的次數。請注意，網址必須為**http://** 或**https://** 開頭，否則無法正確顯示。

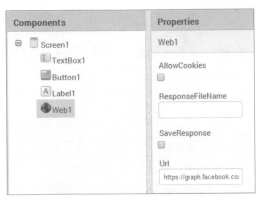

圖6-23 設定Web元件的Url欄位

6-3-2 Blocks 程式方塊

<STEP1>取得網頁原始碼

- My Blocks → Button1 的 **Button1.Click** 事件。
- My Blocks → Web1 的 **Web1.Get** 指令。

圖 6-24 要求取得指定網頁 Web 元件

<STEP2>取得網頁原始碼

Web 元件會在取得網頁之後，自動呼叫 **Web.GotText** 事件，我們在此把網頁原始碼顯示於 Label 元件。

- 新增 Web1 的 **Web1.GotText** 事件。
- 新增 Label1 的 **Label1.Text** 指令，to 欄位為 **response Content** 事件變數。

```
when    Web1 ▾  .GotText
 url   responseCode      responseType      responseContent
do   set  Label1 ▾ . Text ▾  to   get  responseContent ▾
```

圖 6-25 顯示網頁原始碼

6-3-3 操作

操作程式時，直接按下 [**執行**] 按鈕，您應該會看到這樣的畫面。這就是 Facebook 粉絲專頁底層的樣子。

{"id":"14824872524601
0","about":"\u512a\u8c
ea\u6a5f\u5668\u4eba
\u79d1\u5b78\u6559\
u80b2\u5718\u968a
\u6821\u5712\u7814\u
7fd2\uff0f\u6559\u675
0\u7de8\u64b0\uff0f\u
5e2b\u8cc7\u57f9\u8a
13\uff0f\u8ab2\u7a0b\

圖 6-26 <EX6-3>執行畫面

延伸應用 ： 自行輸入網址

讓使用者自行輸入想瀏覽之網頁原始碼，在TextBox元件中輸入網址，再按下「執行」按鈕即可取得到該網頁原始碼。請在Button1的**Button1.Click**事件中加入Web1的**SetWeb1.Url**指令，to欄位為**TextBox1.Text**指令，完成如下圖：

```
when  Button1 ▼ .Click
do    set  Web1 ▼ . Url ▼ to    TextBox1 ▼ . Text ▼
      call  Web1 ▼ .Get
```

圖6-27 先更新網址再取得網頁

在Label顯示網頁原始碼則與之前相同，無須修改。完成以上動作後就可以進行測試。在TextBox輸入網址「**http://www.robotkingdom.com.tw/**」之後按下「**執行**」按鈕就可以看到如圖6-28的畫面：

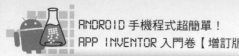

圖6-28　<EX6-3> 程式回傳指定網頁原始碼

6-3-4　判斷網頁是否為 UTF-8 編碼

有時候，我們得先知道網頁格式才能進行後續的資料處理，這樣就得先知道這個網頁的編碼格式為何。大部分的網頁格式皆為 UTF-8 的 unicode 格式。因此我們只要用網頁中的原始碼做字串判斷，找尋是否包含了「**UTF-8**」這個字串就能判斷本網頁的編碼格式。請根據後續步驟操作。

<STEP1> 修改 Web1.GotText 事件

將設定 Label 顯示網頁原始碼程式片段做修改。請根據以下步驟修改：

- 在 Web1 的 **when.Web1.GotText** 事件中，將 **set.Label1.Text** 指令的 to 欄位改為 Text 的 **contains** 指令，text 欄位為 **response Content** 事件變數，piece 欄位則是 "**UTF-8**" 文字。代表我們要在 Web 回傳的內容中檢查有無此字串。有時候，UTF-8 在網頁中會是小寫，所以請將原本的 **contains** 指令複製，piece 欄位則改為「**utf-8**」。最後用 Logic 的 **or** 指令將兩者聯集起來，代表任一個條件滿足都視為該網頁格式為 UTF-8。完成如下圖。

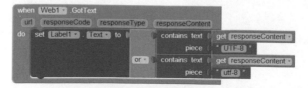

圖6-29　Label 顯示網頁原始碼進行大小寫判斷

答案會以True及False的方式呈現在Label元件中，True即代表本網頁編碼為UTF-8格式（contains指令回傳值為布林值）。

圖 6-30　判斷指定網頁格式是否為 UTF-8

6-4 取得粉絲專頁按讚人數

　　網路上的Facebook粉絲專頁近年來愈來愈盛行，愈來愈多公司或是藝人選用這種方式來與粉絲互動，可以達到更迅速的推廣效果。本範例會使用Web元件來擷取指定Facebook粉絲專頁的內容，找到按讚的次數顯示在畫面上。執行畫面使用CAVEDU教育團隊的Facebook 粉絲頁，網址：**www.facebook.com/CAVEEducation**。

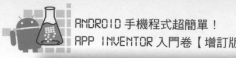

圖 6-31 <EX6-4> 執行畫面

6-4-1 Designer 人機介面

<STEP1> 建立專案、 選擇程式元件

請在 Projects 選單中建立一個新專案「**CAVEDU_fb_likes**」。並根據表 6-5 新增元件，完成如圖 6-32。

表 6-5 <EX6-4> 使用程式元件

元件	說明
TextBox	供使用者輸入粉絲頁名稱。
Button	按下按鈕取得網路內容。 Image 欄位請上傳 CAVEDU.jpg 或任意圖檔。
Label	顯示文字
Web	擷取指定網頁內容

圖 6-32 <EX6-4>Designer 頁面完成圖

6-4-2 Blocks 程式方塊

<STEP1> 設定變數

- 新增兩個變數。一個是名為 **temp** 的空白文字變數,另一個則是為 **json** 的空白清單。

圖 6-33 宣告變數

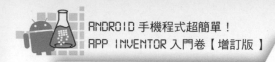
<STEP2> 抓取粉絲專頁網址內容

設定 Button 觸發事件

· 新增 Button_get 的 **when.Button_get.Click** 事件。

· 新增 web1 的 **set Web1.Url** 指令，to 欄位請用 **join** 字串合成指令，一個為「**https://graph.facebook.com/**」的文字常數，另一個為 TextBox1 指令的 **TextBox1.Text** 參數。

· 新增一個 Web1 的 **Web1.Get** 指令。

圖6-34 取得指定網址內容

<STEP3> 取得並解析 Facebook 粉絲專頁的 JSON 字串

Facebook 網頁採用 JSON 格式進行資料交換，JSON 的意思是 **JavaScript Object Notation**，是一種輕量化的資料交換語言，幾乎所有與網頁開發相關的程式語言都有 JSON 函式庫，例如 Python、PHP 等。如果想要看到某個 Facebook 頁面的 JSON 資料的話，請把 **www** 改為 graph，再重新整理網頁即可，如圖6-35。

https://graph.facebook. ✕

← → C ⌂ 🔒 https://graph.facebook.com/CAVEEducation

圖6-35 將網址的 **www** 改為 **graph**

整理後的網頁部分內容如圖6-36，這就是一個超大的 JSON 物件。在此的想法是把它用逗號，切開後存成清單，再去看看哪個內容是 "likes" 開頭，如圖6-36中的 "likes": 3203；接著再把這個內容用冒號：分開後的第二個內容就是粉絲頁的按讚數囉！一個 JSON 資料結構的形式如下：

· 物件（object）：一個物件會用大括號 { } 包起來，裡面會有許多的名稱/職結束。一個物件包含多組的的名稱/值，每組名稱/值之間使用逗號，隔開。

· 名稱/值（collection）：名稱和值之間使用冒號：隔開。例如 **"likes":3203** 或是 **"is_published": true** 等等。

```
    "is_community_page": false,
    "is_published": true,
    "likes": 3203,
    "link": "https://www.facebook.com/CAVEEducation",
    "location": {
        "city": "Taipei",
        "country": "Taiwan",
        "street": "\u4e2d\u83ef\u8def\u4e8c\u6bb5165\u865f",
        "zip": "10068"
    },
```

圖6-36 CAVEDU 的 Facebook 粉絲專頁的 JSON 字串

好了,開始寫程式吧!

· 新增 web1的 **when.Web1.GotText**事件。

· 新增 Control的 **for each** 迴圈。to欄位先填入 list的 **length of list**指令,list欄位加上 text的split指令,text欄位為responseContent事件變數,at欄位為一個 text 文字變數, 輸入 [,]。這代表把 **reponseContent**事件變數用逗號分割之後的清單長度做為**for each**迴圈的執行次數上限。

    ＊ 新增 Control的 **if** 判斷結構,判斷式使用 text的 **contains**指令,它的text欄位稍 微複雜了一點,先用List的 **select list item**指令,list欄位請填入 Text的 **split**指令 (text欄位為**Web1.GotText**事件的**responseContent**事件變數,at欄位為逗號" , "),index欄位為 **for each** 迴圈的 number事件變數。最後,請把 contains指令 的**piece**欄位填入"like"文字常數。代表在逐項檢查responseContent事件變數用 逗號分割之後的清單,是否有項目包含了"like"這個文字。

    ＊ 在**if**判斷式的**then**區塊中,將json變數值設為上述 select list item指令的執行結 果,執行到此所取得的執行結果為("likes": 3203) 這個清單。

· 最後,使用 Label1的set Label1.Text指令,to欄位先用List的 **select list item**指令, list欄位一樣使用 Text的 split指令(text欄位為 **json**變數值,at欄位為冒號": "),index欄位為數字2。代表要把上一步的清單藉由:切成兩段,後面的就是 我們要的按讚次數,完成如圖6-37。

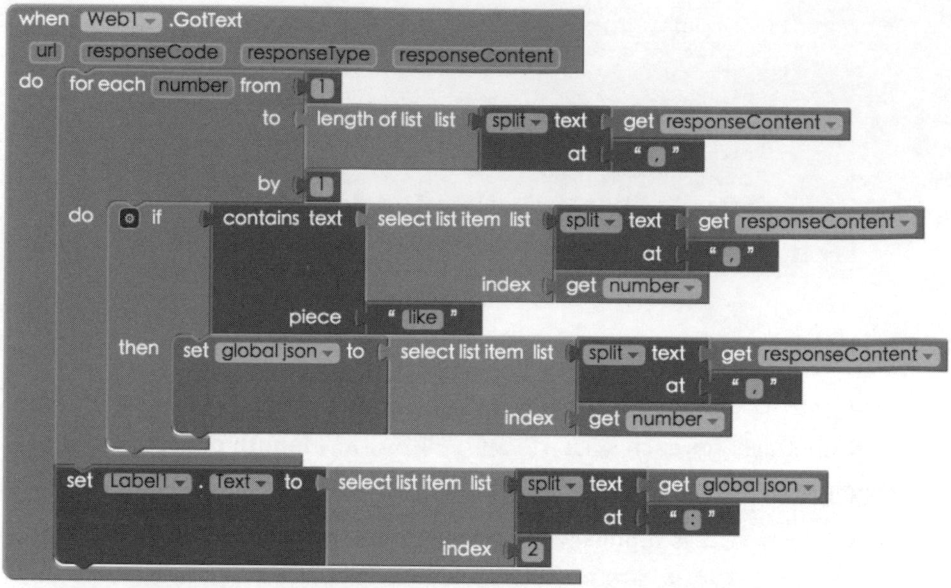

圖 6-37 取得並切割 Web 元件所取得的文字內容

這一段的功能是在Web元件取得網路文字之後，透過 **for each**迴圈 把 **responseContent**事件變數（就是Web元件取得的指定網頁文字）用逗號分割後的清單逐個去搜尋，如果某個清單內容有"**like**"字串的話，代表它就是我們要找的 Facebook粉絲頁按讚數的名稱/值對，再用**split**指令這個名稱/值對用：切開，就是數字3203啦！

6-4-3　操作

操作時，請在 TextBox 中輸入您想要查詢的 Facebook 粉絲頁名稱，例如 CAVEDU 教育團隊就是 https://www.facebook.com/CAVEEducation 最後的 **CAVEEducation**，輸入完畢之後按下按鈕即可取出數字，可以和您的朋友炫耀一下喔！

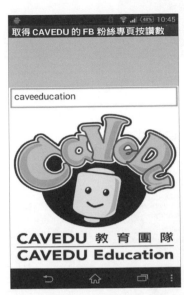
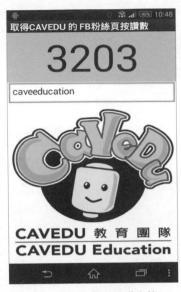

圖 6-38a 輸入粉絲專頁後的專屬網址　　圖 6-38b 按下按鈕取得按讚次數 3203

6-4-4 改用 JsonTextDecode 方法

<EX6-5>cave_fb_likes_JSON.aia

　　先前的方法說真的有點土法煉鋼，這是處理純文字格式的硬漢方法，如果有比較聰明的方法就輕鬆多了呢。Web元件另外針對JSON、HTML、XML 等常見的網頁資料交換格式提供了對應的解碼方法。在此要使用Web元件的**JsonTextDecode**方法來處理Facebook的JSON資料。

　　先把JSON解碼結果顯示於Label，請**result**變數值（自己新增一個吧！）設為Web元件的**JsonTextDecode**指令執行結果，再把result變數值顯示於 Label1元件上，這樣就能取得**responseContent**事件變數的JSON解碼結果（圖6-39a）。執行結果如圖6-39b，您可以看到都已經切好成為一個個的清單了。

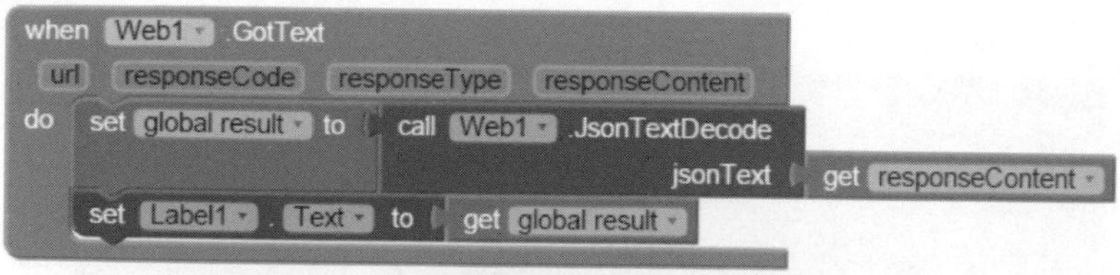

圖6-39a 改用 JsonTextDecode 指令來處理 JSON

圖6-39b 執行畫面

接著要開始分析資料了，架構與上個範例是相同的，只是改用新的解析方法來處理
JSON。在此只提重點。請依以下順序操作：

- 在 **Web1.GetText** 事件中，請將 json 變數設為 Web1.JsonTextDecode 指令執行結果，jsonText 欄位為 **reponseContent** 事件變數，這是一個二維清單，每個清單元素就是名稱／值對。

- 接著在 **for each** 迴圈中，我們一樣使用 **contains** 指令去找看看 **json** 清單中哪一個元素包含了 "**like**" 這個字串，如果找到了就把它的2號元素取出來，這樣就是按讚數啦！一樣是藉由 **for each** 迴圈的 **number** 事件變數來掃描整個清單。

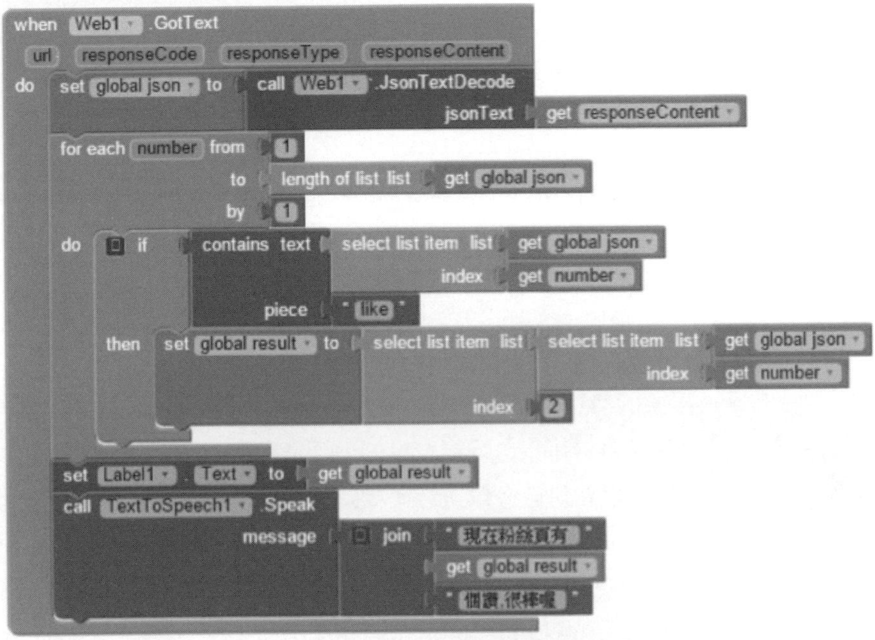

圖 6-40 改用 JsonTextDecode 方法取得按讚數

注意到了嗎？圖6-37最下方有一個沒看過的元件：**TextToSpeech**。它可讓我們的手機說話，只要在 "**message**" 欄位填入想說的話即可。在此使用**join**指令結合" **現在粉絲頁有**"、**global result**變數值（按讚數）以及**個讚,很棒喔**等。執行效果則完全相同，差別只在於解析資料的方法而已。

請注意TextToSpeech元件會要求手機安裝對應的語言套件，所以App Inventor是無法說中文的啦！如果您要在模擬器上執行的話，請把上述的中文字串改成英文就可以了，或著只留下數字就好。

6-5 總結

本章藉由四個主題來介紹App Inventor的網路功能。<EX6-1>中的ActivityStarter元件可呼叫其他已安裝的程式，並透過Uri來指定其動作。<EX6-2>則是讓VideoPlayer元件播放本機端影片以及開啟YouTube網頁。

<EX6-3 >到<EX6-5>則是使用Web元件來取得網頁底層的資料，試著從中找到有用的

資訊。您可認識一般HTML網頁的格式以及Facebook所用的JSON格式，App Inventor的Web元件已經具備了各種基礎的網路操作功能，幫助您快速取得指定欄位資料。

6-6 實力評量

1、（ ）ActivityStarter元件可用來呼叫其他已安裝的程式。

2、（ ）在沒有geo:標頭的情況下，一樣可以在Google Map中搜尋經緯度座標。

3、請修改<EX6-1>，讓使用者可以自行新增目的地到清單中

4、請修改<EX6-2>，讓使用者可自行輸入音樂檔網址，並控制音樂暫停、播放功能。

5、請修改<EX6-3>，讓程式可以判斷使用者輸入的網頁如果不是用http:// 或 https://開頭時，可顯示警告訊息。

6、請修改<EX6-4>，試著取出其他的Facebook粉絲頁欄位。

CHAPTER [07]
繪圖

本章重點	使用元件
基礎幾何圖形	畫布 Canvas 元件
隨機產生數值	Math 數學的 Random 指令
三角函數計算	Math 數學的三角函數相關指令
時間運算	時鐘 Clock 元件

Canvas畫布是App Inventor很好用又重要的一個元件，除了可以繪製各種圖形外，搭配Animation中的Ball或ImageSprite元件，也可以用來設計各種好玩的互動遊戲。本章將利用Canvas畫布元件，首先介紹如何在Canvas上繪製拋物線與圓等兩種幾何圖形。接著是運用ImageSprite元件做出骰子遊戲，最後是搭配Clock時鐘元件來製作指針式時鐘。

表7-1 第7章範例列表

原名稱	修改後名稱	Text 欄位
Button1	Button_Play	播放影片
Button2	Button_Stop	停止影片
Button3	Button_Next	下一部影片

07

繪圖

7-1 繪製曲線

<EX7-1> curve.aia

拋物線是指平面內到一定點和到一條不過此點的定直線的所有距離相等點的軌跡集合，這一定點叫做拋物線的焦點，定直線叫做拋物線的準線，其數學一般式為 $y = ax^2 + bx + c$。

而圓是一種幾何圖形，指的是平面中到一個定點距離為定值的所有點的集合，這個給定的點稱為圓的圓心，為定值的距離稱為圓的半徑。圓在直角坐標系中的公式：$(x - a)^2 + (y - b)^2 = r^2$，其中r是半徑，(a,b)是圓心坐標。

本小節將利用 $y = ax^2 + bx + c$ 公式來繪製拋物線；利用 $(x - a)^2 + (y - b)^2 = r^2$ 公式來畫圓。

圖 7-1　<EX7-1>初始畫面　　　　圖 7-2　<EX7-1>選擇圖形畫面

7-1-1　Designer 人機介面

<STEP1>建立專案、選擇程式元件

　　請在Projects選單中建立一個新專案「Curve」。選擇如下程式元件（HorizontalArrangement位於Screen Arrangement中，其餘皆位於User Interface 指令區，所有FontSize欄位請輸入「**20**」）。

表 7-2　<EX7-1> 使用元件

步驟	元件類別	名稱	注意事項
1	ListPicker	ListPicker1	Selection 欄位輸入「Parabola」。 Text 欄位輸入「Parabola」。
2	HorizontalArrangement	Parabola	步驟3 ～ 8元件請置於 Parabola 內，由左至右依序排列。
3	Label	x1	提示使用者。
4	TextBox	a1	Text 欄位輸入「**y=**」。
5	Label	x2	Text 欄位輸入「**x^2+**」。
6	TextBox	a2	Hint 欄位輸入「**b**」。
7	Label	x3	Text 欄位輸入「**x+**」。
8	TextBox	a3	Hint 欄位輸入「**c**」。
9	HorizontalArrangement	Circle	Visible打勾去掉，步驟10 ～ 16元件請置於 Circle 內，由左至右依序排列。
10	Label	y1	Text 欄位輸入「**(x-**」。
11	TextBox	b1	Hint 欄位輸入「**a**」。

12	Label	y2	Text 欄位輸入「 ）^2+（y-」。
13	TextBox	b2	Hint 欄位輸入「**b**」。
14	Label	y3	Text 欄位輸入「 ）^2=」。
15	TextBox	b3	Hint 欄位輸入「**r**」。
16	Label	y4	Text 欄位輸入「**^2**」。
17	Button	Button1	Text 欄位輸入「**OK**」。 Width 設定為「**Fill parent...**」。
18	Canvas	Canvas1	Width、Height 皆為 **320** 像素。

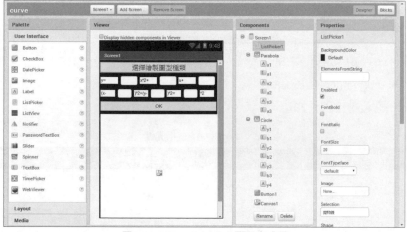

圖 7-3 <EX7-1>Designer 頁面完成圖

7-1-2 Blocks 程式頁面

<STEP1> 指定 ListPicker 內容

- 新增 ListPicker1 的 **ListPicker1.BeforePicking** 事件。
- 新增 ListPicker1 的 **set.ListPicker1.Elements** 指令，to 欄位請用 **make a list** 指令將兩個文字常數組成一個清單：「**拋物線**」與「**圓形**」。

圖 7-4 指定 ListPicker 內容

\<STEP2\> 點選 ListPicker 後的動作

· 新增 ListPicker1 的 **ListPicker1.AfterPicking** 事件。

· 新增 Canvas1 的 **Canvas1.Clear** 指令。

· 新增 Control 的 **ifelse** 判斷結構，判斷條件為 **ListPicker1.SelectionIndex** 指令等於 **1**。

· 條件滿足，進入 **then** 區塊：

　　＊ 新增 ListPicker1 的 **set.ListPicker1.Text** 指令，to 欄位為「**拋物線**」文字常數。

　　＊ 新增 Parabola 的 **set.Parabola.Visible** 指令，to 欄位為 **true** 邏輯常數。

　　＊ 新增 Circle 的 **set.Circle.Visible** 指令，to 欄位為 **false** 邏輯常數。

· 條件不滿足，進入 else 區塊：

　　＊ 新增 ListPicker1 的 **set.ListPicker1.Text** 指令，to 欄位為「**圓形**」文字常數。

　　＊ 新增 Parabola 的 **set.Parabola.Visible** 指令，to 欄位為 **false** 邏輯常數。

　　＊ 新增 Circle 的 **set.Circle.Visible** 指令，to 欄位為 **true** 邏輯常數。

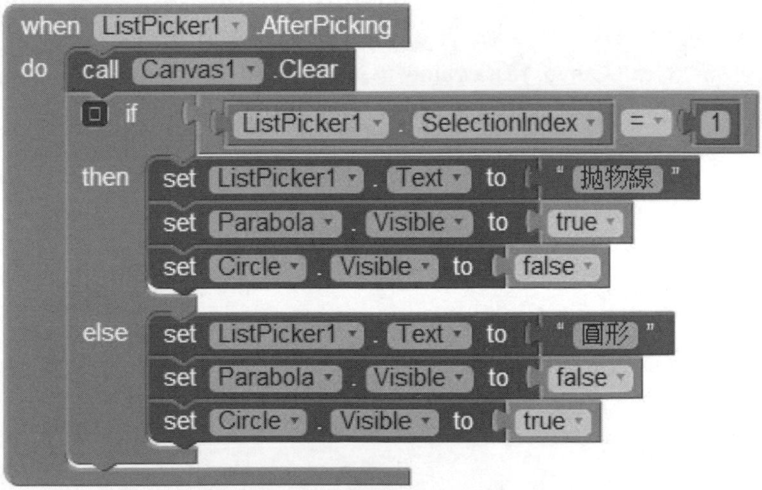

圖 7-5 檢查所點選的清單內容並設定相關按鈕是否可按

147

輸入參數後就可以畫圈了，上半部 Parabola 為拋物線。請注意，執行時需要稍等一下才會出現拋物線）。

- 新增 Button1 的 **Button1.Click** 事件。

- 新增 Canvas1 的 **Canvas1.Clear** 指令。

- 新增 Control 的 if/else 判斷結構，判斷式為 ListPicker1 的 Text 欄位是否等於「拋物線」這個文字。

- 新增 Control 的 **if** 判斷結構，利用 Logic 的 **and** 指令來判斷三個條件是否同時成立。請放入三個 Math 的 is a number? 指令，並分別接上 **a1.Text**、**a2.Text**、**a3.Text**，藉此檢查使用者是否已輸入數字，避免算錯誤。

- 新增 Control 的 **for each** 迴圈，from 欄位設為 **-160**，to 欄位為 **159**，by 欄位為 **1**。代表從 -160 以 1 為單位遞增到 159，總共 320 次。

- 新增 Canvas1 的 **set.Canvas1.PaintColor** 指令，to 欄位設為紅色。

- 新增 Canvas1 的 **Canvas1.DrawPoint** 指令，x 設為 **i+160**，y 設為 **160 - (i x i x a1.Text + i x a2.Text + a3.Text)**。

<STEP3> 繪製 XY 座標軸

- 新增 Canvas1 的 **set.Canvas1.PaintColor** 指令，右欄位設為黑色。

- 新增 Canvas1 的 **call.Canvas1.DrawLine** 指令，x1 設為 **160**，y1 設為 **0**，x2 設為 **160**，y2 設為 **320**。

- 新增 Canvas1 的 **call.Canvas1.DrawLine** 指令，x1 設為 **0**，y1 設為 **160**，x2 設為 **320**，y2 設為 **160**。

繪圖

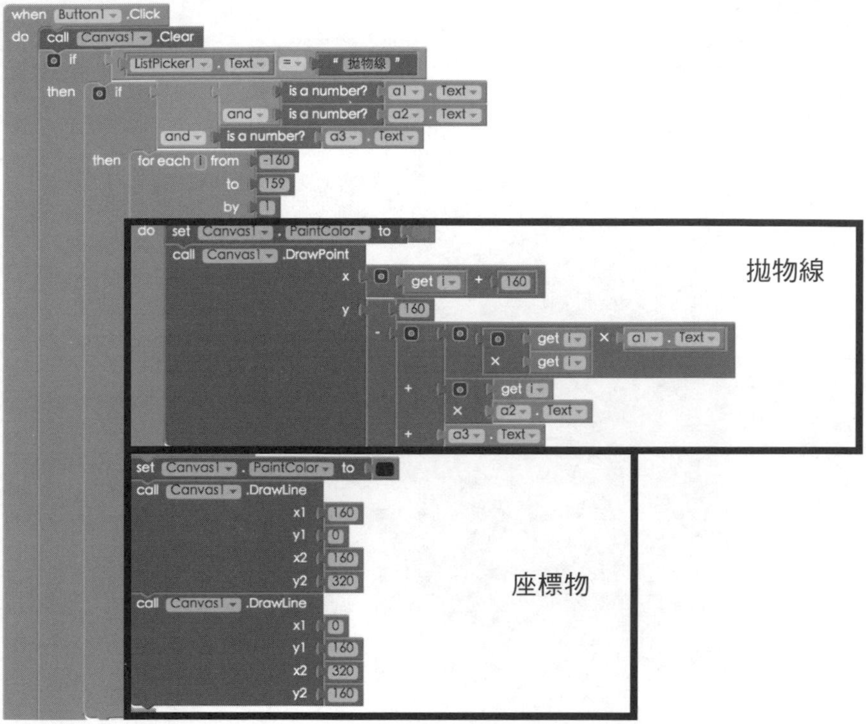

圖 7-6 繪製拋物線與 XY 座標軸

<STEP4> 繪製圖形

else if 區塊中是根據 b1、b2、b3 的參數來畫圖。在此用兩個半徑相差 1 的像素的同心圓相疊而成。

- 新增 Control 的 if 判斷式，利用 Logic 的 and 指令來判斷三個條件是否同時成立。請放入三個 Math 的 is a number? 指令，並分別接上 b1.Text、b2.Text、b3.Text。
- 新增一個 Control 的 for each 迴圈，from 設為 -160，to 設為 159，by 設為 1。一樣是從 -160 到 159 執行 320 次。
- 新增 Canvas1 的 set.Canvas1.PaintColor 指令，to 欄位設為紅色。
- 新增 Canvas1 的 Canvas1.DrawCircle 指令，x 設為 160+b1.Text，y 設為 160 – b2.Text，r 設為 b3.Text。
- 新增 Canvas1 的 set.Canvas1.PaintColor 指令，並設為無色（None）。
- 新增 Canvas1 的 Canvas1.DrawCircle 指令，x 設為 160+b1.Text，y 設為 160 – b2.Text，r

設為 **b3.Text-1**。

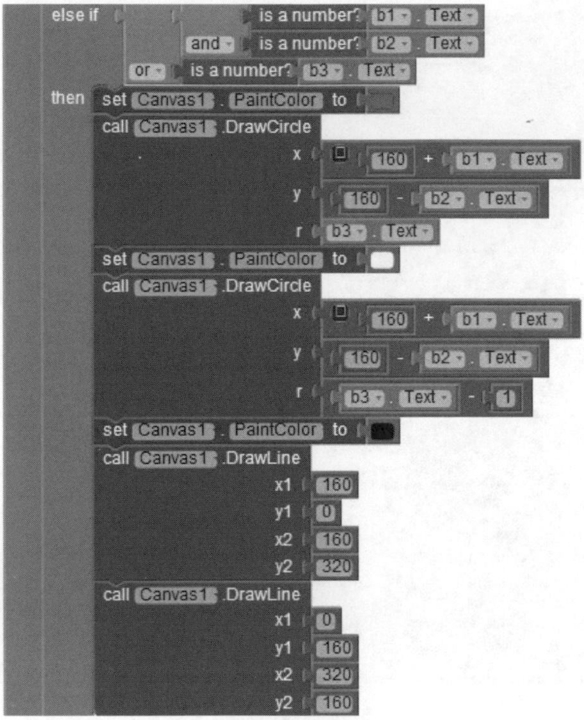

圖 7-7 繪製圖形

7-1-3 操作

完成了！操作時只要在各欄位中輸入數字再按下 [OK] 按鈕就會繪製圖形，如下圖所示：

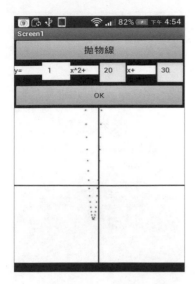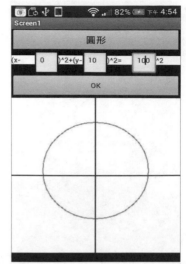

圖 7-8a ＜EX7-1＞執行畫面 - 拋物線（$y = x^2 + 20x + 30$）

圖 7-8b ＜EX7-1＞執行畫面 - 圓形（$100^2 = (x-0)^2 + (y-10)^2$）

7-2 骰子遊戲

＜EX7-2＞ dice.aia

　　骰子是常見的桌上遊戲小道具，是古老的賭具之一。最常見的骰子是六面骰，它是一顆立方體，上面分別有 1 到 6 個點數，其相對兩面之點數和必為七。本小節將以 3 顆骰子來設計一個電腦與玩家的比大小遊戲，點數和較大的一方勝利。但有例外就是 3 顆骰子點數皆相同（俗稱豹子），這時則不論點數和大小，都是擲出豹子者贏。如果遇到平手則算莊家（電腦）贏。

圖 7-9a <EX7-2> 輸的畫面　　　　　　　圖 7-9b <EX7-2> 贏的畫面

7-2-1 Designer 人機介面

<STEP1>建立專案、選擇程式元件

請在 Projects 選單中建立一個新專案「**Dice**」。並根據表 7-3 新增元件，HorizontalArrangement 位於 Screen Arrangement 指令區中，ImageSprite 位於 Animation 指令區，其餘元件皆屬於 **User Interface** 指令區。完成後如圖 7-10。

表 7-3 <EX7-2> 所用程式元件

步驟	元件類別	名稱	注意事項
1	Screen	Screen1	BackgroundColor 欄位設為「黑色」。
2	Button	Button1	Text 欄位請輸入「**Throw!!**」（丟骰子）。
3	Canvas	Canvas1	Width 設為「**Fill parent**」。Height 設為「**60**」pixels。

繪圖

4	ImageSprite	ImageSprite1	位於Canvas1之內，Picture屬性上傳為1.png～6.png，代表骰子的六個面，並設為「**6.png**」，x設為「**30**」，y設為「**0**」。 只需要上傳一次即可。
5	ImageSprite	ImageSprite2	同上，x設為「**130**」，y設為「**0**」。
6	ImageSprite	ImageSprite3	同上，x設為「**220**」，y設為「**0**」。
7	Label	Label1	僅用來分隔頁面，Text設為空白，Width設為「**Fill parent**」，Height設為「**10**」pixels。
8	Canvas	Canvas2	Width設為「**Fill parent**」。 Height設為「**60**」pixels。
9	ImageSprite	ImageSprite4	位於Canvas2之內，Picture屬性上傳為1.**png** ～ **6.png**，代表骰子的六個面，並設為「**6.png**」，x設為「**30**」，y設為「**0**」。
10	ImageSprite	ImageSprite5	同上，x設為「**130**」，y設為「**0**」。
11	ImageSprite	ImageSprite6	同上，x設為「**220**」，y設為「**0**」。
12	Label	Label2	僅用來分隔頁面，Text設為空白，Width設為「**Fill parent**」，Height設為「**10**」pixels。
13	HorizontalArrangement	HorizontalArrangement1	Label3 ～ 4置於其內。
14	Label	Label3	FontSize欄位設為**20**。 Text欄位設為「**莊家點數：**」。 Width設為「**160**」pixels。
15	Label	Label4	FontSize欄位設為**20**。 Text欄位設為「**您的點數：**」。 Width設為「**160**」pixels。
16	Notifier	Notifier1	顯示勝負結果

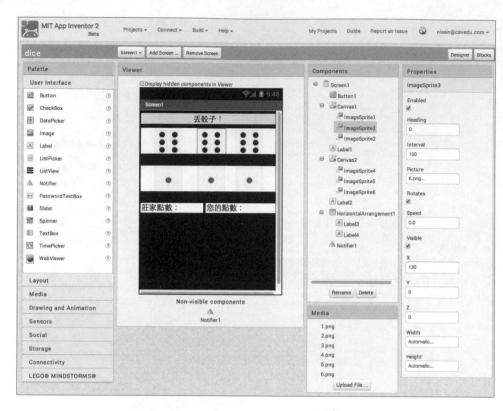

圖 7-10 <EX7-2>Designer頁面完成圖

7-2-2 Blocks 程式方塊

<STEP1> 宣告變數

- 在Built in 的**Variables**選單中，使用**initialize global name**指令搭配Lists的**make a list**指令來新增兩個清單，分別改名為pics。

- dice。前者的內容為1.png、2.png到6.png；後者則是有六個元素內容為數字1。Pics是用來管理6張骰子點數的圖檔，dice則是每次丟色子的隨機點數結果。

- 再新增3個數字變數，名稱分別改成 player、computer。

- i，初始值皆為1，分別代表玩家的三顆骰子點數和、莊家的三顆骰子點數和以及控制迴圈用的累加數。完成如圖 7-11。

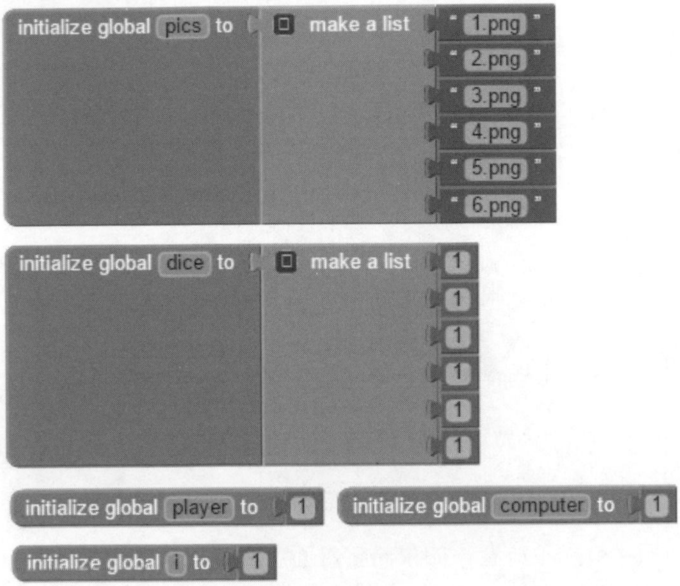

圖7-11 宣告清單與各骰子的變數

<STEP2>throw副程式，丟骰子與換圖

　　由於丟骰子會用到許多數學指令，另外我們希望複習一下for迴圈與副程式的用法，因此在此宣告了一個名為throw的副程式來管理丟骰子與換圖兩大功能，這樣可以讓程式更清爽。日後您要擴充功能時，只需要修改這個副程式即可，非常方便喔！

丟骰子

- 請在Built in的**Procedures**選單中，新增一個**to procedure do**副程式，並將它改名為**throw**。

- 在throw副程式中，新增一個**for each**迴圈，將它的to欄位改為**6**。並放入一個List的**replace list item**指令，list欄位為**dice**清單變數，index欄位為**for each**迴圈的number事件變數，replacement欄位則使用Math的**random integer**指令，範圍為1到6。這一步代表使用**for each**迴圈，把**dice**清單中的6個項目都隨機指定1到6之間的某個數字，這樣就丟好骰子了。

- 新增Screen的**set Screen1.Title**指令，to欄位為dice清單內容，代表把本次丟骰子的結果顯示在畫面上方。

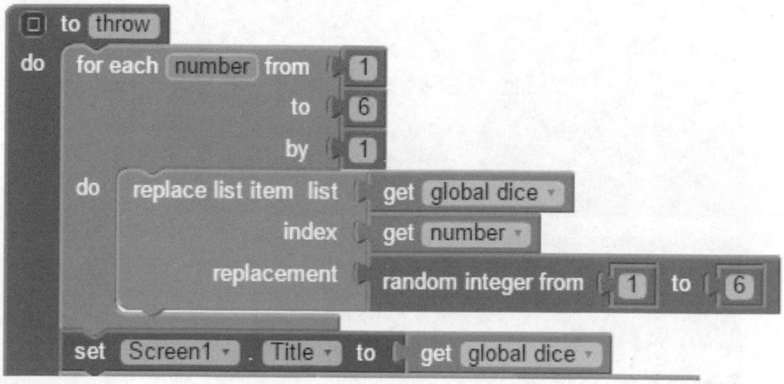

圖 7-12 隨機指定清單內容並顯示出來

換骰子圖

　　只有顯示數字有點不夠看，如果希望畫面上六張骰子圖也能跟著這次丟骰子的結果來換圖，那應該怎麼做呢？

- 在Built in 的**Control**選單中，新增一個**for each item in list**迴圈，list欄位使用List的**make a list**指令，將**ImageSprite1～ImageSprite6**做成一個清單，因此本迴圈會重複執行六次。

- 在**for each item in list**迴圈新增Any Component Any ImageSprite的**set ImageSprite.Picture**指令，of component欄位為**item**事件變數，to欄位則是使用兩次**select list item**指令，先取出**dice**清單的第i號項目，再藉由它的數值來決定要取出**pics**清單的第幾號項目。這樣就可以一口氣把六個ImageSprite的圖通通換掉。在此之所以不直接使用各個ImageSprite的**set ImageSprite.Picture**指令是因為我們希望用迴圈來簡化處理流程，否則同樣的指令會看到6次，有點占空間呢！

- 把變數i的值累加1，因此在一次**for each item in list**迴圈中，變數i的值會從1累加到6，藉此來依序取出本次丟骰子的各個數值。

- 最後把變數i的值設為1，這樣下次執行時，它一樣會從1開始執行6次。

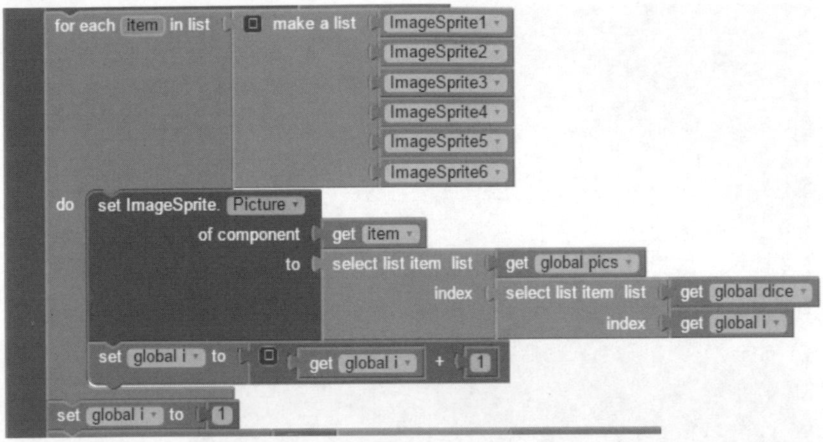

圖7-13　根據丟骰子結果來更換ImageSprite底圖

點數加總

接著要計算莊家與玩家點數和，在此我們設定莊家的點數和為**dice**清單中的1~3項加總，玩家則是3～6項加總。

- 新增Variables的**set**指令，將**computer**變數值設為**dice**清單中的1~3項加總。這是電腦也就是莊家的點數和。請使用Math的+加法指令，再新增三個**select list item**指令，list欄位為**dice**清單，index欄位則分別是數字1、2、3。
- 玩家點數和也是同樣的作法，只是要選擇dice清單中的4~6項加總起來。您在此可使用複製貼上大法，但小心別忘了改數字喔。完成後如圖7-14。

圖7-14　計算莊家與玩家的點數和

<STEP3> 丟骰子並顯示勝負

- 新增 Button1 的 **when.Button1.Click** 事件。
- 在 Built in 的 Procedures 選單中，新增 **call throw** 指令，藉此呼叫 throw 副程式並執行其內容。
- 新增 Label3 的 **set Label3.Text** 指令，使用 join 指令來組合"莊家點數："與 **global computer** 變數值，這樣即可把莊家的點數顯示出來。
- 新增 Label4 的 set Label4.Text 指令，使用 join 指令來組合"您的點數："與 **global player** 變數值，藉此顯示您的點數。
- 新增一個 **if/else** 判斷式，判斷式為「**global computer >= global player**」，在此使用 >= 是因為遊戲設定雙方平手的話，莊家勝利，這就是為什麼莊家永遠贏多輸少的原因啦。您可以修改為 > 來讓遊戲公平一點。
  - ＊ 條件式滿足，執行 then 區塊。新增一個 Notifier1 的 **Notifier.ShowMessageDialog** 指令，to 欄位為"莊家贏了，您輸了"文字、message 欄位則使用 join 指令組合 **global computer** 變數值、"："與 **global player** 變數值，buttonText 欄位則是"再玩一次"文字。
  - ＊ 條件式不滿足，執行 else 區塊。在此一樣使用 Notifier 來顯示結果，請依照下圖來修改內容即可。

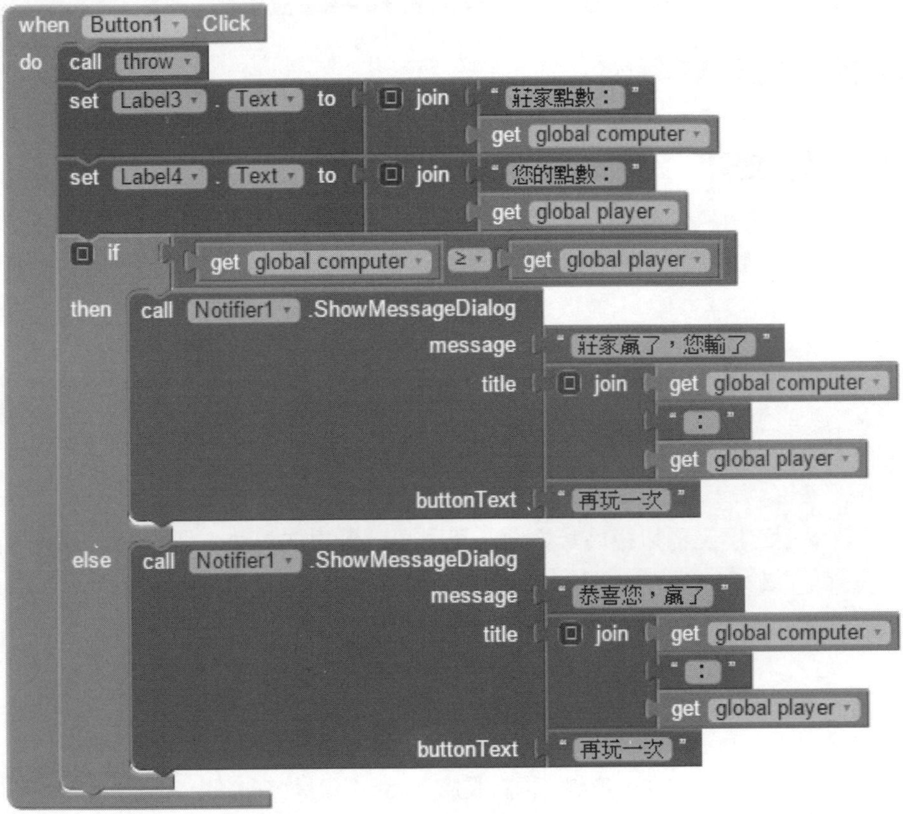

```
when Button1 .Click
do  call throw
    set Label3 . Text to    join  " 莊家點數："
                                  get global computer
    set Label4 . Text to    join  " 您的點數："
                                  get global player
    if      get global computer  ≥  get global player
    then  call Notifier1 .ShowMessageDialog
              message  " 莊家贏了，您輸了 "
              title    join  get global computer
                             " ："
                             get global player
              buttonText  " 再玩一次 "
    else  call Notifier1 .ShowMessageDialog
              message  " 恭喜您，贏了 "
              title    join  get global computer
                             " ："
                             get global player
              buttonText  " 再玩一次 "
```

圖7-15 按鈕丟骰子並顯示勝負

07

繪圖

7-2-3　操作

　　執行時，只要按下「**丟骰子**」按鈕就可以在畫面上方看到本次的丟骰子結果，畫面上的六顆骰子也會跟著換成對應的點數圖。最後則會跳出一個訊息視窗來顯示本次的勝負結果，祝您手氣旺旺喔！

159

7-3 繪製指針式時鐘

<EX7-3> clock.aia

App Inventor的Clock元件可以取得裝置上關於日期與時間的資訊。本範例就要根據這些資訊繪製一個類比式時鐘，意即有時針分針秒針。不論何種指針，每次轉動均以6度為單位（360度/60秒），並以錶盤中心為轉動圓心，計算指針端點（x, y）的公式如下：

$$x = 圓心\,x\,座標 + 指針長度 * cos（指針方向角）$$
$$y = 圓心\,y\,座標 + 指針長度 * sin（指針方向角）$$

由於數學上的極座標以逆時針方向為正，順時針方向為負，所以把sin跟cos互換後，角度的正負才符合時針的轉向。另外，由於螢幕原點在y座標的上方，所以要再加一個負號才是正確的結果：

$$x = 圓心\,x\,座標 + 指針長度 * sin（指針方向角）$$
$$y = 圓心\,y\,座標 - 指針長度 * cos（指針方向角）$$

秒針公式：

將秒數乘以6轉成度數（1分鐘有60秒），再乘160表示秒針長度。

$$x = 160 + sin（秒數 * 6）* 160$$
$$y = 160 - cos（秒數 * 6）* 160$$

分針公式：

分鐘數乘以6轉成度數（1小時有60分），再乘140表示分針長度。

$$x = 160 + sin（分鐘數 * 6）* 140$$
$$y = 160 - cos（分鐘數 * 6）* 140$$

時針公式：

　臺灣的時區為格林威治標準時間加上8（只有在模擬器上才需要這麼做，實體裝置會抓取系統時間，所以顯示的時間就是您所在時區）。接著12取餘數再乘上30以轉成角度。加上分鐘數除以2的商（因為1小時只移動360度/12=30度，故將分數除2）。最後乘上120就是時針長度。

$$x = 160 + \sin\left(\left(\text{小時}+8\right)/12\text{的餘數} * 30 + \left(\text{分鐘數}/2\text{的商}\right)\right) * 120$$
$$y = 160 - \cos\left(\left(\text{小時}+8\right)/12\text{的餘數} * 30 + \left(\text{分鐘數}/2\text{的商}\right)\right) * 120$$

（註：如在實體裝置上執行則不必加8）

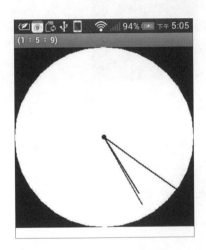

圖7-16　<EX7-3>執行畫面

7-3-1 Designer 人機介面

<STEP1>建立專案、選擇程式元件

　請在Projects選單中建立一個新專案「**Clock**」。並根據表7-4新增元件，完成後如圖7-17。

表 7-4 <EX7-3> 所需程式元件

步驟	元件類別	名稱	注意事項
1	Canvas	Canvas1	BackgroundColor 設為「黑色」。 Width、Height 請設定為「320」pixels。
2	Clock	Clock1	TimerInterval 請設為「1」。

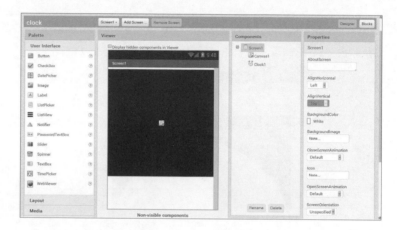

圖 7-17 <EX7-3>Designer 頁面完成圖

7-3-2 Blocks 程式方塊

<STEP1> 顯示時分秒

- 新增 Clock1 的 **when.Clock1.Timer** 事件，加上 Screen1 的 **Screen1.Title** 指令，to 欄位使用 **make a list** 指令，藉此把時、分、秒等資訊都組合顯示出來。

- List 的各個元素如下：

  1. 新增 Math 的 **remainder** 指令，of 欄位為 **clock1** 的 **Clock1.Hour** 指令加上 **8**。接著除以 12。代表取得模擬器的小時數之後加上 8 求出台灣時間，再求出除以 12 的餘數，這樣就是 12 小時制。不除以 12 的話就是 24 小時制。

  2. 文字常數「：」。

  3. Clock1 的 **Clock1.Minute** 指令。

  4. 文字常數「：」。

5. Clock1 的 **Clock1.Second** 指令。

（由於我們希望取得當下系統時間， 因此在 **Clock1.Hour** 等指令的 **instant** 欄位皆為 **Clock.Now**。）

<STEP3> 繪製時鐘背景

<STEP3> 繪製時鐘背景

- 新增 Canvas1 的 **set Canvas1.PaintColor** 指令，設為白色。
- 新增 Canvas1 的 **Canvas1.DrawCircle** 指令，x、y、r 欄位皆為 **160**。
- 新增 Canvas1 的 **set Canvas1.PaintColor** 指令，設為黑色。
- 新增 Canvas1 的 **Canvas1.DrawCircle** 指令，x、y 為 **160**，r 為 **4**。

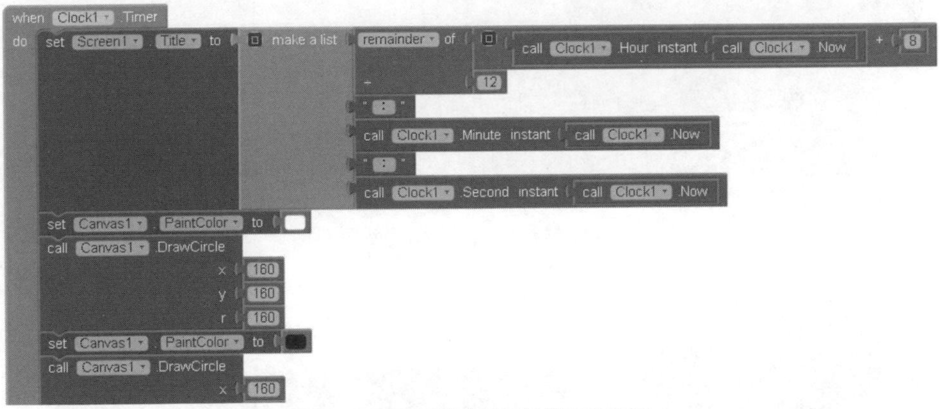

圖 7-18 擷取系統時間並繪製時鐘外框

<STEP4> 繪製秒針、分針及時針

- **繪製秒針**：Canvas1 的 **Canvas1.DrawLine** 指令，x1、y1 設為 **160**，x2 設為 **160+sin**（秒數 **x6**）**x160**，y2 設為 **160-cos**（秒數 **x6**）**x160**，其中 sin、cos 指令位於 Math 指令區內。
- **繪製分針**：Canvas1 的 **Canvas1.DrawLine** 指令，x1、y1 設為 **160**，x2 設為 **160+sin**（分數 **x6**）**x140**，y2 設為 **160-cos**（分數 **x6**）**x140**。
- **繪製時針**：Canvas1 的 **Canvas1.DrawLine** 指令，x1、y1 設為 **160**，x2 設為 **160+sin**（（小時 **+8**）**/12** 的餘數 **x30+**（分數 **/2** 的商））**x120**，**y2** 設為 160-cos（（小時 **+8**）**/12** 的餘數 **x30+**（分數 **/2** 的商））**x120**，其中 remainder、quotient 指令位於

Math指令區中。這是根據分鐘數進行時針微調，例如1點半的時候，時針會正好位於1與2的中間。

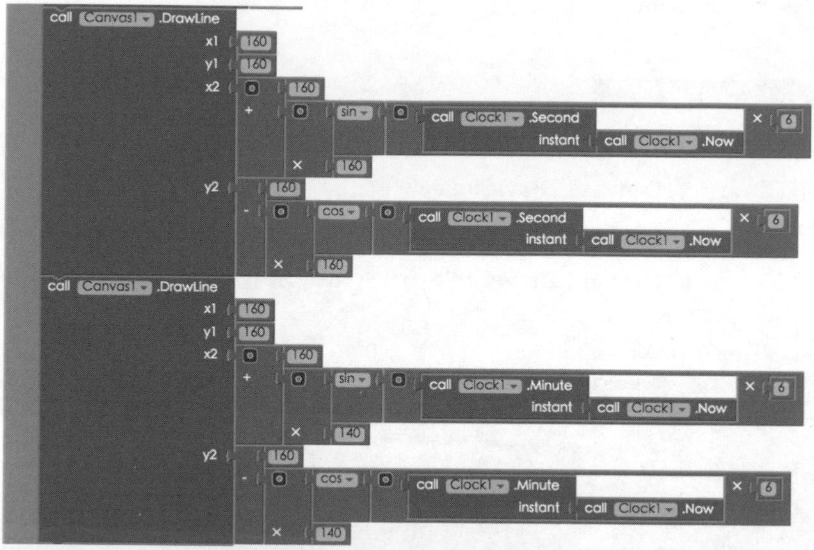

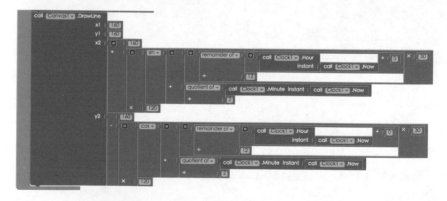

圖**7-19** 繪製秒針（上）與分針（下）

圖**7-20** 繪製分針並根據分鐘數來微調時針位置

執行本程式時，您會看到時間以數字方式顯示在螢幕最上方，並且畫面中間的時針分針秒針也會動起來，是不是很有成就感呢？別忘了，如果您要在實體Android裝置執行本範例的話，由於系統時間已經是正確的了，就要把7-3-2 STEP1中的那個數字8拿掉喔。

7-4 總結

　　您在第 5 章已經玩過 Canvas 畫布元件了，而本章範例是結合數學公式，像拋物線方程式、圓方程式及三角函數等，來實作繪製曲線功能及指針式時鐘。另外我們也使用了亂數功能完成了一個骰子樂遊戲，您可以加入更多遊戲相關的功能喔！

　　下一章將以此為基礎，配合 Animation 的 Ball 及 ImageSprite 元件來實作各種遊戲的功能，像打磚塊、猜牌等，您就能自行開發各種小遊戲了。

7-5 實力評量

1、（　）模擬器與實體 Android 裝置所取得的系統時間都是一樣的。

2、Clock1.Hour 所取出的數字代表什麼意思，跟 Clock1.Now 的小時有何差異？

3、<EX7-1> 中 **ListPicker1.SelectionIndex=1** 和 **ListPicker1.Text=Parabola** 的用法有何差別。

4、請修改 <EX7-1>，加入繪製雙曲線、橢圓等更多幾何圖形。

5、請修改 <EX7-2>，加入下注功能，每次新遊戲開始可有 1,000 元籌碼，玩家可自由設定下注金額（100 ～ 1000），輸光了就結束遊戲。

6、請修改 <EX7-3>，加入時鐘面板上的數字 1 ～ 12，並可從 Android 裝置的相片庫指定某張圖片做為時鐘背景。

CHAPTER {08}
小遊戲動手做

本章重點	使用元件
動畫 邊界偵測 隨機指令	Canvas 畫布元件 Ball / ImageSprite 動畫元件 Math 數學的 random 指令

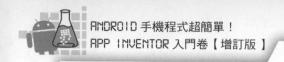
　　當您讀到這個章節時，想必對 App Inventor 已經非常熟悉了，不管是新增各種 Designer 的元件，還是 Blocks 的內部程式設計一定都難不倒您；但我們學習像 App Inventor 這類的手機程式是為了什麼原因呢？我想大部份的人一定也有夢想過要打造屬於自己的手機遊戲，在 Google Play 裡面很多人將它們自己寫的應用程式和遊戲免費分享出來給大家使用，甚至是一些做的很好的應用程式是值得大家花錢下載的，同樣的我們使用 App Inventor 也能夠做到。

　　其實大部份手機遊戲的操控方式可以簡單的分成兩大類，第一類是透過觸碰螢幕點擊或拖曳螢幕上的圖案來玩遊戲，第二類是透過手機內建的各種感應器，我們只需擺動手機或是發出聲音等方式就能控制螢幕上的圖案做各種動作；在這個章節裡，我們將要教大家如何利用第一類操控方式來做出兩種簡單的小遊戲，分別是打磚塊和猜牌遊戲，第二類操控方式則會在下一本書進階卷討論。

表 8-1　第 8 章範例列表

編號	名稱	說明
EX8-1	pipoball.aia	打磚塊遊戲
EX8-2	Cardgame.aia	猜牌遊戲

8-1 打磚塊遊戲

<EX8-1> pipoball.aia

　　打磚塊遊戲是一個大家耳熟能詳的遊戲，球會在畫面中四處彈跳，如果打道磚塊就加分。如果要設計一個打磚塊遊戲，我們需要移動塊、圓球和數個磚塊，且必須是要在一個三個面都可以反彈圓球的空間裡，當磚塊被圓球打中時，它會隨機出現在另一個座標位置上，而當圓球往下掉時，我們可以用手在螢幕上拖曳移動塊，將圓球反彈回去。除此之外，為了方便看出圓球移動的軌道，我們將每次圓球撞擊其他物體的座標顯示在螢幕上；當我們想好這些寫程式的基本架構後，就可以準備開始寫打磚塊程式囉！

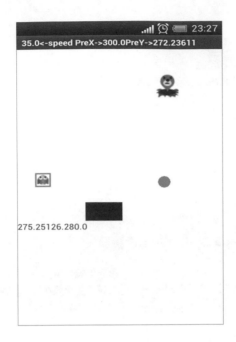

圖8-1 <EX8-1> 執行畫面

8-1-1 Designer 人機介面

<STEP1>建立專案、選擇程式元件

請在 Projects 頁面中建立新專案 「**pipoball**」。 本專案使用元件如下表，並請上傳聲音檔 **Pop.wav** 和 **Rattle.wav**。

表8-2 <EX8-1> 使用元件

元件類別	名稱	功能
Canvas	Canvas1	遊戲畫面設計
Ball	Ball1	打磚塊用的球
ImageSprite	Canvas1	製作可移動的圖示
Label	Label1	顯示分數
Sound	Sound1	播放音效

<STEP2> 選擇程式元件

- 將聲音檔 **Pop** 和 **Rattle** 上傳到本專案，您可在畫面右下方的 Media 區中看到它們。
（請至 http://www.appinventor.tw/filepool 下載）
- 將圖片檔 **sprite**、**mole** 和 **table** 上傳到專案中。

<STEP3> 設定程式元件屬性

- 新增 Canvas 元件，將 BackgroundColor 改成 Cyan，Width 設為 **Fill parent**，Height 設為 **300**pixels。
- 新增 Ball 元件至 Canvas1 中，依下表完成設定。這是一個半徑為 10 像素的紅色球，會以每秒 10 像素朝 -45 度角方向移動。

表 8-3 **Ball** 元件設定值

Heading	Interval	PaintColor	Radius	Speed
-45	100	Red	10	10

- 新增三個 ImageSprite 元件至 Canvas 中，並如下表設定匯入 Picture 檔案：

表 8-4 **ImageSprite** 元件設定

原名稱	匯入 **Picture**
ImageSprite1	mole.png
ImageSprite2	sprite.png
ImageSprite3	table.png

- 將 ImageSprite3 元件名稱改為 **table**，Interval 設定為 **10**。
- 新增一個 Label 元件。
- 新增 Sound1 元件及 Sound2 元件，並分別將它們的 Source 指定為 **Rattle** 聲音檔及 **Pop** 聲音檔。

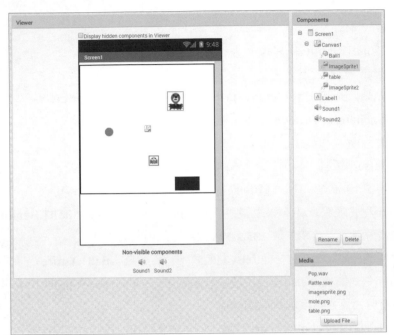

圖 8-2 Designer 頁面完成圖

8-1-2 Blocks 程式方塊

<STEP1> 新增變數

- 新增 preX 及 preY 兩變數，初始值分別填入 **100** 及 **50** 數字常數。
- 之後每當圓球撞擊到磚塊圖案、牆壁或是 table 移動塊時，都會將撞擊時的圓球座標更新於這兩個變數之中，同時顯示在螢幕上。

圖 8-3 新增變數

<STEP2> 磚塊受撞擊的情況

- 新增 ImageSprite1 的 **ImageSprite1.CollidedWith** 事件，將事件變數 other 改名為「**ball**」。

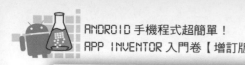
1. 碰撞時播放音效
  - 新增Sound1的**Sound1.Play**指令。

2. 隨機指定X、Y座標
  - 新增ImageSprite1的**set ImageSprite1.X**指令及**set ImageSprite1.Y**指令，to欄位使用Math的**random integer**指令，範圍是**1**到**300**。

3. 根據preX、preY判斷球的方向
  - 新增**ifelse**判斷式，判斷式為「**Ball1.X<preX**」（圖8-4中#1）。
  - 在#1中的then區塊新增一個**ifelse**判斷式，判斷式為「Ball1.Y<preY」。
  - 在**then**程式區塊及**else**程式區塊中分別新增一個Ball1的**set Ball1.Heading**指令，to欄位分別填入數字常數**-135**和**135**。
  - 在#1中的**else**區塊新增一個**ifelse**判斷式，判斷式為「**Ball1.Y<preY**」。
  - 在**then**程式區塊及**else**程式區塊中分別新增一個Ball1的**set Ball1.Heading**指令，to欄位分別填入數字常數**-45**和**45**。
  - 新增variables的**set global preX**指令，to欄位填入Ball1的**Ball1.X**指令。
  - 新增variables的**set global preY**指令，to欄位填入Ball1的**Ball1.Y**指令。

請將各元件依上列敘述如圖8-4組合，在此段程式我們要編寫ImageSprite1這個磚塊受到撞擊時的情況。當此磚塊受到撞擊時，首先會使Sound1元件播放**Rattle**聲音檔，且磚塊圖案會隨機出現在另一個位置，我們將這個隨機出現的座標限制在（1,1）到（300,100）之間，並且透過下面的判斷式，將上一次撞擊位置的圓球座標（preX,preY）與撞擊ImageSprite1磚塊的圓球座標（Ball1.X,Ball1.Y）作判斷，便可知道圓球是從那個方向過來，也就能知道圓球應該往那個方向移動（注意：**Ball1.Heading**這個指令是表示二維空間的移動方向，詳細使用方法請見附錄B），最後我們也要將圓球這次撞擊的座標存到**preX**和**preY**變數中，讓下一個判斷式使用。

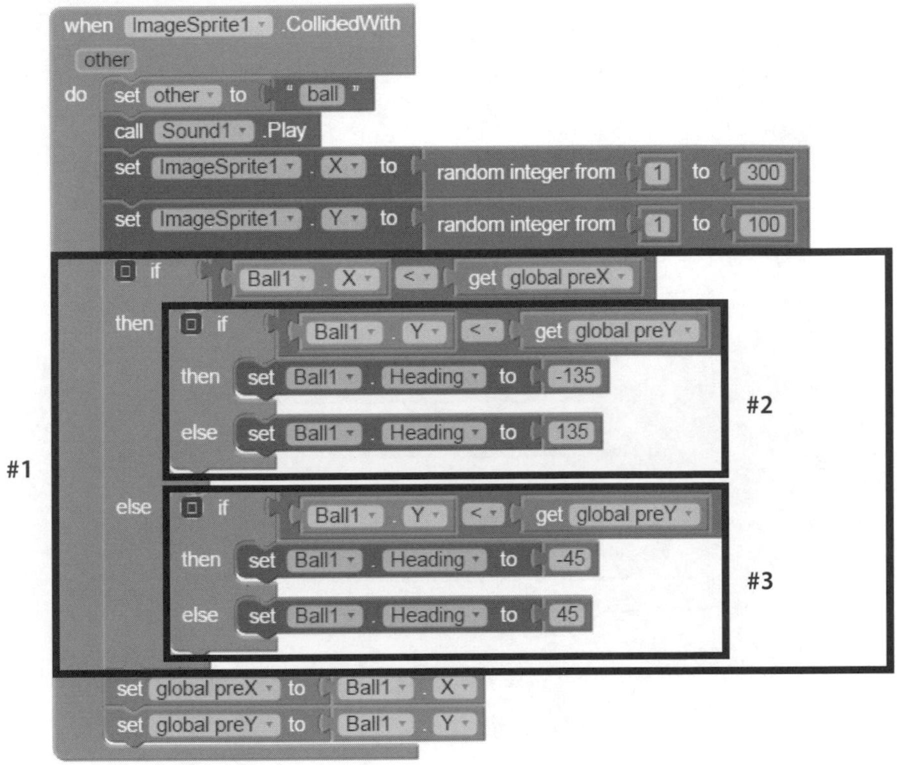

圖 8-4 ImageSprite1磚塊受撞擊的情況

依照同樣的方式來完成ImageSprite2的磚塊撞擊情況,如圖8-5,唯一不一樣的地方在於將隨機出現的座標位置限制在(1,130)到(300,230)之間,避免兩個磚塊圖案產生重疊的情況,您可以修改數字範圍來達到喜歡的效果。

```
when  ImageSprite2 .CollidedWith
      other
do   set other  to  " other "
     call Sound1 .Play
     set ImageSprite2 . X  to  random integer from  1  to  300
     set ImageSprite2 . Y  to  random integer from  130  to  230
     if    Ball1 . X  <  get global preX
     then  if    Ball1 . Y  <  get global preY
           then set Ball1 . Heading  to  -135
           else set Ball1 . Heading  to  135
     else  if    Ball1 . Y  <  get global preY
           then set Ball1 . Heading  to  -45
           else set Ball1 . Heading  to  45
     set global preY  to  Ball1 . Y
     set global preX  to  Ball1 . X
```

圖8-5 ImageSprite2磚塊受撞擊的情況

<STEP3> 圓球撞擊牆壁的情況

- 新增Ball1的**Ball1.EdgeReached**事件，當Ball碰到Canvas的邊緣或角落的時就會自動叫出本事件。

1. 顯示速度和座標（圖8-6中#1）

- 新增Screen1的**set Screen1.Title**指令，to欄位以**join**指令合併**Ball1.Speed**指令、「**<-speed pre15->**」文字常數、**preX**變數值、「**preY->**」文字常數與**preY**變數值，總計五個項目。

- 新增Label1的**Labe11.Text**指令，to欄位以**join**指令合併**Ball1.X**指令、「**.**」文字常數與Ball1.Y指令，總計三個項目。

2. edge1事件變數=1，當球碰到螢幕上緣（圖8-6中#2）

- 新增**if**判斷式，判斷式為「**edge1事件變數=1**」。
- 其下再新增**ifelse**判斷式，判斷式為「**Ball1.X指令<preX變數值**」。
- 在**then**程式區塊及**else**程式區塊分別新增一個Ball1的**set Ball1.Heading**指令，to欄位分別填入數字常數**-135**和**-45**。

3. edge1事件變數=3，當球碰到螢幕右緣（圖8-6中#3）

- 新增**if**判斷式，判斷式為「**edge1事件變數=3**」。
- 其下再新增**ifelse**判斷式，判斷式為「**Ball1.Y指令<preY變數值**」。
- 在**then**程式區塊及**else**程式區塊分別新增一個Ball1的**Ball1.Heading**指令，to欄位分別填入數字常數**135**和**-135**。

4. edge1事件變數=-3，當球碰到螢幕左緣（圖8-6中#4）

- 新增**if**判斷式，判斷式為「**edge1事件變數=-3**」。
- 其下再新增ifelse判斷式，判斷式為「**Ball1.Y指令<preY變數值**」。
- 在then程式區塊及else程式區塊分別新增一個Ball1的**Ball1.Heading**指令。to欄位分別填入數字常數**45**和**-45**，完成如圖8-6。

5. edge1事件變數=-1，當球碰到板子或出局，加快球的速度（圖8-7中#1）

- 新增**if**判斷式，判斷式為「**edge1事件變數=-1**」。
- 新增Ball1的**set Ball1.Speed**指令，to欄位填入「**Ball1.Speed+5**」。
- 其下再新增**if**判斷式，判斷式為「**Ball1.Speed>50**」。
- 新增Ball1的**set Ball1.Speed**指令，to欄位填入數字常數0。
- 新增Label1的**set Label1.Text**指令，to欄位填入「**game over!game over!game over!!!!**」文字常數。
- 新增**ifelse**判斷式，判斷式為「**Ball1.X指令<preY變數值**」。
- 在**then**程式區塊及**else**程式區塊分別新增一個Ball1的**Ball1.Heading**指令，to欄位分別填入數字常數**135**和**45**。

6. 球碰到四個角落時（圖8-7中#2）

- 新增**if**判斷式，判斷式為「**edge1事件變數=2**」，代表球碰撞到右上角。

- 新增 Ball1 的 **Ball1.Heading** 指令，to 欄位填入數字常數 **-135**。
- 新增 **if** 判斷式，判斷式為「**edge1 事件變數 =-2**」，代表球碰撞到左上角。
- 新增 Ball1 的 **Ball1.Heading** 指令，to 欄位填入數字常數 **45**。
- 新增 **if** 判斷式，判斷式為「**edge1 事件變數 =4**」，代表球碰撞到右下角。
- 新增 Ball1 的 **Ball1.Heading** 指令，to 欄位填入數字常數 **135**。
- 新增 **if** 判斷式，判斷式為「edge1 事件變數 =-4」，代表球碰撞到左下角。
- 新增 Ball1 的 Ball1.Heading 指令，to 欄位填入數字常數 **-45**。

7. 將目前位置儲存至preX、preY（圖8-7中#3）

- 新增 **set global preX** 指令，to 欄位填入 **Ball1.X** 指令。
- 新增 **set global preY** 指令，to 欄位填入 **Ball1.Y** 指令。完成如圖8-7。

在此段程式我們要編寫圓球撞擊牆壁的情況，當我們建立 **Ball1.EdgeReached** 這個指令時，同時也宣告了 edge1 這個變數，在程式一開始，我們將圓球目前的速度（Ball1.Speed）和上一次圓球撞擊的座標（preX, preY）顯示在螢幕上方的狀態列，同時也將圓球每次撞擊到牆壁的座標（Ball1.X, Ball1.Y）顯示在螢幕左下角；在後續的判斷式會用到 edge1 這個變數，您會發現它會依序比對不同的數字，因為 edge1 是用數字來表示 Canvas 的四個邊緣和角落（詳細的 edge 用法請見附錄）。當程式判斷出目前是撞擊到那個牆壁後，接下來就是和前面撞擊磚塊一樣來判斷圓球行進的方向，才能知道圓球下一步要往那裡移動。裡面需要注意的是 **edge1=-1**（螢幕正下方），當圓球撞擊到正下方的牆壁時，圓球的速度會加 5，但當圓球的速度超過 50 且再次撞擊到正下方的牆壁時，速度會直接變成 0，螢幕上會顯示 **game over!game over!game over!!!!** 代表遊戲結束了。程式最後要將圓球這次撞擊的座標存到 preX 和 preY 變數中，讓下一個判斷式使用。

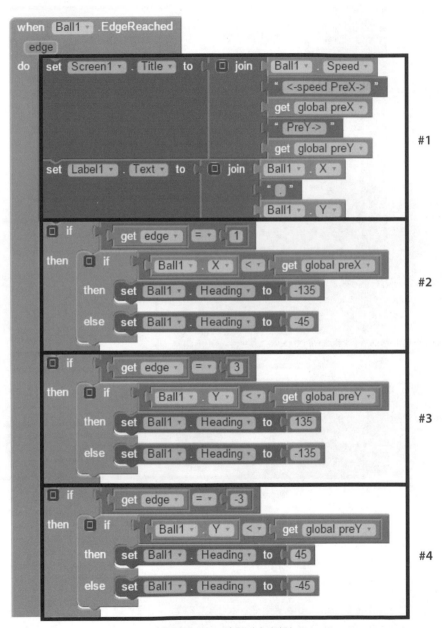

圖 8-6 Ball.EdgeReadched 事件（上半部）

小遊戲動手做

圖 **8-7** 圓球撞擊牆壁的情況（下半部）

＜STEP4＞左右拖曳移動塊

- 新增 table 的 **table.Dragged** 事件。
- 新增 table 的 **set table.X** 指令，to 欄位加上 **currentX1** 事件變數。
- 新增 **table** 的 **set table.Y** 指令，to 欄位為數字常數 **340**。

　　請將各元件如圖 8-8 組合，在此段程式我們要讓 table 這個 imageSprite 隨著手在螢幕上拖曳做 X 方向的移動。當建立 **table.Dragged** 事件時，同時宣告了六個變數，我們只會用到其中的 **currentX1**。首先我們將 table 的 Y 座標固定在值 340 的地方，讓 X 座標去讀取

08 小遊戲動手做

X方向拖曳的動作，也就是說不管我們如何拖曳，都不會對Y座標有任何影響。

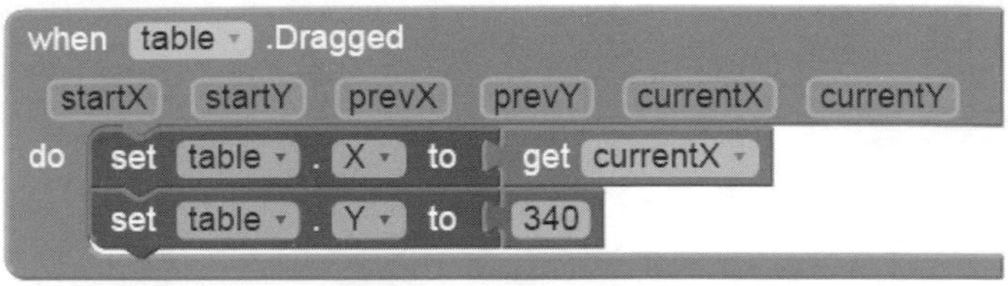

圖8-8 拖曳table移動塊

<STEP5> 圓球撞擊移動塊的情況

- 新增 table 的 **table.CollidedWith** 事件。
- 新增 Sound2 的 **Sound2.Play** 指令。
- 新增 **ifelse** 判斷式，判斷式為「**Ball1.X<preX 的變數值**」。
- 在 **then** 程式區塊及 **else** 程式區塊分別新增一個Ball1的 **set Ball1.Heading** 指令。
  to 欄位分別填入數字常數 **135** 和 **45**。
- 新增 **set global preX** 指令，to 欄位填入 **Ball1.X**。
- 新增 **set global preY** 指令，to 欄位填入 **Ball1.Y**。

　請將各元件如圖8-9組合，此段程式圓球和移動塊撞擊的情況。當兩者相撞時，會使Sound2元件播放 **pop** 聲音檔，同樣地，我們會使用判斷式來判斷圓球的移動方向，來決定圓球反彈後的方向。最後也要將圓球這次撞擊的座標更新於 **preX** 和 **preY** 變數中，讓下一次判斷式使用。

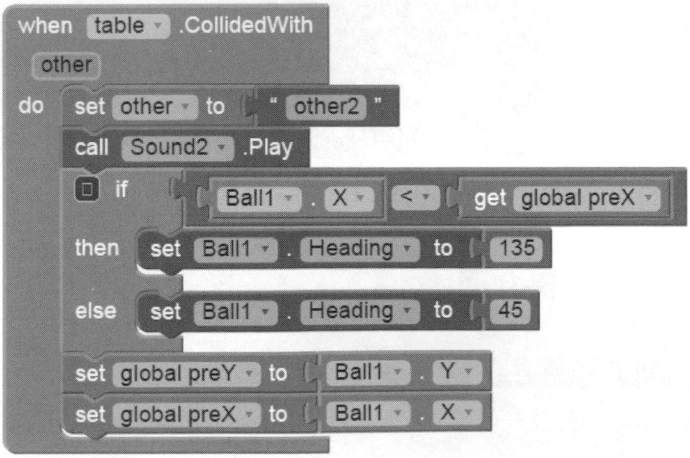

圖8-9 圓球撞擊移動塊的情況

8-2 猜牌遊戲

<EX8-2> cardgame.aia

猜牌遊戲顧名思義是要在很多牌中，猜中某張牌的位置在哪裡，猜中愈多次分數就愈高。在本範例中，我們在螢幕上放置了三張牌，底牌分別是黑桃A、黑桃2和黑桃3，當您選中黑桃A時，可以得到10分，並繼續進行下一回合的猜牌，當然黑桃A的位置是隨機的。當您一猜錯，遊戲馬上就會結束，依照這個方式，讓我們把程式做出來吧！

圖 8-10 <EX8-2> 執行畫面

8-2-1 Designer 人機介面

<STEP1> 建立專案、選擇程式元件

請在Projects選單中建立一個新專案「cardgame」，本專案使用元件如下表：

表 8-5 <EX8-2> 使用元件

元件類別	數量	名稱	說明
HorizontalArrangement	1	HorizontalArrangement1	將卡片水平放置
Button	3	Button_CARD1 Button_CARD3 Button_CARD3	扮演卡片的按鈕，點選就知道有沒有猜對
Label	2	a1、a2	版面配置用
Image	3	Label_GAMEOVER Label_Score Label_Best	顯示遊戲結束訊息 顯示本回合分數 顯示最佳分數
Clock	1	Clock1	洗牌

<STEP2> 上傳媒體資料

- 將圖片檔 0419-1、0419-2、0419-3 和 0419 上傳到本專案，您會在 Media 區看到它們。

<STEP3> 設定程式元件屬性

- 將 Screen1 的 BackgroundColor 改成黑色。

- 新增 HorizontalArrangement 元件，在其中依序新增 Button 元件、Label 元件、Button 元件、Label 元件、Button 元件，將兩個 Label 元件名稱依序修改為 **a1**、**a2**，最後依下表設定兩種元件：

表 8-6 HorizontalArrangement 元件中的 Label 元件設定

BackgroundColor	Image	FontSize	Width
Black	0	（空白）	50 pixels

- 其中 **a1**、**a2** 是用於調整卡片的間距。
- 再新增三個 Label 元件，並依下表設定之：

表 8-7 Label 元件設定

修改後名稱	BackgroundColor	FontSize	Text	TextAlignment	Width
Label_GAMEOVER	White	20	猜錯了！ 遊戲結束	Center	Fill parent
Label_Score	White	20	得分：0	Center	Fill parent
Label_Best	White	20	最佳成績：0	Center	Fill parent

- 將 Label_GAMEOVER 的 Visible 選項設為 **hidden**。
- 新增 Clock 元件，並將 TimerInterval 設為 **2000**。

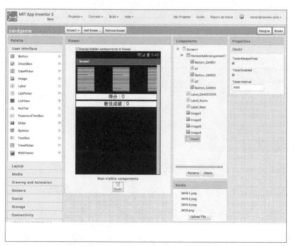

圖 8-11 <EX8-2>Designer 頁面完成圖

8-2-2 Blocks 程式方塊

<STEP1> 宣告變數

- 新增數字變數 **x**、**y**、**z**、**best**、**score**、**position**，初始值皆為數字常數 **0**。
- 新增清單變數 **result**，以 Lists 的 **make a list** 指令建立內容為數字 **1**、**2**、**3** 的清單，這用來存放三張牌的隨機位置。

變數宣告完成如圖 8-12，本範例總共宣告了 7 個變數，其中 **x**、**y** 和 **z** 分別是代表三張牌的花色，每回合開始時，這三個變數會被隨機指定為 **1** 到 **3** 之間的一個數並存放於

result清單中。誰的值為1，那張底牌的花色就是黑桃A，而變數score 和best 則是顯示目前分數和到目前為止的最佳成績。

圖8-12 宣告變數

<STEP2>隨機排序紙牌位置

- 新增Clock1的**Clock1.Timer**事件

1. 紙牌翻面與洗牌

- 新增Button_CARD1的**set Button_CARD1.Image**指令，to欄位為"**0419.png**"，這是紙牌背面的圖檔。Button_CARD2與Button_CARD3 也是一樣的做法。
- 使用Math的**random integer**指令來指定變數**x**的值，範圍為**1到3**。
- 使用List的**remove list item**指令，將**a**清單的**x**位置項目移除。
- 使用Math的**random integer**指令來指定變數**position**的值，範圍為**1到2**。
- 使用List的**select list item**指令來取得**a**清單的**postion**位置項目，並將其設定為變數**y**的新值。
- 使用List的**remove list item**指令，將**a**清單的**position**位置項目移除。
- 使用List的**select list item**指令來取得**a**清單的**1**位置項目，並將其設定為變數**z**的新值。

這是一次洗牌的結果，讓我們實際來看看。a清單原本內容為（1 2 3），假設變數 x 被隨機指定的值為2，則將a清單的2 號項目移除，這時a清單只剩下（1 3）。接著變數 position 被隨機指定為1，則將變數 y 指定為a清單的1 號項目（1），再把a 清單的1 號項目移除，則a清單只剩下（3）。再把最後這個項目指定為變數z的新值就完成了。因此本次洗牌的結果 x y z為2 1 3。黑桃 A 位於中央。完成如圖 8-13a。

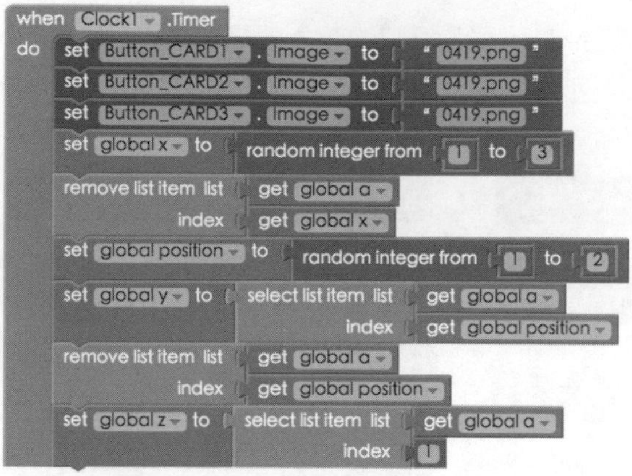

圖 8-13a Clock.Timer 事件（上），洗牌

2. 顯示洗牌結果，可讓玩家翻牌設定分數

- 新增Screen1的**set Screen1.Title**指令，to欄位使用**join**指令組合以下六個項目（這是除錯用訊息，實際上給別人玩時要把這個指令刪掉，不然人家就知道黑桃A 在哪裡啦）：
  * 變數 position
  * 變數 x
  * 變數 y
  * 變數 z
  * "," 文字
  * 清單變數 a
- 使用List的**make a list**指令組合變數**x**、變數**y**與變數**z**為一個清單，並將其設定為清單變數**result**的新值。
- 使用List的**make a list**指令組合數字**1**、**2**、**3**，並將其設定為清單變數**a**的新值。
- 新增Label_GAMEOVER的**set Label_GAMEOVER.Visible**指令，to欄位為**False**邏輯常數。
- 新增Clock1的**set Clock1.TimerEnabled**指令，to欄位為**false**邏輯常數。
- 新增Button_CARD1的**set Button_CARD1.Enabled**指令，to欄位為**true**邏輯常數。Button_CARD2與Button_CARD3也是一樣的做法。完成如圖8-13b。

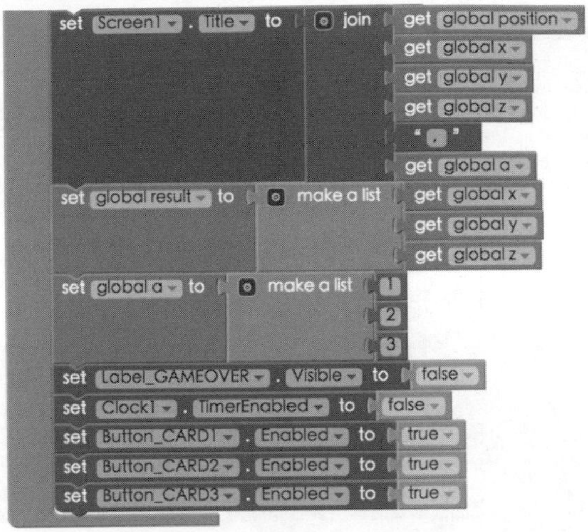

圖 8-13b Clock.Timer 事件（下），顯示本次洗牌結果

＜STEP3＞更換底圖副程式

- 新增一個名為 **randomCard** 的副程式，它會根據變數 **x**、**y**、**z** 的值來決定各張牌的花色並更換底圖。

用變數 x 來決定第一張牌的花色

- 新增 **if** 判斷式，並使用藍色小方塊將它變成 if/elseif/else 結構，**if** 判斷式為「**變數 x =1**」。

  ＊ 在 **if** 判斷式滿足的 **then** 區塊中，新增 Button_CARD1 的 **setButton_CARD1.Image** 的指令，to 欄位為 " **0419-1.png** "，這是黑桃 A 的圖檔。

- else if 判斷式為「**變數 x = 2**」。

  ＊ 在 **else if** 判斷式滿足的 **then** 區塊中，新增 Button_CARD1 的 **setButton_CARD1. Image** 的指令，to 欄位為 " **0419-2.png** "，這是黑桃 2 的圖檔。

- 最後在 else 區塊中：

  ＊ 新增 Button_CARD1 的 **set Button_CARD1.Image** 的指令，to 欄位為 " **0419-3. png** "，這是黑桃 3 的圖檔。

- 以上就是用變數 x 的值來決定 Button_CARD1 花色的程式。請複製兩次上述的的 **if/ else if/else** 判斷結構，並將其修改如圖 8-14，使用變數 y 的值來決定 Button_CARD2 的花色，變數 z 則對應到 Button_CARD3。是不是很簡單呢？

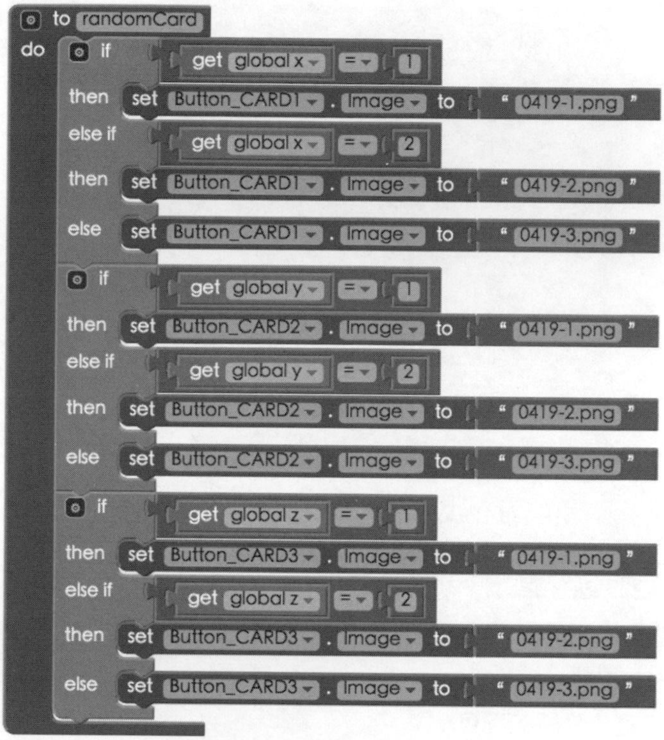

圖 8-14 根據 X、Y、Z 變數值來決定花色

<STEP4> 回復初始狀態副程式

- 新增一個名為**reset**的副程式，它會讓遊戲回復到初始狀態並更新本回合得分與最佳成績。
- 新增Clock1的**set Clock1.TimerEnabled**指令，to欄位為**true**邏輯常數。
- 新增Button_CARD1的**set Button_CARD1.Enabled**指令，to欄位為**false**邏輯常數。Button_CARD2與Button_CARD3 也是一樣的做法。
- 新增Label_Score的**set Label_Score.Text**指令，to欄位使用**join**指令組合" 得分："與**score**變數。
- 新增一個**if**判斷式，判斷式為"「**score**變數值>**best**變數值」。
  - 在**if**判斷式的**then**區塊中，將變數**best**的值設為**score**變數。
  - 新增Label_Score的**set Label_Score.Text**指令，to欄位使用**join**指令組合" 最佳成績："與變數**best**。

小遊戲動手做

- 本副程式會將遊戲回復到初始狀態，並將本回合得分顯示出來。接著用**if**判斷式來檢查，如果本回合得分（**score**變數值）已經超過最佳成績（**best**變數值）的話，就把最佳成績更新為本回合的得分。完成如圖8-15。

圖8-15 將遊戲回復到初始狀態

<STEP5> 翻牌

　　終於到了翻牌的時候了，三張牌（其實都是按鈕）的動作都是一樣的，所以請愛用複製貼上大法，這時您應該體會到程式模組化的好處了吧，不但容易閱讀，日後要修改或擴充也很方便喔！

- 新增Button_CARD1的**when Button_CARD1.Click**事件，並在其中新增以下指令。
- 呼叫**randomCard**副程式，在此會洗牌完成。
- 新增一個**if/else**判斷式，判斷式為「**變數x=1**」。代表黑桃A位於1號位置也就是Button_CARD1，恭喜您猜對囉！

　＊ 在**if/else**判斷式的**then**區塊中，將**score**變數的值設為原本的值再加**10**。

- 在**else**區塊中：

　＊ 新增Label_GAMEOVER的**set Label_GAMEOVER.Visible**指令，to欄位為**true**邏輯常數。這時會看到殘酷的「**猜錯了！遊戲結束**」訊息。

　＊ 將變數score的值設為數字0。

- 呼叫**reset**副程式，將遊戲回復到初始狀態。
- Button_CARD2與Button_CARD3 也是一樣的做法，但請改為對應的變數**y**與**z**。

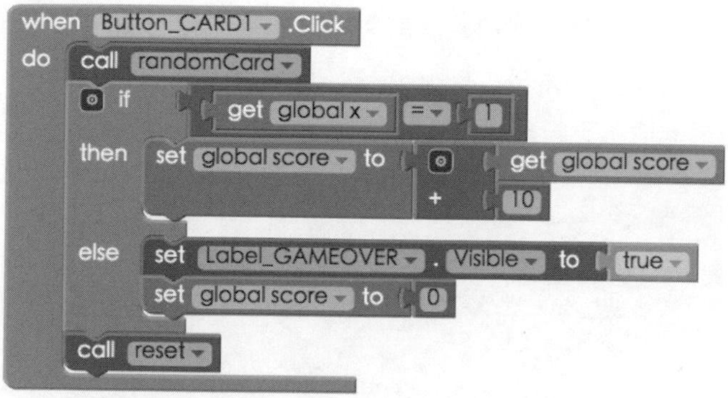

when Button_CARD1 .Click
do call randomCard
  if get global x = 1
  then set global score to get global score + 10
  else set Label_GAMEOVER . Visible to true
       set global score to 0
  call reset

圖 8-16a Button_CARD1（左側牌）被按下的情況

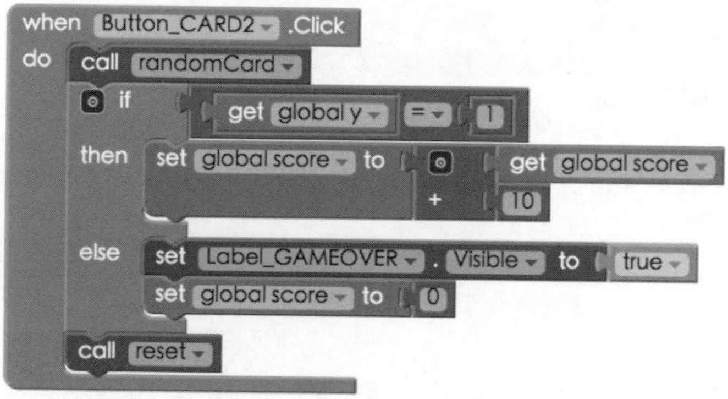

when Button_CARD2 .Click
do call randomCard
  if get global y = 1
  then set global score to get global score + 10
  else set Label_GAMEOVER . Visible to true
       set global score to 0
  call reset

圖 8-16b Button_CARD2（中央牌）被按下的情況

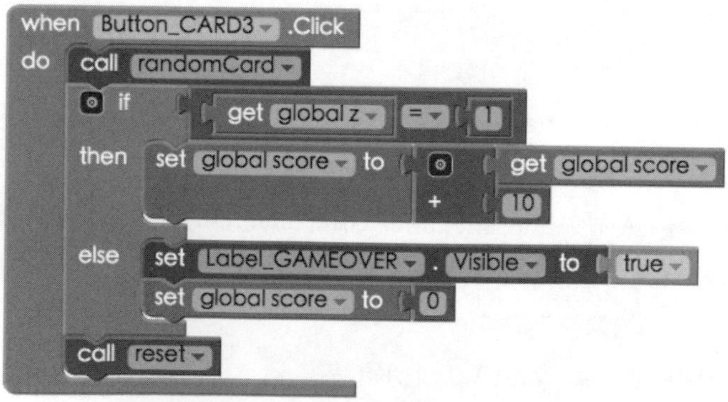

when Button_CARD3 .Click
do call randomCard
  if get global z = 1
  then set global score to get global score + 10
  else set Label_GAMEOVER . Visible to true
       set global score to 0
  call reset

圖 8-16c Button_CARD3（右側牌）被按下的情況

8-2-3 操作

　　遊戲初始畫面如圖8-17a。直接點選一張牌吧！如果猜對了，就會加10分（圖8-17b），您可以看到本回合分數與最佳成績都會一直加上去。但只要猜錯的話，本回合就結束啦（圖8-17c）！分數會歸零，但是最佳成績還是會保留著。別忘了我們有把洗牌結果顯示在螢幕上方的狀態列上，以圖8-17b來說，2321中的第二位數3就代表黑桃A在第三張也就是最右邊的那張牌。到了圖8-17c，2132則代表黑桃A在第一張也就是最左邊的那張牌。別讓別人看破手腳，快把圖8-13b中的 **set Screen1.Title** 指令刪掉吧！

　　請注意本範例在每次載入時，得分與最佳成績這兩筆資料都會歸零，因為我們在程式中是使用變數而非資料庫來儲存資料。如果您希望能夠將最佳成績記下來的話，請改用tinyDB元件來儲存最佳成績。

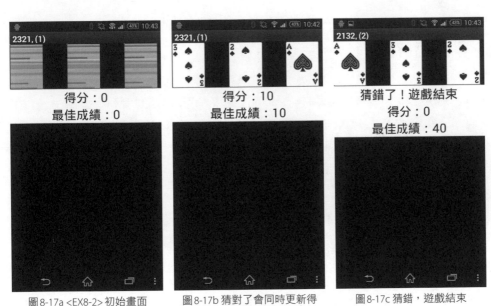

圖8-17a <EX8-2> 初始畫面　　　圖8-17b 猜對了會同時更新得　　　圖8-17c 猜錯，遊戲結束
　　　　　　　　　　　　　　　　　　分與最佳成績

8-3 總結

　　在本章節中，我們完成了三種不同的遊戲，同時也將手機能使用的各種操控方式發揮得淋漓盡致，且遊戲中所有可能發生的因素。我們都要考慮進去，否則會發現這個遊戲出現BUG，這是遊戲玩家最不喜歡發生的事，因此本章的程式都相當龐大，這也是圖控程式的缺點之一。如果今天只是一個簡單的程式，會發現圖控程式比文字式程式能快更容易完成，這就是為什麼圖控程式適合拿來當作程式的入門，但是如果要完成的是一個完整的遊戲，所需要用到的指令一定非常龐大，這時文字式程式會比圖控程式更適合。我想當您將這章看懂之後，您已經不再是程式的新手囉！

8-4 實力評量

1、（　）在 <EX8-1> 打磚塊程式中，Heading 這個指令可以決定球彈到牆壁後的行進方向。

2、（　）在 <EX8-1> 打磚塊程式中，我們定義了球的初始座標，是為了讓球能在每次遊戲開始時，出現在不同的位置。

3、（　）在 <EX8-2> 紙牌遊戲中，如果抽牌結果是 x=3、y=1、z=2，代表黑桃 A 在第三張牌的位置。

4、請在 <EX8-1> 中加入更多的磚塊與音效。

5、請將 <EX8-2> 紙牌遊戲改成抽鬼牌遊戲，當抽到鬼牌遊戲就結束了。

6、請將 <EX8-2> 紙牌遊戲中的三張牌擴充為四張牌以上，並試著用副程式與迴圈來管理愈來愈大的程式。

CHAPTER {09}
資料庫與網路資料庫

本章重點	使用元件
本地資料庫	TinyDB
遠端資料存取	TinyWebDB

目前我們所寫的應用程式中，資料都會隨著該應用程式結束而從記憶體內清除，在下次開啟應用程式時都要重新來過。如果該應用程式為備忘錄或類似的功能，那麼每次關閉程式時，備忘錄內的資料就會被清除，這樣相當不方便。App Inventor 提供了 TinyDB 和 TinyWebDB 兩種元件，可以將資料儲存在特定的記憶體位置中，該記憶體不會隨著應用程式關閉而清除內容，較為不同的是，前者將資料存在手機內（要注意的是 App Inventor 每次重新同步程式都會清除資料，但已下載於實體裝置則不會），後者則是將資料存在一個 Google Application Engine 網路空間上。

本章節將依序以下列範例來介紹如何使用 TinyDB 和 TinyWebDB 元件，請參考表 9-1。

表9-1 第9章範例列表

編號	名稱	說明
EX9-1	tinyDB	電子備忘錄
EX9-2	tinyWebDB	網路公布欄
EX9-3	score	成績輸入系統

9-1 資料儲存步驟

TinyDB 和 TinyWebDB 對於資料讀寫的方式相當類似，首先要給予該筆資料一個標籤，並呼叫 **StoreValue** 方法將資料存到資料庫中。下次要取出該筆資料時，則呼叫 GetValue 方法並傳入標籤名稱，程式就會根據該標籤名稱找尋對應的資料了。如果傳入的標籤找不到對應的資料，**GetValue** 方法傳出空的字串，這點讀者要特別注意。

就 TinyWebDB 來說，App Inventor 透過 Google Application Engine 建置了一個簡易的網路資料庫讓使用者可以將資料傳到該伺服器空間中，這也是預設的儲存位址。由於是公共空間，所以有相同標籤的資料會因為先後順序進入而被覆蓋掉；且該空間只能容納 1000 筆資料（一個標籤的資料代表一筆），因此只能做為測試或除錯用。為了避免上述情形發生，讀者必須要有自己的網路伺服器才行，這點在往後會介紹到。請注意 tinyDB 需將程式實際安裝到 Android 裝置才有效，同步於模擬器或用 AI Companion 同步到裝置

都不行喔！

9-2 電子備忘錄

<EX9-1>tinyDB.aia

電子備忘錄的介面如圖9-1。該介面提供使用者輸入備忘錄的內容，並以垂直排列的方式顯示出來，從上到下依照時間先後顯示在較大的TextBox上。當程式關閉時備忘錄的內容由於是存放在tinyDB中所以不會消失，下次開啟時仍然會顯示出來。

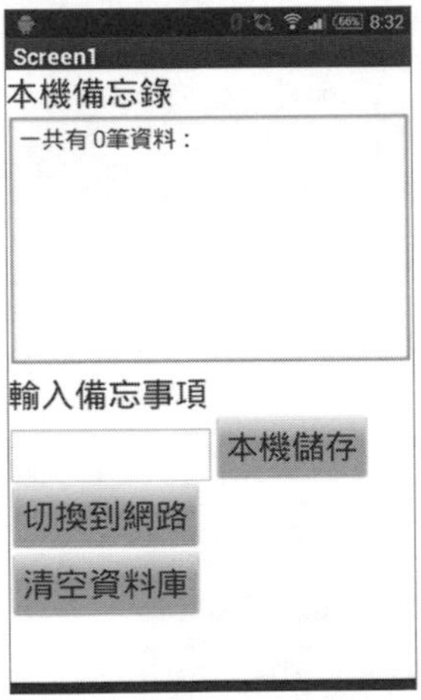

圖 9-1 <EX9-1>執行畫面

9-2-1 Designer 人機介面

<STEP1>建立新專案

請在Projects選單中建立一個新專案「**tinyDB**」。並根據表9-2新增元件，完成後如圖9-2。

<STEP2> 選擇程式元件

表 9-2 <EX9-1> 所需程式元件

元件類別	數量	名稱	說明
Label	2	Label1、Label2	顯示資料
TextBox	2	TB_Memo TB_enter	TB_Memo 用來顯示資料庫的資料 TB_enter 則是輸入要寫入的資料。
HorizontalArrangement	1	HorizontalArrangement1	將 TB_enter 與 Button_Write 按鈕平行放置
Button	3	Button_Write Button_Switch Button_ClearDB	寫入資料切換本機與網路資料庫清空資料庫
TinyDB	1	TinyDB	本機資料庫
TinyWebDB	1	TinyWebDB1	網路資料庫
Clock	1	Clock1	定期取回網路資料庫資料
Notifier	1	Notifier1	顯示資料庫清空視窗

<STEP3> 設定元件屬性

- 請將 Label1 與 Label2 的 **Text** 欄位分別改為「**本機備忘錄**」和「**輸入備忘事項**」。
- 請將 Button_WriteButton_Switch 與 Button_ClearDB 的 Text 欄位分別改成「**本機儲存**」、「**切換到網路**」和「**清空資料庫**」。
- 請將 TB_memo 中的 **multiLine** 欄位打勾，這樣當文字超出 TextBox 寬度時就會自動換行，並將 Height 設成 **2000**pixels。
- 請將 Clock 元件的 **TimerInterval** 欄位設為 **500**，完成如圖 9-2。

圖9-2 <EX9-1>Designer頁面完成圖

9-2-2 Blocks 程式方塊

<STEP1> 宣告變數

- 新增數字變數 **webIndex**、**localIndex**、**x** 與 **mode**，前三者初始值為數字常數 **1**，後者為數字常數 **0**。
- 新增清單變數 **localMemo** 與 **webMemo**，以 Lists 的 **create empty list** 指令設定為空清單。
- 新增文字變數 **tempText**，初始值為空字串。

　　變數宣告完成如圖9-3，本範例總共宣告了7個變數，其中**mode**變數是用來判斷現在是處於本機備忘錄或是網路公告；**localMemo**清單是用來儲存我們從tinyDB取回的內容，**localIndex**則是用來寫入資料的流水號；**webMemo**清單與**webIndex**也是相同的功能，只是操作對象改為tinyWebDB網路資料庫。另外由於網路取回資料的時間延遲問題，我們需要另外用變數x來做為迴圈的控制項。tempText則如名稱所示，是個暫存用的文字變數。

圖9-3 宣告陣列與字串

＜STEP2＞ 取出本機端資料庫資料

新增一個名為 **showDB** 的副程式，並在其下新增以下內容：

- 將**tempText**變數的內容設為一個空字串。

- 在Built in的**Control**選單中，新增一個**for each item in list**迴圈，list欄位使用 TinyDB1的**TinyDB1.GetTags**指令。並在其中加入以下內容：

  * 將**tempText**變數使用**join**指令來組合以下三個項目：**tempText**變數、TinyDB1的 **TinyDB1.GetValue**指令（to欄位為**for each item in list** 迴圈的**item**事件變數）以 及**","**。

  * 在下方，新增TB_Memo的**set TB_Memo.Text**指令，to欄位使用**join**。

  * 指令來組合以下四個項目：**"一共有"**、List的**length of list**（to欄位為TinyDB1的 **TinyDB1.GetTags**指令）、**"筆資料："**以及**tempText**變數。

  * 這個副程式的功能是把tinyDB 本機資料庫的內容顯示在畫面上。我們藉由一 個**for each item in list**迴圈，讓它根據資料庫中的標籤（Tags）把內容逐一 取出來，加上一個半形逗號之後存回**tempText**變數中。這樣當迴圈執行時， **tempText**變數內容就是資料庫的所有資料了。

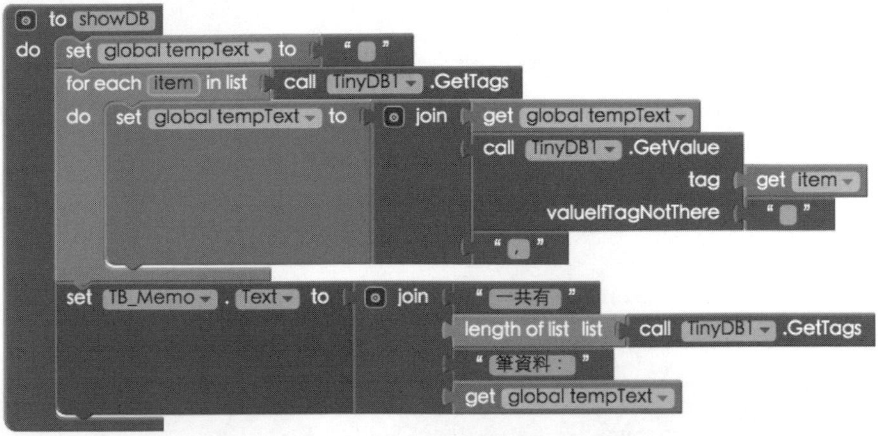

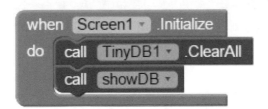

圖 9-4 使用 **showDB** 副程式取出所有資料庫內容

<STEP3> 程式初始化

新增 Screen1 的 **Screen1.Initialize** 事件，並在其下新增以下內容：

- 新增TinyDB1的**TinyDB1.ClearAll**指令，這個指令會把所有資料庫內容清空，在此是為了方便除錯才加的，讓我們每次都能從乾淨的資料庫開始操作。之後請記得刪除這個指令，不然每次開啟程式時，資料庫都是空空的。
- 呼叫**showDB**副程式，在此會把目前的資料庫內容顯示出來。當然啦，由於我們先把資料庫清空了，所以程式初始化時當然就沒有任何資料了，因此日後使用時請刪除**TinyDB.ClearAll**指令。完成如圖9-5。

```
when  Screen1 . Initialize
do    call  TinyDB1 . ClearAll
      call  showDB
```

圖 9-5 程式初始化時請先清除資料庫

<STEP4> 製作切換模式按鈕

新增 Button_Switch 的 **Button_Switch.Click** 事件，並在其下新增以下內容：

- 將**mode**變數值加**1**之後回存本身。
- 將TB_enter、TB_Memo與tempText變數值都設為空字串。
- 新增一個**if/else**判斷式，判斷式為 [**mode變數對2的餘數是否等於1**]，並在其下新增以下內容：
  * 條件滿足，進入**then**區塊：
    ◆ 將變數**x**設為**1**。
    ◆ 使用Clock1的**set Clock1.TimerEnabled**指令，to欄位為**true**邏輯常數。
    ◆ 使用Label1的**set Label1.Text**指令，to欄位為"**網路公告**"。
    ◆ 使用Button_Write的**Set Button_Write.Text**指令，to欄位為"**上傳網路**"。
    ◆ 使用Button_Switch的**Set Button_Switch.Text**指令，to欄位為"**切換為本機備忘錄**"。
    ◆ 條件不滿足，進入**else**區塊：
    ◆ 呼叫**showDB** 副程式。
    ◆ 使用Label1的**set Label1.Text**指令，to欄位為"**本機備忘錄**"。
    ◆ 使用Button_Write的**Set Button_Write.Text**指令，to欄位為"**本機儲存**"。
    ◆ 使用Button_Switch的**Set Button_Switch.Text**指令，to欄位為"**切換為網路公告欄**"。完成如圖9-6。

　　每當按下Button_Switch 按鈕時，會檢查**mode**變數對2的餘數是否等於1，由於我們會將**mode**變數在每次按按鈕時都累加1，因此它對2的餘數就是在1與0之間切換。如果為1，就是網路公告欄模式。對應的文字也會跟著改變。請注意在**else**區塊中首先呼叫了**showDB**副程式，也就是每次切回本機備忘錄模式時，都會把tinyDB中的資料顯示在畫面上。

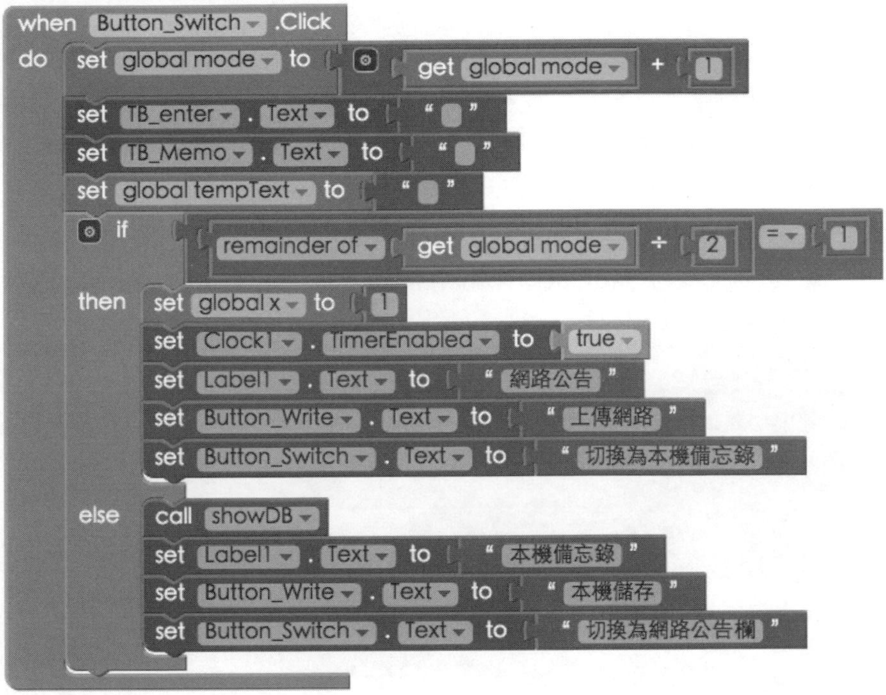

圖9-6 切換兩種模式：本機備忘錄與網路公告欄

<STEP5> 寫入本機端或網路資料庫

終於可以寫入資料了！在此一樣使用單一按鈕來寫入資料到本機資料庫或網路資料庫。 請依照以下操作：

- 新增 Button_Write 的 **Button_Write.Click** 事件，並在其下新增以下內容：
- 新增一個 **if** 判斷式，判斷式為 [**TB_enter.Text 不為空字串**]，並在其下再新增一個 **if** 判斷式，判斷式為 [**Button_Write.Text =** "本機儲存"]

  ＊ 條件滿足，進入 **then** 區塊（本機備忘錄模式）：

  ◆ 使用 TinyDB1 的 **TinyDB.StoreValue** 指令，tag 欄位使用 **join** 指令組合 "**localMemo**" 與 **localIndex** 變數值，valueToStore 欄位為 **TB_enter.Text** 指令。這樣就會以 localMemo1、localMemo2…這樣的標籤格式持續將資料寫入 tinyDB 中。

  ◆ 將變數 **localIndex** 累加 **1**。

◆ 呼叫**showDB**副程式

* 條件不滿足，進入**else**區塊（網路公告欄模式）：

◆ 使用TinyWebDB1的**TinyWebDB.StoreValue**指令，tag欄位使用**join**指令組
合" **webMemo**" 與**webIndex**變數值，valueToStore欄位為**TB_enter.Text**指
令。使用相同的流水號方式來寫入網路資料庫。

◆ 將變數**webIndex**累加**1**。

◆ 使用Clock1的**set Clock1.TimerEnabled**指令，to欄位為**true**邏輯常數。完
成如圖9-7。

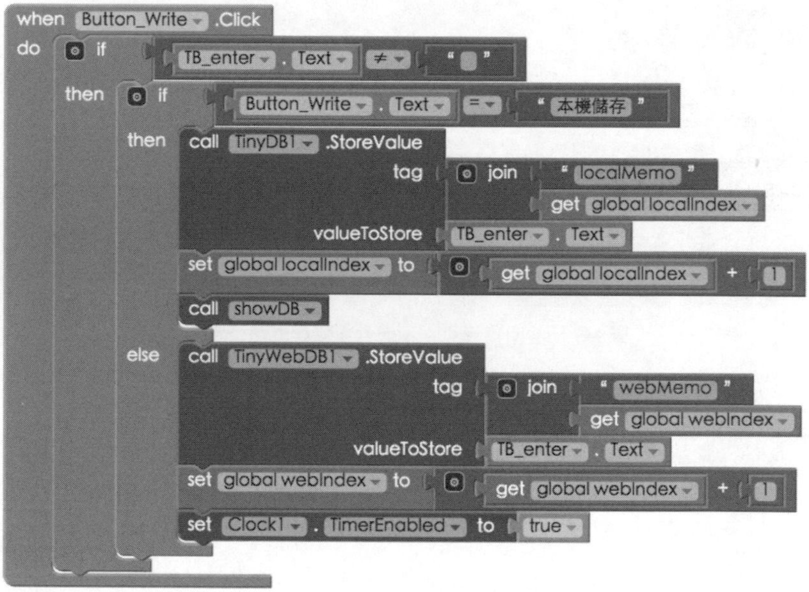

圖9-7 切換模式用的按鈕

<STEP6> 取出網路資料庫資料

要一口氣取回所有的網路資料需要點技巧，這也是本範例的重點。如果我們直接取
得網路資料庫內容的話，會因為網路作業時間的關係而取回空值。因此在此分成兩段
來達成取回網路資料庫所有內容的效果，請依後續步驟操作。

定期向網路資料庫要求資料

新增Clock1的**Clock1.Timer**事件，並在其下新增以下內容：

- 新增一個**for each**迴圈，to欄位改為**webIndex**變數。在其中新增：

    * 使用TinyWebDB1的**TinyWebDB.GetValue**指令，tag欄位使用**join**指令組合"**webMemo**"與**number**事件變數，這樣就會從webMemo1、webMemo2……一路取得網路資料庫資料。

    * 將變數**x**累加**1**。

    * 使用Screen1的**set Screen1.Title**指令，to欄位為「**webIndex**變數值減1」。

- 使用Clock1的**set Clock1.TimerEnabled**指令，to欄位為**False**邏輯常數。

- 將**tempText**變數設為空字串。完成如圖9-8。

我們已經在Designer頁面中把Clock元件的TimerInterval欄位設為500，代表每0.5秒鐘執行一次，這是一個延遲時間。如果不這麼做的話，會因為網路作業時間的關係，取回的內容皆為空白。我們可以把這個Clock.Timer事件視為一個副程式，藉由啟動或關閉Clock元件的TimerEnabled屬性來呼叫它。

圖9-8 定時取回網路資料庫資料

取得資料後顯示於畫面

每次呼叫**TinyWebDB.GetValue**指令後，都會自動觸發一次**when TinyWebDB.GotValue**事件。只要取得一筆資料，就會將這筆資料加入**tempText**變數中，接著更新在畫面上。請依照下列步驟來新增內容。

新增TinyWebDB的**when TinyWebDB.GotValue**事件，並在其下新增以下內容：

- 將tempText變數使用join指令來組合以下三個項目：**tempText**變數、

valueFromWebDB事件變數與", "。

· 新增TB_Memo的**set TB_Memo.Text**指令，to欄位使用**join**指令來組合以下四個項目："一共有"、**webIndex**變數值減1、"筆資料："以及**tempText**變數值。完成如圖9-9。

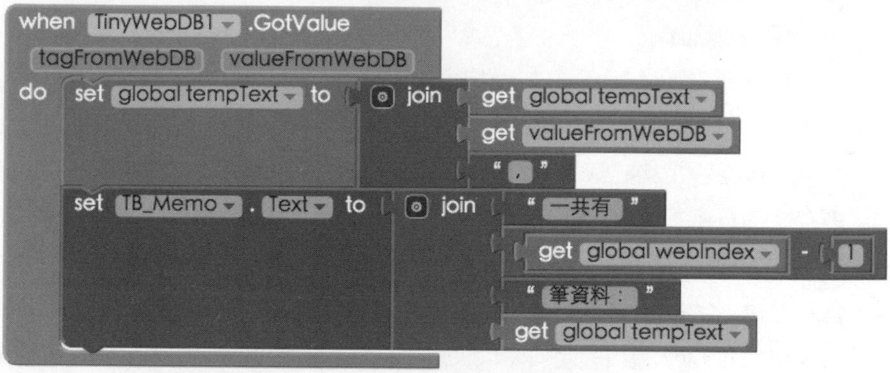

when TinyWebDB1 .GotValue
tagFromWebDB valueFromWebDB
do set global tempText to join get global tempText
get valueFromWebDB
" , "
set TB_Memo . Text to join " 一共有 "
get global webIndex - 1
" 筆資料： "
get global tempText

圖9-9 取得資料後顯示於畫面上

<STEP7> 清除資料庫

有時候難免會遇到需要砍掉重練的狀況，因此加一個按鈕來清空本機資料庫。至於網路資料庫的話，則無法從程式端來刪除資料，您只能從網頁上來刪除資料（圖9-14）。請依照下列步驟操作：

· 新增Button_ClearDB的**Button_ClearDB.Click**事件，並在其下新增以下內容：

 * 使用TinyDB1的**TinyDB1.ClearAll**指令，這樣就會清空資料庫中所有的資料！

 * 使用Notifier1的**Notifier1.ShowMessageDialog**指令，message欄位使用**join**指令組合以下三個項目："**現在資料庫有**"、List的**length of list**指令（list欄位為**TinyDB1.GetTags**指令）與"**筆資料**"。Title欄位為"**清除本機資料庫成功**"，buttonText欄位為"**OK**"。完成如圖9-10，終於完工啦！

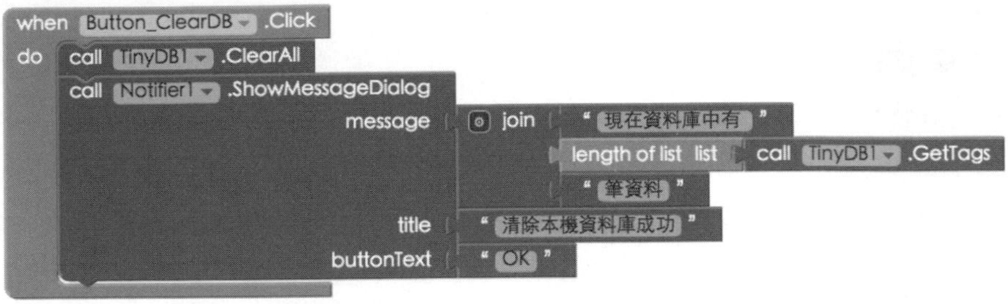

圖9-10 清空資料庫並顯示確認訊息

9-2-3 操作

程式初始畫面如圖9-11，會先藉由 **showDB** 副程式來顯示目前資料庫中有幾筆資料，由於我們有清空資料庫（STEP3），因此資料筆數為0。接著您就能在畫面中央的 TextBox 輸入您所要寫入的值，按下「**本機儲存**」按鈕時，就會把這筆資料搭配流水號（localMemo1、localMemo2...）來寫入資料庫並更新資訊於畫面，如圖9-12。

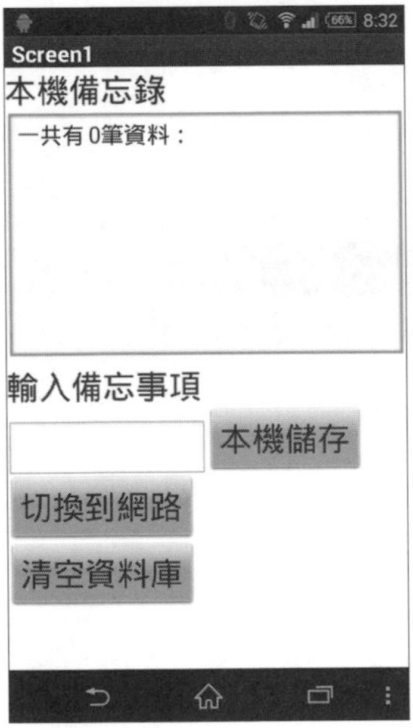

圖9-11 <EX9-1> 初始畫面

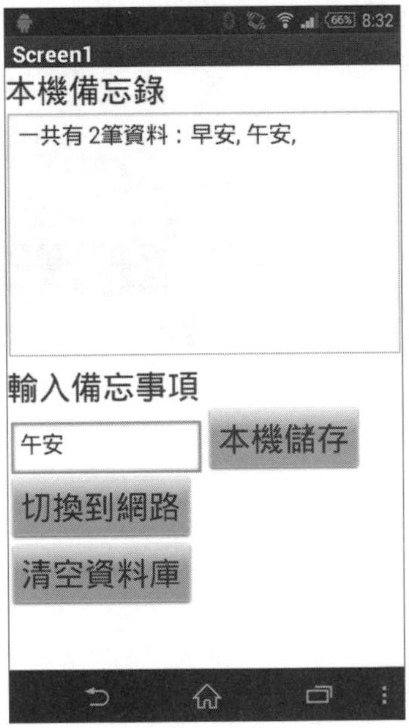

圖9-12 寫入資料後更新畫面

　　另一方面，請點選「**切換到網路**」按鈕，就可以準備寫入資料到網路資料庫了（圖
9-13）。寫入資料之後，就可以在畫面上看到資料。由於 Clock 元件是每0.5秒抓一次
網路資料，所以資料會一筆筆地顯示在畫面上，很有趣喔！接著請開啟網頁瀏覽器到
http://cave-education.appspot.com（圖9-14），這是我們架設的 AppInventor 教學用網
路資料庫，剛剛寫入的資料都在上面了，如果要刪除資料的話，請點選該筆資料旁的
「**DELETE**」按鈕即可刪除資料。您可以參照下一節來自行架設 tinyWebDB 網路資料庫。

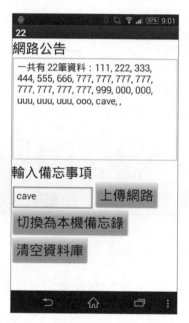

圖 9-13 寫入資料「**cave**」到網路資料庫

App Inventor for Android: Custom Tiny WebDB Service

This web service is designed to work with App Inventor for Android and the

The page your are looking at is a web page interface to the web service to

Available calls:

- /storeavalue: Stores a value, given a tag and a value
- /getvalue: Retrieves the value stored under a given tag. Returns the empty string if no value is sto

Key	Value	Created (GMT)	
webMemo9	"777"	Fri Jan 9 12:55:05 2015	Delete
webMemo8	"777"	Fri Jan 9 12:55:04 2015	Delete
webMemo7	"777"	Fri Jan 9 12:55:00 2015	Delete
webMemo6	"666"	Fri Jan 9 12:54:21 2015	Delete
webMemo5	"555"	Fri Jan 9 12:53:11 2015	Delete
webMemo4	"444"	Fri Jan 9 12:52:36 2015	Delete
webMemo3	"333"	Fri Jan 9 12:51:52 2015	Delete
webMemo2	"222"	Fri Jan 9 12:51:18 2015	Delete
webMemo14	"777"	Fri Jan 9 12:55:05 2015	Delete
webMemo13	"777"	Fri Jan 9 12:55:05 2015	Delete
webMemo12	"777"	Fri Jan 9 12:55:05 2015	Delete
webMemo11	"777"	Fri Jan 9 12:55:05 2015	Delete
webMemo10	"777"	Fri Jan 9 12:55:05 2015	Delete

圖 9-14 http://cave-education.appspot.com 網路資料庫頁面

　　最後也可以清除資料庫，如圖9-15。請注意這個指令會把資料庫中的所有資料清除，在此是除錯用。您可以在之後取消這個指令或是透過 Notifier 元件來再次詢問是否要清空資料庫，否則過往的點點滴滴就會通通不見囉！

圖9-15 清空資料庫

<STEP3> 建立垂直排版副程式

垂直排版副程式與<EX9-1>相同，請參考先前說明即可。

9-3　建立自己的 tiny WebDB 伺服器

雖然程式已確認無誤，但儲存空間仍然為公共空間，因此如果您希望使用個人的網路伺服器的話，就需要根據本段說明來建立專屬的TinyWebDB服務。請根據以下步驟操作。

<STEP1>

請由Google Application Engine官方網站（https://appengine.google.com/）下載

GoogleAppEngine-1.5.3.msi檔案，執行後點擊GoogleAppEngineLauncher圖示，隨後點選**File Add Existing Application**並將目錄指向附件的 customtinywebdb.zip檔案。最後點選GoogleAppEngineLauncher內的**Run**按鈕，這會啟動本地端的伺服器頁面，請開啟任一網路瀏覽器輸入**localhost**即可（圖9-16）。

App Inventor for Android: Custom Tiny WebDB Service

This web service is designed to work with App Inventor for Android and the TinyWebDB component. The end-goal of this service is to communicate with a mobile app created with App Inventor.

The page your are looking at is a web page interface to the web service to help programmers with debugging. You can invoke the get and store operations by hand, view the existing entries, and also delete individual entries.

Available calls:

- /storeavalue: Stores a value, given a tag and a value
- /getvalue: Retrieves the value stored under a given tag. Returns the empty string if no value is stored

Key Value Created (GMT)

圖 9-16 建立個人 timy Web DB 伺服器

<STEP2> 設定自己的伺服器

到目前為止，伺服器是執行在您的電腦上，並不在網路端執行。就算將 TinyWebDB 的 URL 設為該頁面的 URL，該頁面也不會跟 TinyWebDB 元件相互通訊。解決方法是將它上傳到 Google App 伺服器中，請點選 GoogleAppEngineLauncher 的 Dashboard 並輸入您的 Google 帳號密碼。進入後點選 **Create an Application**，輸入的 **Application Identifier** 並點選 **Create Application** 確定。最後將位於附件 customtinywebdb 檔案中的 app.yaml 檔以記事本編輯，更改第一行 application 後的名稱為您想要用的 Application Identifier 名稱，在此為**tinywebdbtest**，如圖9-17。

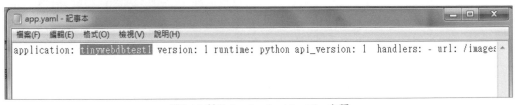

app.yaml - 記事本

檔案(F)　編輯(E)　格式(O)　檢視(V)　說明(H)

```
application: tinywebdbtest1 version: 1 runtime: python api_version: 1  handlers: - url: /images
```

圖 9-17 輸入 **Application Identifier** 名稱

<STEP3> 發布伺服器到 Google Application Engine

最後點選 GoogleAppEngineLauncher 的 **Deploy** 按鈕，並輸入您的 Google 帳號密碼，就會出現如下的視窗，代表正在將應用程式布署在 **google** 網路伺服器中，等視窗內的

指令全數跑完，在網路瀏覽器的網頁上輸入 **http://XXX.appspot.com**，當中XXX為您所指定的 Application Identifier 名稱。最後看到以下畫面，就代表成功將應用程式安裝到網路伺服器了。

```
Deployment To Google (tinywebdbtest1)                             □  ×

2011-09-06 01:50:32 Running command: "['C:\\Python27\\pythonw.exe', '-u', 'C:
\\Program Files (x86)\\Google\\google_appengine\\appcfg.py', '--no_cookies',
u'--email=kevin_lin@cavedu.com', '--passin', 'update', 'C:\\Users\\user
\\Desktop\\customtinywebdb']"
Application: tinywebdbtest1; version: 1
Host: appengine.google.com

Starting update of app: tinywebdbtest1, version: 1
Scanning files on local disk.
2011-09-06 01:50:49,072 ERROR appcfg.py:1985 Ignoring file 'appengine-java-
sdk-1.5.1/lib/user/appengine-api-1.0-sdk-1.5.1.jar': Too long (max 10485760
bytes, file is 18014434 bytes)
```

圖 9-18 tiny WebDB 設定完成

9-4 成績輸入系統

\<EX9-3\>score.aia

　　成績輸入系統是老師常用的一個功能，本小節結合前面幾個小節的概念，設計出一個可讓老師連續「輸入」分數的小程式。當按下「求平均」時，還會算出平均值，並且把資料同步存在手持裝置中。另外也有「資料清除」功能，讓您把已經儲存在裝置中的資料刪除。本範例為TinyDB元件的另一個應用。

圖9-19 <EX9-3>主畫面

請依照下面指示完成此程式：

9-4-1 Designer 人機介面

<STEP1>建立新專案

請在Projects選單中建立一個新專案「**Score**」。並根據表9-3新增元件，完成後如圖9-20。

<STEP2>選擇程式元件

表9-3 <EX9-2>使用元件

元件類別	數量	說明
TextBox	1	輸入長度與寬度等數值
HorizontalArrangement	1	將按鈕水平排列
Button	3	按下後計算結果
Label	1	顯示計算結果
TinyDB	1	儲存資料用的資料庫元件

<STEP3> 設定程式元件屬性

- 請將所有元件的 FontSize 欄位改為「**20**」，Width 欄位設為「**Fill parent...**」。
- 請將 TextBox1 的 Hint 欄位分別改成「**請輸入成績**」。
- 將 Button1_INPUT、Button2_AVG、Button3_CLEAR 的 Text 欄位分別改成「**輸入**」、「**求平均**」和「**資料清除**」。
- 將 Label1 的 Text 欄位設為空白。

圖 9-20　**<EX9-3>Desginer** 頁面完成圖

9-4-2　Blocks 程式方塊

請根據以下步驟完成本範例的程式：

<STEP1> 建立全域變數

　　新增一個名為 **tempText** 的文字變數，這是一個暫存用的變數。**index** 變數是用來指定清單的元素位置，初始值為數字 1。而 **score_list** 是用來存放每個成績的清單，**sum** 變數則用來計算成績的總和，初始值為數 **0**。

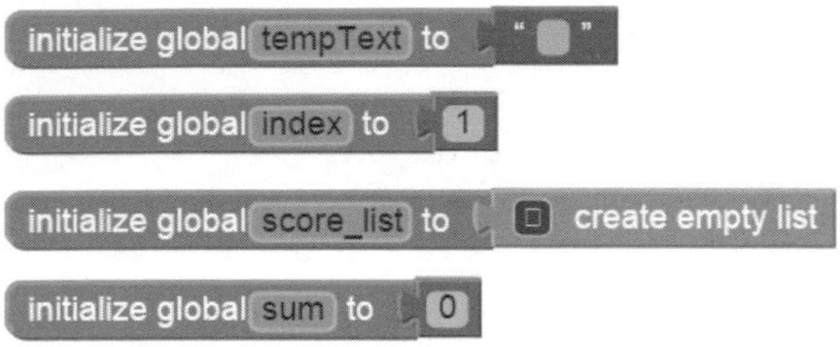

圖 9-21 宣告字串與陣列

<STEP2> 垂直排版副程式

新增一個副程式，改名為 **ShowMemoVertically**，在其中新增以下內容：

- 將 **tempText** 變數值設為空字串。
- ＊ 將**index**變數值設為數字1。
- ＊ 新增一個**for each**迴圈，to 欄位使用**length of list**指令去取得**score_list**清單的元素數目，接著加入以下內容：
- ＊ 將**tempText**變數值使用 **join** 指令來組合三個項目：**tempText**變數值、**select list item**指令（list欄位為**score_list** 清單，**index**欄位為**index**變數值）與" **\n**"。
- ＊ 將**index**變數值累加**1**。
- ＊ 使用Label1的 **set Label1.Text**指令，to欄位為**tempText**變數值。
- ＊ 我們藉由**ShowMemoVertically**副程式將資料垂直顯示在畫面上，藉由**for each** 迴圈把**score_List**清單元素依序取出來之後，加上" **\n**" 換行符號來顯示在畫面上。

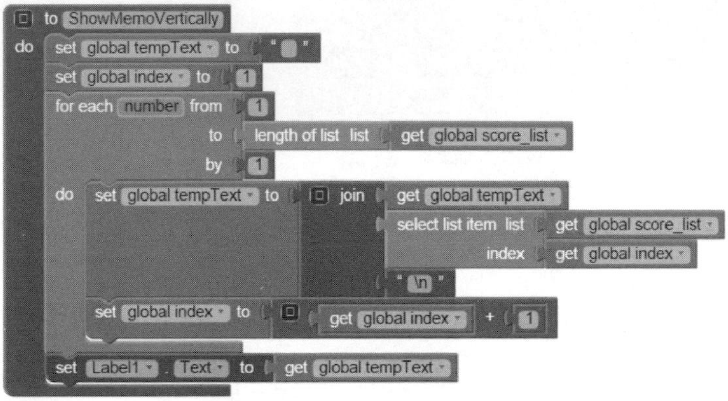

圖 9-22 宣告副程式來排列資料

<STEP3> *程式初始化時抓出所有資料*

如果我們希望程式每次啟動時都能顯示之前所記錄的資料，就要在Screen元件的 **Initialize**事件中來加入對應的指令，請依序操作：

- 新增Screen1的 **Screen1.Initialize** 事件，並加入以下內容：
  * 新增一個**if**判斷式，判斷式為List的 **is a list?** 指令，thing 欄位使用 TinyDB1 的 **TinyDB1.GetValue**指令（tag欄位為" score" 文字）。
  * 在條件滿足的then區塊中，將 **score_list** 清單變數值設為TinyDB1 的**TinyDB1. GetValue**指令，tag欄位為" score" 文字。
- 呼叫**ShowMemoVertically**副程式。

在每次啟動程式時，我們希望把資料庫中標籤為score的資料顯示在畫面上。由於當資料庫無資料時，它會回傳 **TinyDB1.GetValue** 指令的**valueTgNotThere** 欄位值，在此為空字串而非清單型態，這樣就無法將空字串寫入**score_list**清單變數中，因為資料型態不符，會造成程式發生例外而強制跳出。因此我們多加了一個 if 判斷式藉由 **is a list?** 指令來檢查取出資料是否為清單，如果符合才將這筆資料寫入**score_list**清單變數中。最後再呼叫**ShowMemoVertically**副程式將資料顯示在畫面上，感受到副程式帶來的便利了嗎？

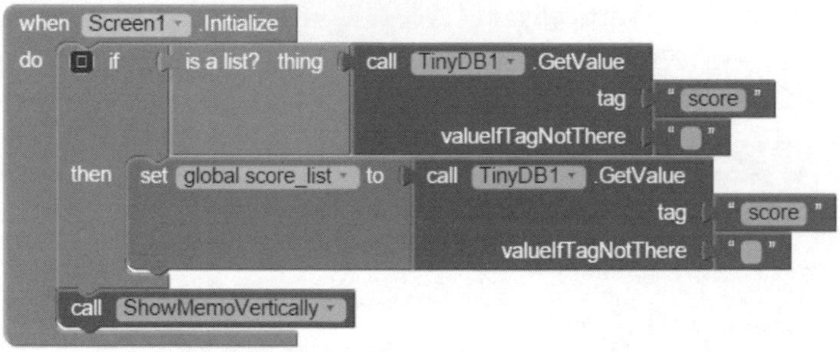

圖9-23 程式初始化時抓出所有資料

<STEP4> *輸入單筆成績*

點擊「**輸入**」按鈕時，會先將使用者輸入的值寫入score_list 清單變數之後再寫入 TinyDB資料庫。請依序操作：

- 新增 Button_INPUT 的**Button_INPUT.Click**事件，在其中新增以下內容：
  * 新增一個 if 判斷式，判斷式為Math 的 **is a number ?**指令去判斷 **TextBox1.Text**

是否為數字。

* 在條件滿足的 **then** 區塊中，加入以下內容：
   ◆ 使用List 的 **insert list item** 指令，list 欄位為 **score_list** 清單變數，index 欄位為 **index** 變數值，item 欄位為 **TextBox1.Text** 參數。
   ◆ 呼叫 **ShowMemoVertically** 副程式。
   ◆ 使用 TinyDB1 的 **TinyDB1.StoreValue**指令，tag 欄位為"**score**"文字，valueToStore 欄位為**score_list** 清單變數。
   ◆ **TextBox1.Text** 設為空字串。

為了避免使用者輸入非數值的內容造成之後計算平均錯誤，在此使用**is a number ?** 指令來檢查，或者您可以勾選 TextBox 的 **NumbersOnly** 欄位也有同樣的效果。

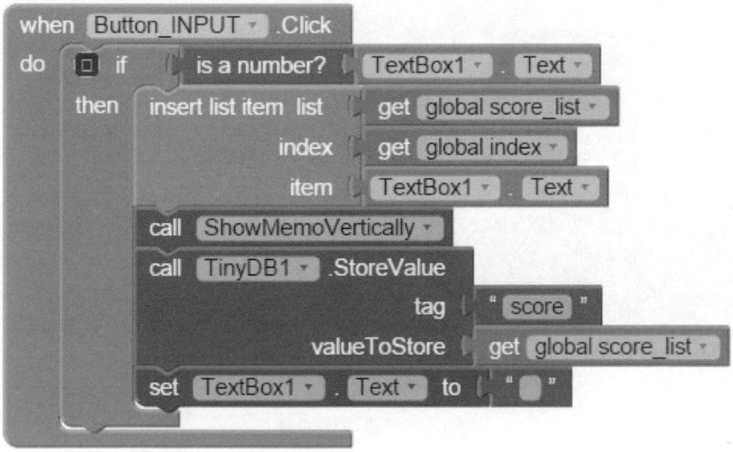

圖 9-24 輸入單筆成績

<STEP5> 計算平均成績

平均成績的計算方式就是所有資料數值相加之後除以資料筆數。請依序操作：

· 新增 Button_AVG 的 **Button_AVG.Click**事件，在其中新增以下內容：
   * **sum** 變數值設為數字 **0**。

* 新增一個 **for each item in list** 迴圈，**item** 事件變數名稱在此改為 **var**，list 欄位為**score_list** 清單變數。在其中將 **sum** 變數值設為**sum** 變數值與 **var** 事件變數值的和。

* 新增**if** 判斷式，判斷式為「**ndex變數值 > 1**」。在條件滿足的 **then** 區塊中，加入以下內容：

* 使用 Label1 的 **set Label1.Text**指令，使用 **join** 指令組合兩個項目："平均成績："與**sum**變數值 /（**index**變數值 -1）。

　　按下按鈕時，透過 for each 迴圈把 **score_list** 清單的內容依序抓出來與 **sum** 變數累加，執行完畢之後 **sum** 變數就是所有成績的總和了。接著只有在 index變數值大於1的情況下（代表有輸入成績）才計算平均，避免在沒有資料的情況下就計算平均，這樣平均當然就是0啦！

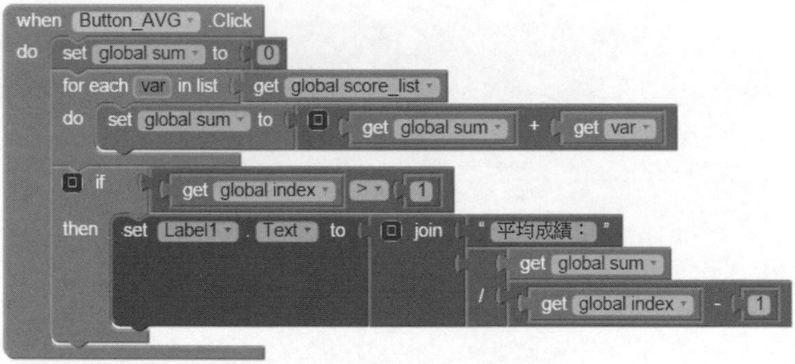

圖 9-25 計算平均成績

<STEP6> 清除資料庫內容

　　比照<EX9-1>，我們一樣加入清除資料庫所有內容的功能，日後您要正常使用的話，記得把 **TinyDB.ClearAll** 指令刪除，不然辛辛苦苦輸入的成績就不見啦！請依序操作：

· 新增 Button_CLEAR 的 **Button_CLEAR.Click**事件，在其中新增以下內容：

* 使用TinyDB1 的 **TinyDB1.ClearAll**指令。

* **score_list** 清單內容使用 List 的 **create empty list** 指令來清空。

* 呼叫 **ShowMemoVertically** 副程式。
* 使用 Screen1 的 **set Screen.Title** 指令，to欄位為 **"資料庫已清空"**。

圖 **9-26** 清除所有資料

9-4-3 操作

　程式執行時，請依序輸入**100**、**80**、**90**等三筆資料後，畫面會如圖9-27所示。

　而按下「求平均」按鈕時，會把這三筆資料的平均值顯示在畫面上，如圖9-28。最後也可以按下「資料清除」按鈕來清除資料庫所有內容，並會顯示確認訊息與畫面上方的狀態列，如圖9-29。請注意，在模擬器上執行本範例時，由於是屬於同步而非安裝程式，因此每次啟動都是初始化一個新的 TinyDB 元件，因此**ShowMemoVertically**副程式就抓不到任何資料了，但如果下載到實體Android裝置則不會發生這個狀況。

圖 9-27 輸入單筆成績　　　圖 9-28 求出平均成績　　　圖 9-29 清空資料庫內容

資料庫與網路資料庫

9-5 總結

　　如果您需要資料能夠永久保存的話，就需要用到 TinyDB 元件，這是一個簡易的本機端資料庫，讓您可以讀寫資料。另一方面，App Inventor 也提供了 TinyWebDB 元件，讓您可以將資料儲存於網路端。這是與 Google Application Engine 服務來結合。您很容易就能將應用程式上傳到網路伺服器上，並且有 500MB 的儲存空間和每個月 500 萬次的網頁瀏覽數。當然，它是免費的。Google 的應用程式服務引擎加上 App Inventor 的 TinyWebDB 元件，讓開發網路應用程式變得相當簡單。阿吉老師在 2013 年騎機車環島的時候，就寫了一隻小程式每 30 分鐘把手機的 GPS 座標上傳到 TinyWebDB，輕鬆就完成了環島日記呢。相信您在讀過本章後，對於往後開發類似網路應用程式的創意更能揮灑自如。

　　本書到此告一段落，希望您喜歡我們提供的內容。更多內容請您時常關注 App Inventor 中文學習網（http://www.appinventor.tw），我們會不定期在上面分享新的題目和程式碼喔！

9-6 實力評量

1、（ ）當資料被存放在TinyWebDB網路伺服器上時，所記錄的時間要在加8小時才是台灣的標準時間。

2、（ ）不管是TinyDB還是TinyWebDB，只要存放的資料型態不同，標籤名稱相同也不會發生覆蓋資料的情形。

3、（ ）當執行到 **TinyWebDB.GetValue** 指令時就會馬上呼叫GotValue事件。

4、（ ）請依照9-3節，自行架設一個TinyWebDB網路資料庫。

5、（ ）請修改 <EX9-1>，請加入取得單筆資料的功能。

6、（ ）請修改 <EX9-2>，在tb_memo 內所顯示的內容都是由時間上的近到遠來排序，請修改為要如何寫才能由時間上的遠到近來呈現呢？

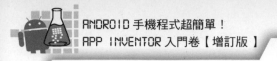

﹛附錄 A﹜
App Inventor 指令說明：
Built in 指令集

A-1 Control 控制指令區

if、if/else 與 if/else if…
for each（number）
for each（item）in list
while
if/else（呼叫型）
do
evaluate but ignore
open another screen
open another screen with start value
get start value
close screen
close screen with value
close application
get plain start text
close screen with plain text

名稱	圖形	功能
if、if/else 與 if/else if…		測試指定條件if，若為true則執行以下動作，反之則跳過此段。 請不要忽視左上角那個藍色小方塊，神奇的地方在這裡，它整合了if/else與if/else if等...功能。請點選藍色小色塊即可自行製作各種判斷結構。
for each（number）		根據指定範圍之整數個數來決定do的執行次數，可自由設定每次累加的數值by。您可使用number變數名稱來取得它的值。

for each （**item**）**in list**	for each item in list do	根據 list 清單個數來決定 do 的執行次數，您可使用 item 變數名稱來取得它的值。
while	while test do	測試條件 test。若為 true 則重複執行 do 中的動作，反之則結束此段。
if/else （呼叫型）	if then else	直接把 if/else 當作指令來呼叫。若為 true 則執行 then 區塊內容，反之則則執行 else 區塊內容。
do	do result	您可以將本指令當作 procedures 的代替品，在 do 區塊中放入您所要執行的指令，還可以回傳一個 result。
evaluate but **ignore**	evaluate but ignore result	您可以將本指令當作轉接頭來使用。把要執行的指令接在右邊，要呼叫副程式或是 if/else 都可以。您所在 resalt 欄位填入的指令都會執行，但回傳值會自動被忽略，這在某些情況下可能正好符合您的需求（有時候不一定允許回傳值）。
open another **screen**	open another screen screenName	啟動另一個畫面，填入要啟動的畫面名稱即可。

Open another screen with start value	open another screen with start value screenName startValue	啟動另一個畫面，填入要啟動的畫面名稱即可。您可藉由本指令將 A 畫面的某些計算結果傳給 B 畫面。
get start value	get start value	取得當現在畫面啟動時所接收到的 value。
close screen	close screen	關閉現在的畫面。
close screen with value	close screen with value result	關閉螢幕，並指定回傳結果 result。
close application	close application	結束程式。
get plain start text	get plain start text	當現在畫面被啟動時，取得呼叫端所傳來的純文字內容。如果沒有值的話，本指令結果為空字串。如果您的 app 有多個畫面時，請使用 get start value 指令而非本指令。
close screen with plain text	close screen with plain text text	關閉現在的畫面並傳送一個純文字內容給呼叫端。如果您的 app 有多個畫面，請使用 close screen with value 指令而非本指令。

A-2 Logic 邏輯指令區

true
false
not
=與!=
and
or

名稱	圖形	功能
true	true ▾	布林常數的真(true)。用來設定元件的布林(boolean)屬性值,或用來表示某種狀況是否成立。
false	false ▾	布林常數的假(false)。用來設定元件的布林屬性值,或用來表示某種狀況是否不成立。
not	not	邏輯運算的 not。輸入 true 或條件判斷為 true 則回傳 false,反之回傳 true。
=與!=	= ▾	綜合性邏輯相等運算符。可判斷數字、字串與清單的相等或不相等。例如: · 兩個數字是否相等(例如:1=1.0)。 · 兩個字串是否相等,包括大小寫。例如 banana 不等於 Banana。 · 若兩個清單的長度相同且對應元件相等時,則回傳 true。

以下兩個指令位於同一選單中。

名稱	圖形	功能
and		測試是否所有的敘述皆為真。若任一條件不成立則回傳 false，全部條件皆成立則回傳 ture。若無任何條件時則回傳 true。
or		測試所有敘述中是否至少有一者為真。測試順序由上到下，測試過程中若任一條件成立則回傳 ture。若無任何條件則回傳 false。

A-3 Math 數學指令區

number	**log**
=	**exp**
+	**round**
-	**ceiling**
x	**floor**
/	**modulo**
^	**remainder**
random integer	**quotient**
random fraction	**sin（三角函數）**
random set seed	**atan2**
min/max	**convert radians to degrees**
sqrt	**convert degrees toradians**
abs	**format as decimal**
-（negate）	**is a number?**

名稱	圖形	功能
number		指定一個數字常數。

以下六個指令位於同一選單中（=、!=、<、<=、>、>=）。

名稱	圖形	功能
=		比較兩個指定數字的等於、不等於、小於、小於等於、大於與大於等於關係。如果滿足回傳 true，否則回傳 false。
+		回傳兩個指定數字的和。
-		回傳兩個指定數字的差。
x		回傳兩個指定數字的乘積。
/		回傳前者除以後者的商。例如，1 除以 3 為 0.3333。
∧		回傳 a 的 b 次方，例如 2 ˆ 3 = 8

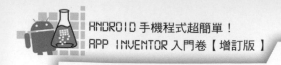
random integer	random integer from 1 to 100	回傳一個介於指定數字之間的隨機整數，包含上限（to）與下限（from）。參數由小到大或由大到小不會影響計算結果。
random fraction	random fraction	回傳一個介於 0 和 1 之間的隨機小數。
random set seed	random set seed to	產生可重複的隨機數序列。您可設定 seed 來產生相同序列的隨機數。這在測試會用到隨機數的程式中非常好用。
min/max	min	回傳指定數字中最小／最大者。

以下八個指令位於同一選單中（sqrt、abs、neg、log、e^、round、ceiling、floor）。

sqrt	sqrt	回傳指定數字的平方根。
abs	abs	回傳指定數字的絕對值。
-（negate）	neg	回傳指定數字的相反數
log	log	回傳指定數字的對數運算結果。

名稱	圖形	功能
exp	e^	回傳 e（2.71828...）的指定次方運算結果。
round	round	回傳指定數字四捨五入到整數位的運算結果。
ceiling	ceiling	回傳指定數字無條件進位到整數位的運算結果。
floor	floor	回傳指定數字無條件捨去到整數位的運算結果。

以下三個指令位於同一選單中。

名稱	圖形	功能
modulo	modulo of ÷ ✓ modulo remainder quotient	當指定數字皆為正數時，Modulo（a,b）計算結果與 remainder（a,b）相同。一般公式如下：對所有a與b而言，（floor（a/b）×b）+modulo（a,b）=a。例如modulo（11,5）為1；modulo（-11,5）為4；modulo（11,-5）為-4；modulo（-11, -5）為-1。Modulo（a,b）永遠與b同號，但remainder（a,b）則永遠與a同號。
remainder		remainder（a,b）指令可回傳第一個數a除以第二個數b的餘數（remainder）。例如For example, remainder（11,5）為1；remainder（-11,5）為-1；remainder（11,-5）為1；remainder（-11,-5）為-1。
quotient		quotient（a,b）指令回傳第一個數 a 除以第二個數 b 的商，但只取整數部分，小數點以後忽略不計。

以下六個指令位於同一選單中（sin、cos、tan、asin、acos、atan）。

名稱	圖形	功能
sin cos tan asin acos atan		回傳指定數字的三角函數運算結果。
atan2		回傳 y/x 的反正切函數值。

以下兩個指令位於同一選單中。

名稱	圖形	功能
convert radians to degrees	convert radians to degrees ▾	將弧度轉換為角度。
convert degrees to radians	convert degrees to radians ▾	將角度轉換為弧度。
format as decimal	format as decimal number places	將原數字轉換為指定位數之小數。指定小數位數不能為負數。若原小數位數過多則四捨五入，反之則補 0。
is a number?	is a number?	指定物件如果為數字，回傳 true，反之回傳 false。

A-4 Text文字指令區

text

join

length

is empty

compare texts（<、>、=）

trim

upcase/downcase

starts at

contains

split at first

split at first of any

split

split at any

split at spaces

segment

replace all

名稱	圖形	功能
text		指定一個文字常數。
join	join	將兩個指定字串合成一個新字串。對於此指令，數字也被視為字串。例如：用 join 指令來合成 1+1 及 2×3 則回傳 26（組合 2 和 6）。
length	length	回傳指定字串的長度。
is empty	is empty	檢查指定字串是否為空。

以下三個指令位於同一指令之選單中 compare texts（<、>、=）。

名稱	圖形	功能
compare texts （<、>、=）	compare texts <	回傳第一個字串 text1 在字母排列上與第二個字串 text2 之小於、大於或等於之結果。若兩者的第一個字母相同則比較字串長度。大寫字母比小寫字母優先。 · 等於：回傳第一個字串 text1 與第二個字串 text2 是否相等。 請注意如果要比較的字串中含有數字，則數學上的 = 與字串上的 text= 結果是不一樣的。如果兩個 textbox，其中一個內容為 123，另一個是 0123，則數學上的比較結果為相等，但字串比較結果則不相等。 · 大於：回傳第一個字串 text1 是否在字母排列上比第二個字串 text2 大。若兩者的第一個字母相同則比較字串長度。大寫字母比小寫字母優先。 · 小於：回傳第一個字串 text1 是否在字母排列上比第二個字串 text2 小。

名稱	圖形	功能
trim	trim	刪除指定字串的頭尾空格。

以下兩個指令位於同一指令之選單中。

名稱	圖形	功能
upcase/ downcase	upcase ▼ ✓ upcase downcase	將指定字串全部轉為大寫 / 小寫。
starts at	starts at text piece	回傳指定子字串在指定字串中的位置，找不到則回傳 0。例如字串"ana"在"Havana"中的位置為4。 　　請注意！在一般程式設計語言中，陣列的第一個元素編號為0，但AppInventor中的第一個元素編號為1。

名稱	圖形	功能
contains	contains text piece	若指定子字串出現在指定字串中則回傳 ture，反之則回傳 false。

以下四個指令位於同一指令之選單中。

名稱	圖形	功能
split at first	split at first ▾ text / at	將字串從指定分割點（at）第一次出現的地方分成兩個子字串，並回傳一個包含這兩個子字串的清單，一個是從原字串第一個字母到分割點前一個字母，另一個則是分割點後一個字母到原字串結尾。例如將字串 "apple,banana,cherry,dogfood" 使用逗號 "," 來分割，回傳結果會是兩個子字串：第一個子字串為 "apple"，第二個子字串為 "banana,cherry,dogfood" 請注意逗號 "," 這個分割點不包含在任何一個子字串中。
split at first of any	split at first of any ▾ text / at (list)	將字串從指定分割點（at）分割成兩個子字串，並回傳一個包含這兩個子字串的清單。
split	split ▾ text / at	將字串從指定分割點切割，並以清單回傳切割結果。例如將字串 "one,two,three,four" 從逗號 "," 分割的結果是（one two three four）這個清單。將字串 "one-potato,two-potato,three-potato,four" 從 "at-potato" 分割的結果是（one two three four）這個清單。
split at any	split at any ▾ text / at (list)	將字串從清單項目（at）來切割，意即使用清單項目來切割字串，並回傳結果。例如將字串 "appleberry,banana,cherry,dogfoodwith" 以一個具有兩個項目的清單來切割，第一個項目為逗號 ","，第二個項目為 "rry"，切割結果為（applebe banana che dogfood）這個清單。

名稱	圖形	功能
split at spaces	split at spaces	將指定字串在所有空格處分開，以清單輸出結果。

segment		將原字串從指定位置 start 開始並指定長度 length 後產生子字串。
replace all		將原字串以新的子字串取代後回傳新的字串。

A-5 List 清單指令區

create empty list	replace list item
make a list	remove list item
add items to list	append to list
is in list?	copy list
length of list	is a list?
is list empty?	list to csv row
index in list	list to csv table
pick random item	list from csv row
select list item	list from csv table
insert list item	lookup in pairs

名稱	圖形	功能
create empty list		產生一個空的清單。請點選藍色方塊來調整要插入的 item 數量。

make a list		新增一個清單，並自行指定其元素（item）。若您未指定任何元素，則此為一空清單，您可以之後再加入元素。請點選藍色方塊來調整要插入的 item 數量。
add items to list		將指定內容 item 接在指定清單的最後面。本指令與 append to list 指令的差別在於 append to list 指令是將兩個清單組起來，而 add items to list 指令是將要新增的內容當作個別參數來操作。請點選藍色方塊來調整要插入的 item 數量。
is in list?	is in list? thing list	若指定內容 thing 存在於清單中回傳 true，反之回傳 false。注意：若一清單中含有子清單，則子清單的元素不包含在原清單中。例如清單（1 2（3 4））的元素為 1、2 以及子清單（3 4）；單獨的數字 3 或 4 並非這個 list 的元素。
length of list	length of list list	回傳清單的長度，也就是元素數目。
is list empty?	is list empty? list	如果清單為空，回傳 true；反之回傳 false。
pick random item	pick a random item list	從清單中隨機取得任一項目。
index in list	index in list thing list	回傳指定項目 thing 於清單中的位置編號。
select list item	select list item list index	取得清單 list 的指定位置 index 元素內容，第一個清單元素位置為 1。

insert list item	insert list item list index item	將指定內容 item 插入清單的指定位置。
replace list item	replace list item list index replacement	將清單的指定位置元素以新的內容 replacement 取代。
remove list item	remove list item list index	從清單中刪除指定位置的元素。
append to list	append to list list1 list2	將第一個清單 list1 與第二個清單 list2 組成一個新的清單。
copy list	copy list list	複製清單，如果清單包含子清單也會一併複製。
is a list?	is a list? thing	如果指定內容格式為清單，回傳 true；反之回傳 false。
list to csv row	list to csv row list	將清單轉換為 CSV 表格中的列 row，並以 CSV（comma-separated value）格式回傳。Row 中的每一個項目就是一個欄位（field）。回傳的文件結尾不會包含換行符號。
list to csv table	list to csv table list	將清單以列優先的方式轉換為CSV表格，並以CSV格式回傳。回傳清單中的項目是另一個清單，代表CSV表格中的列，每列中的項目則是該列的欄位。列中的項目是以逗號分隔，列彼此之間則是以CRLF（\r\n）符號分隔。

list from csv row	list from csv row ▸ text	將CSV文件中的列解析並回傳一個清單，清單內容就是該列的各個欄位。不同的列將以\n或 CRLF（\r\n）符號來區隔。如果列中的文字是以新的一列或是CRLF符號結束，這樣的語法是允許的。
list from csv table	list from csv table ▸ text	將CSV表格解析並回傳一個清單，清單內容代表不同的列（再包含不同的欄位）。不同列將以\n或 CRLF（\r\n）符號來區隔。
lookup in pairs	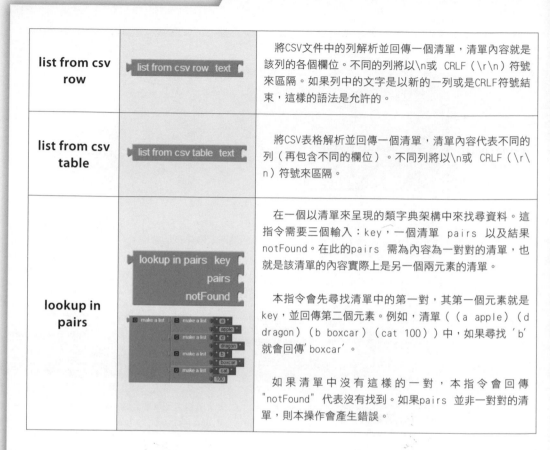	在一個以清單來呈現的類字典架構中來找尋資料。這指令需要三個輸入：key，一個清單 pairs 以及結果 notFound。在此的pairs 需為內容為一對對的清單，也就是該清單的內容實際上是另一個兩元素的清單。 本指令會先尋找清單中的第一對，其第一個元素就是 key，並回傳第二個元素。例如，清單（（a apple）（d dragon）（b boxcar）（cat 100））中，如果尋找 'b' 就會回傳 'boxcar'。 如果清單中沒有這樣的一對，本指令會回傳 "notFound" 代表沒有找到。如果pairs 並非一對對的清單，則本操作會產生錯誤。

A-6 Color 顏色指令區

basic color blocks
make color
split color

名稱	圖形	功能
basic color blocks		基礎顏色指令，一個直接可看到顏色的小方塊，就直接代表了該指令的顏色。 　當您點擊方塊中央的顏色時，會有一個包含了 70 種顏色快顯視窗，供您自由選擇。點擊新顏色之後，原本的顏色就被換掉了。
make color		make color 指令接受的參數格式為一個 3 或 4 個元素的數字清單。清單中的數字就為 RGB 碼，也就是在網路上產生顏色的格式。三個數字分別代表了紅、綠與藍色的強度。第四個數字可加可不加，代表是透明度（alpha，α）。alpha 預設值為 100。您可調整各參數來看看顏色變化的效果。
split color		本指令功能與 make color 相反。它會將顏色（顏色方塊、包含顏色的變數或某個元件的顏色屬性）拆開，並回傳一個包含該顏色 RGB 與透明值的清單。

A-7 Variables 變數指令區

initial global（name）to

get

set

initialize local（name）to in（do）

initialize local（name）to in（return）

名稱	圖形	功能
initial global（name）to	initialize global `name` to	本指令是用來宣告一個全域（global）變數，後面的欄位可自由使用各種資料形態。點擊（name）就可以更改這個全域變數的名稱。全域變數可用在程式中所有的副程式或是事件，也就是說本指令是獨立的。 您在程式執行時都可以自由修改全域變數值，且在程式的任何地方（包含副程式與事件）都可讀寫它。您可隨時修改本區域變數的值，任何參照到它的指令也會一併更新名稱。
get	get ▼	取得您已經宣告的變數值，請由下拉式選單來選擇您要的變數。
set	set ▼ to	修改您已經宣告的變數值，請由下拉式選單來選擇您要的變數，並在後方欄位填入您所要修改的新值。
initialize local（name）to in（do）	initialize local `name` to in	本指令可讓您新增一個只能用在某個副程式中的變數，也就是區域（local）變數。這樣一來每次該副程式被呼叫時，其中的所有（區域）變數都會以相同的值被初始化（initialize）一次。您可隨時修改本區域變數的值，任何參照到它的指令也會一併更新名稱。

initialize local（name） to in（return）		同上，只是多了回傳值欄位。

A-8 Procedure副程式指令區

procedure do
procedure result（有回傳值）

名稱	圖形	功能
procedure do	to procedure do	將多個指令集合在一起，之後可透過呼叫該副程式來使用這些指令。 當建立一個新的副程式時，App Inventor 會自動幫它取名為 procedure，您也可以點選它之後自行改成您所需要的名稱。 在一個程式中的副程式名稱必須是唯一的，App Inventor 不允許在同一個程式中有兩個名稱相同的副程式。您可點選副程式上的標籤來將其重新命名。App Inventor 會自動調整對應的呼叫指令名稱。
procedure result （有回傳值）	to procedure result	本指令與副程式指令相同，但使用時會回傳一個結果（result）。當本程序執行完畢後會回傳 return 欄位。

{附錄 B}
App Inventor 指令說明：
MyBlocks 自訂元件

B-1 User Interface 使用者介面元件

Button 按鈕   **PasswordTextBox** 密碼輸入

CheckBox 檢查方塊   **Slider** 拖動條

DatePicker 日期選取元件   **Spinner** 下拉式選單

Image 圖片   **Screen** 螢幕元件

Lable 標籤   **TextBox** 文字輸入

ListPicker 清單選取器   **TimePicker** 時間選取器

ListView 清單檢視元件   **WebViewer** 瀏覽網頁

Notifier 通知

功能
按鈕元件可在程式中設定特定的觸碰動作。按鈕可知道使用者是否正在按它。您可自由調整按鈕的各種外觀屬性，或使用 Enabled 屬性決定按鈕是否可以被點擊。

屬性

**Button
按鈕**

BackgroundColor

Button1.BackgroundColor ：取得按鈕的背景顏色。

set Button1.BackgroundColor ：設定按鈕的背景顏色。

[Button1 ▾] . [BackgroundColor ▾]

set [Button1 ▾] . [BackgroundColor ▾] to

Enabled

如果本項屬性設定為真，則按鈕可被點選，反之則無法點選。

Button1.Enabled：取得按鈕現在是否可點選（boolean）。

set Button1.Enabled：設定按鈕為可 / 不可點選。

[Button1 ▾] . [Enabled ▾]

set [Button1 ▾] . [Enabled ▾] to

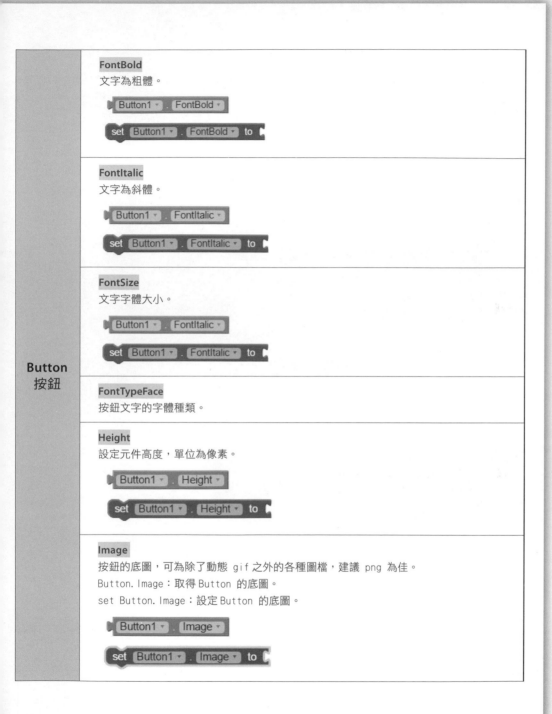

FontBold

文字為粗體。

FontItalic

文字為斜體。

FontSize

文字字體大小。

Button
按鈕

FontTypeFace

按鈕文字的字體種類。

Height

設定元件高度，單位為像素。

Image

按鈕的底圖，可為除了動態 gif 之外的各種圖檔，建議 png 為佳。

Button.Image：取得 Button 的底圖。

set Button.Image：設定 Button 的底圖。

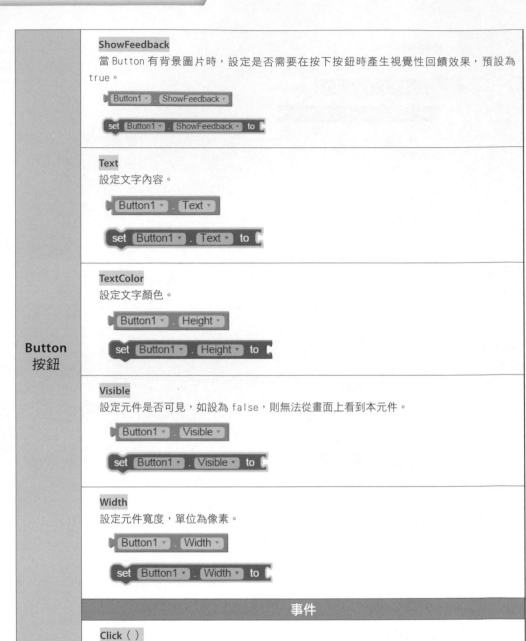

**Button
按鈕**

ShowFeedback

當 Button 有背景圖片時，設定是否需要在按下按鈕時產生視覺性回饋效果，預設為 true。

Button1 . ShowFeedback

set Button1 . ShowFeedback to

Text

設定文字內容。

Button1 . Text

set Button1 . Text to

TextColor

設定文字顏色。

Button1 . Height

set Button1 . Height to

Visible

設定元件是否可見，如設為 false，則無法從畫面上看到本元件。

Button1 . Visible

set Button1 . Visible to

Width

設定元件寬度，單位為像素。

Button1 . Width

set Button1 . Width to

事件

Click（）

when Button.Click：當使用者點擊並放開按鈕時，執行 do 區塊中的指令。

when Button1 .Click
do

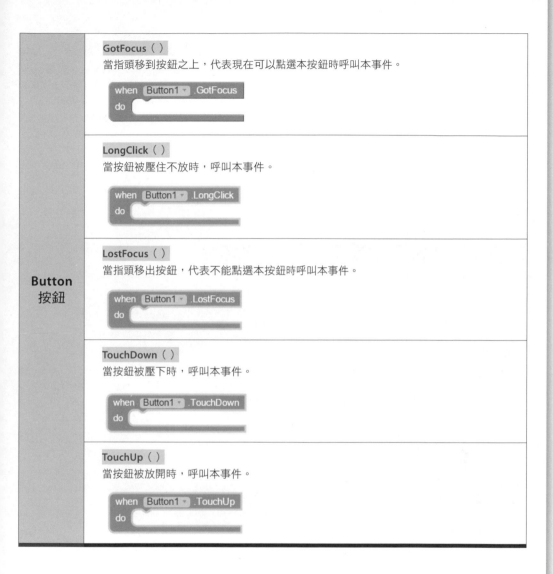

GotFocus（）

當指頭移到按鈕之上，代表現在可以點選本按鈕時呼叫本事件。

when Button1 ▾ .GotFocus
do

LongClick（）

當按鈕被壓住不放時，呼叫本事件。

when Button1 ▾ .LongClick
do

LostFocus（）

當指頭移出按鈕，代表不能點選本按鈕時呼叫本事件。

when Button1 ▾ .LostFocus
do

TouchDown（）

當按鈕被壓下時，呼叫本事件。

when Button1 ▾ .TouchDown
do

TouchUp（）

當按鈕被放開時，呼叫本事件。

when Button1 ▾ .TouchUp
do

Button
按鈕

功能
Checkbox 元件可以檢查使用者是否點選了它並以一個布林狀態來代表自己是否被點選。當使用者點選 Checkbox 元件會呼叫一事件來處理後續動作。我們可以在 Designer 或 Blocks 選單中設定，有許多屬性可以改變 Checkbox 元件的外觀。
屬性

Checkbox
檢查方塊

BackgroundColor

設定畫布背景顏色。

CheckBox1.BackgroundColor: 取得 CheckBox 背景顏色

setCheckBox1.BackgroundColor: 設定 CheckBox 背景顏色

CheckBox1 . BackgroundColor

set CheckBox1 . BackgroundColor to

Checked

本項如果為真，代表使用者已點選本 CheckBox 元件。

CheckBox1.Checkd: 取得現在 CheckBox 是否勾選

setCheckBox1.Checkd: 設定 CheckBox 為勾選 / 不勾選

CheckBox1 . Checked

set CheckBox1 . Checked to

Enabled

如果設定為真，則可使用本元件。

CheckBox1.Enable: 取得 CheckBox 現在是否可勾選（boolean）

setCheckBox1.Enable: 設定 CheckBox 為可 / 不可勾選

CheckBox1 . Enabled

set CheckBox1 . Enabled to

Height

元件高度（y 軸像素）。

CheckBox1.Height: 取得 CheckBox 現在高度（integer）

setCheckBox1.Height: 設定 CheckBox 高度

CheckBox1 . Height

set CheckBox1 . Height to

Width

元件寬度（x 軸像素）。

CheckBox1.Width: 取得 CheckBox 現在寬度（integer）。

set CheckBox1.Width: 設定 CheckBox 寬度。

CheckBox1 ▾ . Width ▾

set CheckBox1 ▾ . Width ▾ to

Text

CheckBox 元件表面的文字，資料型態為 text。

CheckBox1.Text ：取得 CheckBox 的文字內容。

set CheckBox1.Text ：設定 CheckBox 的文字內容。

CheckBox1 ▾ . Text ▾

set CheckBox1 ▾ . Text ▾ to

Checkbox
檢查方塊

TextColor

設定文字顏色。

set CheckBox1.TextColor：設定 CheckBox 的文字顏色。

CheckBox1.TextColor：取得 CheckBox 現在的文字顏色。

CheckBox1 ▾ . TextColor ▾

set CheckBox1 ▾ . TextColor ▾ to

Visible

本項需設為真，才能在螢幕上看到本元件。

CheckBox1.Visible：取得 CheckBox 現在是否可被看見（boolean）。

set CheckBox1.Visible：設定 CheckBox 為可 / 不可被看見。

CheckBox1 ▾ . Visible ▾

set CheckBox1 ▾ . Visible ▾ to

附錄

MyBlocks 自訂元件

247

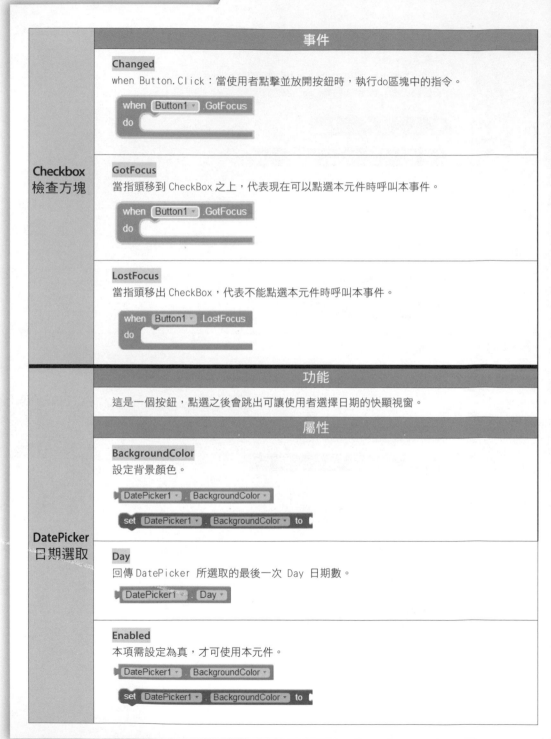

事件

Changed

when Button.Click：當使用者點擊並放開按鈕時，執行do區塊中的指令。

| when | Button1 ▾ | .GotFocus |
| do | | |

**Checkbox
檢查方塊**

GotFocus

當指頭移到 CheckBox 之上，代表現在可以點選本元件時呼叫本事件。

| when | Button1 ▾ | .GotFocus |
| do | | |

LostFocus

當指頭移出 CheckBox，代表不能點選本元件時呼叫本事件。

| when | Button1 ▾ | .LostFocus |
| do | | |

功能

這是一個按鈕，點選之後會跳出可讓使用者選擇日期的快顯視窗。

屬性

BackgroundColor

設定背景顏色。

DatePicker1 ▾ . BackgroundColor ▾

set DatePicker1 ▾ . BackgroundColor ▾ to

**DatePicker
日期選取**

Day

回傳 DatePicker 所選取的最後一次 Day 日期數。

DatePicker1 ▾ . Day ▾

Enabled

本項需設定為真，才可使用本元件。

DatePicker1 ▾ . BackgroundColor ▾

set DatePicker1 ▾ . BackgroundColor ▾ to

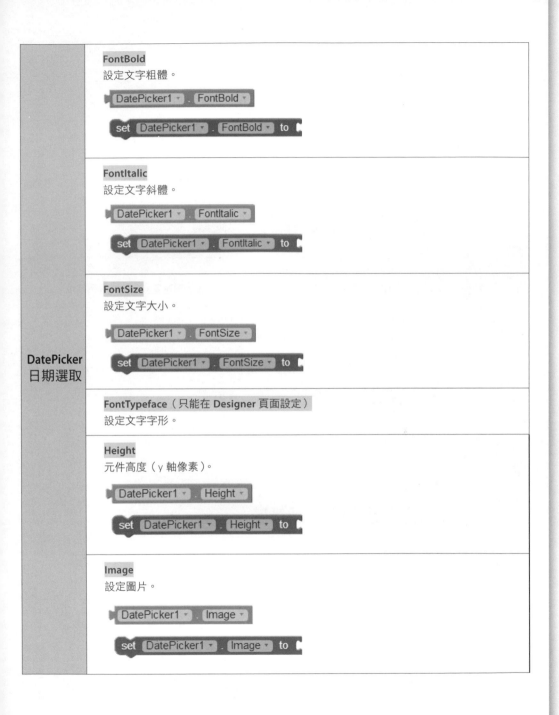

FontBold
設定文字粗體。

FontItalic
設定文字斜體。

FontSize
設定文字大小。

FontTypeface（只能在 Designer 頁面設定）
設定文字字形。

Height
元件高度（y 軸像素）。

Image
設定圖片。

DatePicker
日期選取

附錄 8

MyBlocks 自訂元件

DatePicker
日期選取

Month

回傳 DatePicke 所選取的最後一次 Month 月數。請注意 1 代表一月，2 代表二月……12 代表十二月。

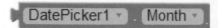

MonthInText

回傳 DatePicke 所選取的最後一次月份名稱，資料型態為文字。

Shape（只能在 **Designer** 頁面設定）

設定按鈕的形狀（預設、圓形、矩形、橢圓形）。如果有顯示圖片則形狀皆為預設。

ShowFeedback

設定當按下按鈕時，是否會有視覺性回饋效果（背景圖案）。

Text

設定顯示文字。

DataPicker Text

TextAlignment（只能在 Designer 頁面設定）。
文字對齊方式（左、中、右）。

TextColor

設定文字顏色。

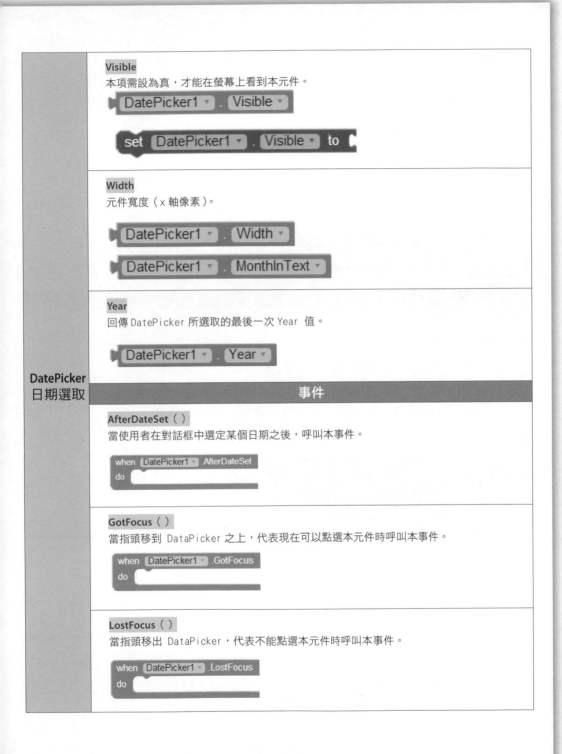

Visible

本項需設為真，才能在螢幕上看到本元件。

Width

元件寬度（x 軸像素）。

Year

回傳 DatePicker 所選取的最後一次 Year 值。

DatePicker
日期選取

事件

AfterDateSet（）

當使用者在對話框中選定某個日期之後，呼叫本事件。

GotFocus（）

當指頭移到 DataPicker 之上，代表現在可以點選本元件時呼叫本事件。

LostFocus（）

當指頭移出 DataPicker，代表不能點選本元件時呼叫本事件。

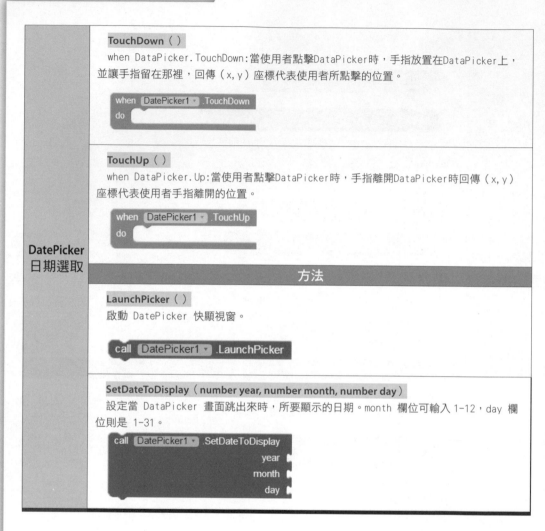

附錄

MyBlocks 自訂元件

功能
Image元件可用來顯示各種影像圖片,並可讓使用者點選或操作。 Image元件是用來顯示圖片的元件,您可以在Designer或Blocks Editor中指定該圖片的各種屬性。

屬性

Picture

要在本Image元件中顯示的圖片,可為除了動態gif之外的各種圖檔,建議png為佳。

Image1.Picture :取得 Image 的 底圖。

set Image1.Picture:設定 Image 的底圖。

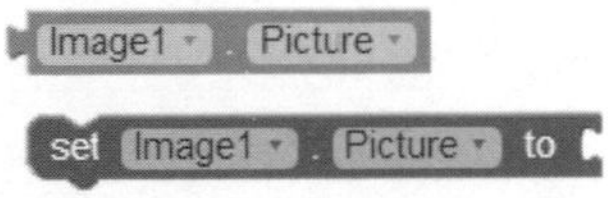

Image1 ▾ . Picture ▾

set Image1 ▾ . Picture ▾ to

Visible

本項需設為真,才能在螢幕上看到本元件。

Image1.Visible :取得 Image 現在是否可被看見 (boolean)。

set Image1.Visible:設定 Image 為可 / 不可被看見。

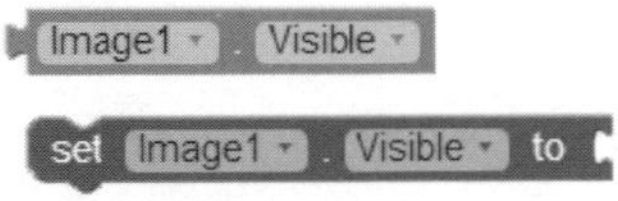

Image1 ▾ . Visible ▾

set Image1 ▾ . Visible ▾ to

Height

元件高度 (y 軸像素)。

Image1.Height: 取得 Image 現在高度 (integer)。

set Image1.Height: 設定 Image 高度。

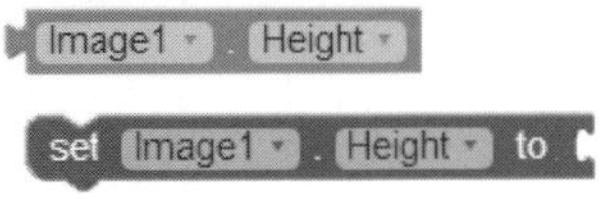

Image1 ▾ . Height ▾

set Image1 ▾ . Height ▾ to

Width

元件寬度 (x 軸像素)。

Image1.Width : 取得 Image 現在寬度 (integer)。

set Image1.Width : 設定 Image 寬度。

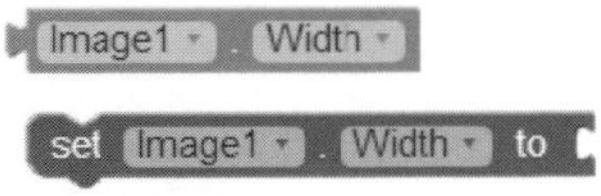

Image1 ▾ . Width ▾

set Image1 ▾ . Width ▾ to

Image
圖片

附錄

MyBlocks 自訂元件

<table>
<tr><th colspan="2">功能</th></tr>
</table>

功能
Label 元件可顯示在其 Text 屬性中所指定的文字，我們可以在 Designer 或 Blocks Editor 來調整文字的各種設定。

屬性

BackgroundColor

設定背景顏色。

Label1.BackgroundColor: 取得 Label 背景顏色。

set Label1.BackgroundColor: 設定 Label 背景顏色。

FontBold

設定文字粗體。

FontItalic

設定文字斜體。

FontSize

文字字體大小。

Label1.FontSize: 取得 Label 文字字體大小。

set Label1.FontSize: 設定 Label 文字字體大小。

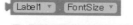

FontTypeface

設定文字字形。

Height

元件高度（y 軸像素）。

Label1.Height: 取得 Label 現在高度（integer）。

set Label1.Height: 設定 Label 高度。

Label
標籤

Label 標籤	**Width** 元件寬度（x 軸像素）。 Label1.Width: 取得 Label 現在寬度（integer）。 set Label1.Width: 設定 Label 寬度。 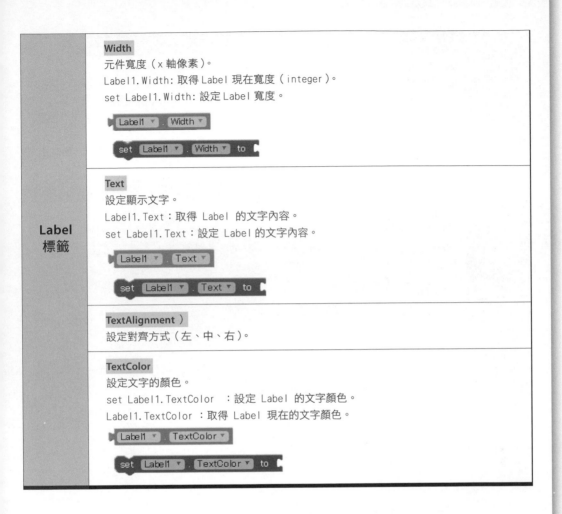 **Text** 設定顯示文字。 Label1.Text：取得 Label 的文字內容。 set Label1.Text：設定 Label 的文字內容。 **TextAlignment**） 設定對齊方式（左、中、右）。 **TextColor** 設定文字的顏色。 set Label1.TextColor ：設定 Label 的文字顏色。 Label1.TextColor ：取得 Label 現在的文字顏色。

附錄
b

MyBlocks 自訂元件

功能
使用者可點選ListPicker元件來選擇其中的某個項目，資料型態為字串陣列。 當使用者點選ListPicker元件時，它會顯示一串項目讓使用者來選取。ListPicker元件的項目可在Designer或Block Editor中設定ElementsFromString屬性，並以逗號分隔並排（例如：choice 1, choice 2, choice3……）。或在Blocks選單中將ListPicker元件的屬性指定為某個清單內容。 其他屬性，包括文字對齊和背景顏色皆會影響ListPicker元件的外觀，我們也可設定其是否可以被點選（Enabled）。

ListPicker
清單
選取器

屬性

Selection
選擇清單元素。
ListPicker1.Selection: 取得 ListPicker 的選擇清單元素。
set ListPicker1.Selection: 設定 ListPicker 的選擇清單元素。

ElementsFromString
set ListPicker1.ElementsFromString: 將清單內容指定為 ListPicker 元件的項目。

Enabled
本項需設定為真，才可使用本元件。
ListPicker1.Enabled: 取得 ListPicker 現在是否可使用（boolean）。
set ListPicker1.Enabled: 設定 ListPicker 為可／不可使用。

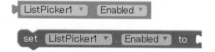

BackgroundColor
設定背景顏色。
ListPicker1.BackgroundColor: 取得 ListPicker 背景顏色。
set ListPicker1.BackgroundColor: 設定 ListPicker 背景顏色。

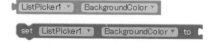

	FontBold 設定文字粗體。
	FontItalic 設定文字斜體。
	FontSize 設定文字大小。
	FontTypeface 設定文字字形。
ListPicker 清單 選取器	**Height** 元件高度（y 軸像素）。 ListPicker1.Height：取得 ListPicker 現在高度（integer）。 set ListPicker1.Height：設定 ListPicker 高度。 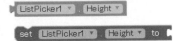
	Width 元件寬度（x 軸像素）。 ListPicker1.Width：取得 ListPicker 現在寬度（integer）。 set ListPicker1.Width：設定 ListPicker 寬度。 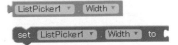
	Text 設定顯示文字。 ListPicker1.Text：取得 ListPicker 的文字內容。 set ListPicker1.Text：設定 ListPicker 的文字內容。 
	extAlignment 文字對齊方式（左、中、右）。

TextAlignment

文字對齊方式（左、中、右）。

TextColor

設定文字顏色。

ListPicker1.TextColor ： 取得 ListPicker 現在的文字顏色。

set ListPicker1.TextColor ： 設定 ListPicker 的文字顏色。

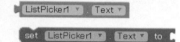

Visible

本項需設為真，才能在螢幕上看到本元件。

ListPicker1.Visible ： 取得 ListPicker 現在是否可被看見（boolean）。

set ListPicker1.Visible ： 設定 ListPicker 為可／不可被看見。

ListPicker
清單
選取器

事件

AfterPicking

When ListPicker1.AfterPicking: 使用者點選 ListPicker 中某項目完成後呼叫本事件。

BeforePicking

when ListPicker1.BeforePicking: 使用者點選 ListPicker，但還沒點選某項目時呼叫本事件。

GotFocus

當指頭移到 ListPicker 之上，代表現在可以點選本元件時呼叫本事件。

	LostFocus
ListPicker 清單 選取器	當指頭移出 ListPicker，代表不能點選本元件時呼叫本事件。 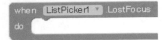

功能

清單檢視元件為可視元件，可在畫面上顯示一個由文字元素所組成的清單。該清單可用 ElementsFromString 欄位設定或在 Blocks 頁面中用 Elements 指令來設定其內容。

注意：如果您的 Screen 設定為可捲動（scrollable），則本元件將無法正確運作。

屬性

ListView
清單
檢視元件

Elements
設定文字元素來建立清單。

ElementsFromString
建立由一系列被逗號隔開的文字元素所組成的清單，例如（Cheese, Fruit, Bacon, Radish）。每個在逗號之前的單字都會視為清單中的一個元素。

set ListView1 . ElementsFromString to

Height
元件高度（y 軸像素）。

ListView1 . Height

set ListView1 . Height to

Selection
選擇清單元素。

ListView1 . Selection

set ListView1 . Selection to

SelectionIndex

使用者所選擇項目的索引號碼，由 1 開始。如果未選任何項目，則本值為 0。

如果要將本項目設為小於 1 或是大於 ListView 項目數量的數值的話，SelectionIndex 會被設為 0，且 Selection 會被設為一空白文字。

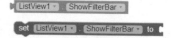

ShowFilterBar

設定 ShowFilterBar 是否可視。True 則可視，False 則隱藏。

Visible

本項需設為真，才能在螢幕上看到本元件。

Width

元件寬度（x 軸像素）。

**ListView
清單
檢視元件**

事件

AfterPicking（）

當使用者選取清單中某個元素之後，呼叫本事件。所選的元素內容就是 Selection 欄位。

功能

通知元件可在程式中顯示特定的警示訊息。通知可讓使用者與設計者知道程式是否發生變化或錯誤。您可自由調整通知的背景顏色與顯示的文字顏色。

**Notifier
通知**

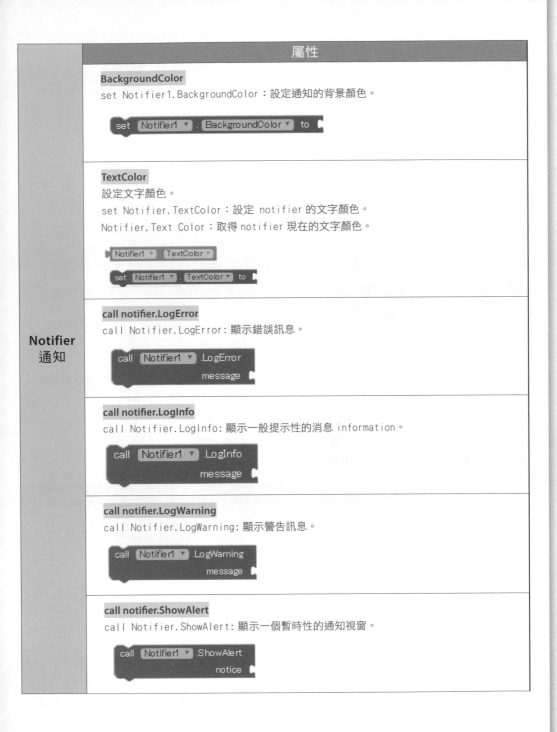

屬性	
Notifier 通知	**BackgroundColor** set Notifier1.BackgroundColor：設定通知的背景顏色。 **TextColor** 設定文字顏色。 set Notifier.TextColor：設定 notifier 的文字顏色。 Notifier.Text Color：取得 notifier 現在的文字顏色。 **call notifier.LogError** call Notifier.LogError：顯示錯誤訊息。 **call notifier.LogInfo** call Notifier.LogInfo：顯示一般提示性的消息 information。 **call notifier.LogWarning** call Notifier.LogWarning：顯示警告訊息。 **call notifier.ShowAlert** call Notifier.ShowAlert：顯示一個暫時性的通知視窗。

call notifier.ShowChooseDialog

call Notifier.ShowChooseDialog：顯示一個可以選擇的通知視窗，cancelable 表示是否會有 cancel 按鈕（boolean），當使用者按下選擇的按鈕，將會觸發 AfterChooseing（）的事件。

call notifier.ShowTextDialog

call Notifier.ShowTextDialog：顯示一個可以輸入文字的通知視窗，cancelable 表示是否會有 cancel 按鈕（boolean），當使用者輸入文字，將會觸發 AfterTextInput 事件。

call notifier.ShowMessageDialog

call Notifier.ShowMessageDialog：顯示一個只有一個按鈕的通知視窗，當使用者按下按鈕，將會關閉此通知。

**Notifier
通知**

事件

AfterChooseing

AfterChooseing：使用者點選 Notifier 中某按鈕完成後呼叫本事件。

AfetrTextInput

AfetrTextInput：使用者在 Notifier 中輸入文字完成後呼叫本事件。

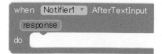

<table>
<tr><td colspan="2" align="center">功能</td></tr>
</table>

	功能

當使用者在PasswordTextBox元件中輸入密碼時，所有的輸入都會隱藏起來。

PasswordTextBox元件可說與TextBox元件完全一樣，只是會自動隱藏使用者的輸入內容。

我們可以藉由PasswordTextBox元件的Text屬性來存取其內容。如果Text屬性為空白，您可以使用Hint屬性來建議使用者應該輸入的內容。Hint屬性會以顏色較淡的文字顯示在PasswordTextBox元件中。

PasswordTextBox元件通常和按鈕元件搭配使用，使用者輸入密碼之後按下按鈕以執行後續動作。

屬性

BackgroundColor

設定背景顏色。

`PasswordTextBox1 . BackgroundColor`

`set PasswordTextBox1 . BackgroundColor to`

Password TextBox
密碼輸入

Enabled

本項需設定為真，才可使用本元件。

`PasswordTextBox1 . Enabled`

`set PasswordTextBox1 . Enabled to`

FontBold

設定文字粗體。

FontItalic

設定文字斜體。

FontSize

設定文字大小。

FontTypeface

設定文字字形。

Height

高（y-size）。

`PasswordTextBox1 . Height`

`set PasswordTextBox1 . Height to`

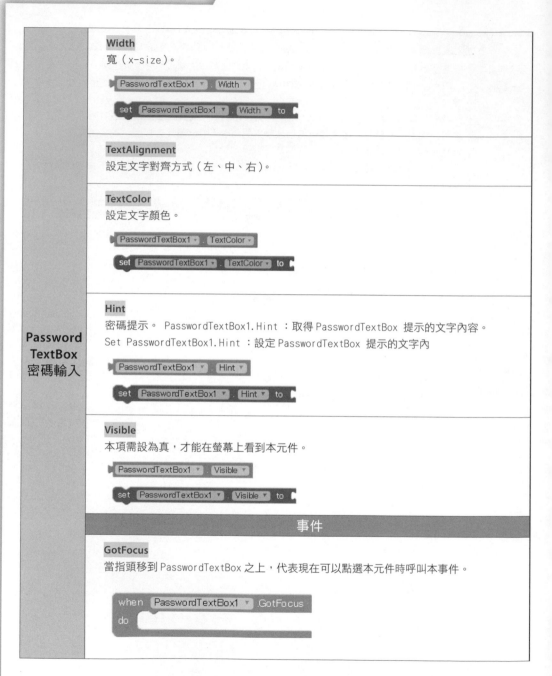

Width
寬（x-size）。

TextAlignment
設定文字對齊方式（左、中、右）。

TextColor
設定文字顏色。

Hint
密碼提示。 PasswordTextBox1.Hint ：取得 PasswordTextBox 提示的文字內容。
Set PasswordTextBox1.Hint ：設定 PasswordTextBox 提示的文字內

Visible
本項需設為真，才能在螢幕上看到本元件。

事件

GotFocus
當指頭移到 PasswordTextBox 之上，代表現在可以點選本元件時呼叫本事件。

Password TextBox
密碼輸入

附錄

MyBlocks 自訂元件

	LostFocus 當指頭移出 PasswordTextBox，代表不能點選本元件時呼叫本事件。
Password TextBox 密碼輸入	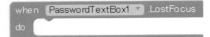

<table>
<tr><td rowspan="7">Slider
拖動條</td><td align="center">功能</td></tr>
<tr><td>　　拖動條是一個可以水平拖拉的元件，使用者可以藉由拖動它的指針來改變其值，由於拖動指針會觸發 PositionChanged 事件，且回傳當下指針的值。因此拖動條的動態更新可以用來改變別的元件的屬性，例如文字方塊的字體大小或球的半徑。</td></tr>
<tr><td align="center">屬性</td></tr>
<tr><td>ColorLeft
拖動條左邊的顏色。
Slider.ColorLeft：取得拖動條左邊的顏色。
Set Slider.ColorLeft：設定拖動條左邊的顏色。

</td></tr>
<tr><td>ColorRight
拖動條右邊的顏色。
Slider.ColorRight：取得拖動條右邊的顏色。
Set Slider.ColorRight：設定拖動條右邊的顏色。

</td></tr>
</table>

MaxValue

設定拖動條的最大值，更改最大值將會重置拖動條的狀態，拖動條位置將會位於最大值與最小值中間，如果新的最大值小於當前的最小值，則兩個值都會被設定成這個值。

設定最大值同樣會重置拖動條的狀態，拖動條位置將會位於最大值與最小值中間，同時會觸發 PositionChanged 事件。

Slider.MaxValue：取得拖動條的最大值。

Set Slider.MaxValue：設定拖動條的最大值。

Slider1 . MaxValue

set Slider1 . MaxValue to

MinValue

設定拖動條的最小值，更改最小值將會重置拖動條的狀態，拖動條位置將會位於最大值與最小值中間，如果新的最小值大於當前的最大值，則兩個值都會被設定成這個值。

設定最小值同樣會重置拖動條的狀態，拖動條位置將會位於最大值與最小值中間，同時會觸發 PositionChanged 事件。

Slider.MinValue：取得拖動條的最小值。

Set Slider.MinValue：設定拖動條的最小值。

Slider1 . MinValue

set Slider1 . MinValue to

ThumbPosition

設定拖動條的初始位置，如果其值大於最大值則設定為最大值，如果其值小於最小值則設為最小值

Slider.ThumbPosition：取得拖動條的初始位置。

Set Slider.ThumbPosition：設定拖動條的初始位置。

Slider1 . ThumbPosition

set Slider1 . ThumbPosition to

Slider
拖動條

Visible

本項需設為真，才能在螢幕上看到本元件。

Slider.Visible：取得拖動條現在是否可被看見（boolean）。

Set Slider.Visible：設定拖動條為可 / 不可被看見。

Slider1 . Visible

set Slider1 . Visible to

Width

元件寬度（x 軸像素）。

Slider.Width: 取得拖動條現在寬度（integer）。

Set Slider.Width: 設定拖動條寬度。

Slider1 . Width

set Slider1 . Width to

Slider
拖動條

事件

PositionChanged（number thumbPosition）

when Slider.PositionChanged: 當拖動條的值發生變化則觸發此事件。

when Slider1 .PositionChanged
thumbPosition
do

功能

Spinner元件會以一個快顯示窗來顯示清單元素。這些元素可在Designer 或 Blocks 頁面中設定都可以，是透過將 ElementsFromString屬性欄位設定為一個由逗號隔開的字串（例如：aaa, bbb, ccc 這樣的格式）；或是在Blocks頁面去指定 Elements。

Spinner
下拉式
選單

屬性

Elements

設定文字元素來建立清單。

Spinner1 . Elements

set Spinner1 . Elements to

ElementsFromString

建立由一系列被逗號隔開的文字元素所組成的清單。

set Spinner1 . ElementsFromString to

Height

元件高度（y 軸像素）。

Spinner1 . Height

set Spinner1 . Height to

Spinner
下拉式
選單

Prompt

設定跳出視窗的 Title 文字內容。

Spinner1 . Prompt

set Spinner1 . Prompt to

Selection

回傳 Spinner 被點選的項目。

Spinner1 . Selection

set Spinner1 . Selection to

SelectionIndex

使用者所選擇項目的索引號碼，由 1 開始。如果未選擇任何項目，則本值為 0。

Spinner1 . SelectionIndex

set Spinner1 . SelectionIndex to

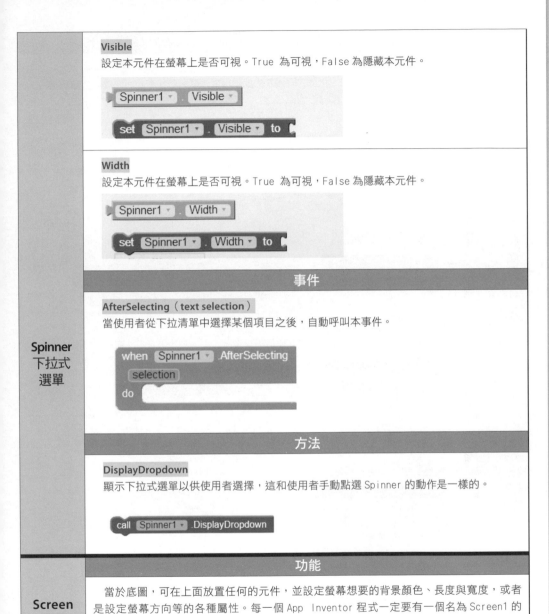

Visible

設定本元件在螢幕上是否可視。True 為可視，False 為隱藏本元件。

Width

設定本元件在螢幕上是否可視。True 為可視，False 為隱藏本元件。

事件

AfterSelecting（text selection）

當使用者從下拉清單中選擇某個項目之後，自動呼叫本事件。

方法

DisplayDropdown

顯示下拉選單以供使用者選擇，這和使用者手動點選 Spinner 的動作是一樣的。

功能

當於底圖，可在上面放置任何的元件，並設定螢幕想要的背景顏色、長度與寬度，或者是設定螢幕方向等的各種屬性。每一個 App Inventor 程式一定要有一個名為 Screen1 的 Screen 元件。

Spinner
下拉式
選單

Screen
螢幕

屬性

如何讀取 Screen1 的各種屬性

　例如：點選 Scrollable，那麼它所代表的就是根據螢幕是否能捲動而回傳一個邏輯常數，如果可捲動即為 true，反之為 false。

如何設定 Screen1 的各種屬性

　例如：點選 Scrollable 指令，並在後面接上 True 邏輯常數，則代表螢幕設定為可捲動的。反之，如果接上 false 邏輯常數，則代表無法捲動。各元件的操作方法都是一樣的，只是所接受的參數類型不同而已。

AboutScreen

可以輸入螢幕相關資訊。

Screen1 . AboutScreen

set Screen1 . AboutScreen to

Screen
螢幕

AlignHorizontal/AlignVertical

可以設定螢幕上元件水平 / 垂直方向的對齊方式（上、中、下、左、右）。

Screen1 . AlignHorizontal　　　　Screen1 . AlignVertical

set Screen1 . AlignHorizontal to　　　set Screen1 . AlignVertical to

BackgroundColor

設定背景顏色。

Screen1 . BackgroundColor

set Screen1 . BackgroundColor to

BackgroundImage

設定螢幕的背景圖片，需上傳檔案，建議 .png 檔為佳。

Screen1 . BackgroundImage

set Screen1 . BackgroundImage to

CloseScreenAnimation

　設定關閉螢幕的動畫，分別有六種：Default（預設）、Fade（淡出）、Zoom（縮放）、SlideHorizontal（水平滑出）、SlideVertical（垂直滑出）、None（無動畫）。

Screen1 . CloseScreenAnimation

set Screen1 . CloseScreenAnimation to

Icon（只能在 Designer 中設定）

設定在手機上顯示的 app 小圖示。

OpenScreenAnimation

設定開啟螢幕的動畫，選項同 CloseScreenAnimation。

`Screen1 . OpenScreenAnimation`

`set Screen1 . OpenScreenAnimation to`

ScreenOrientation

設定螢幕的方向，分別有五種：Unspecified（未指定）、Portrait（垂直）、Landscape（水平）、Sensor（感測器感測）、User（使用者自訂）。

`Screen1 . ScreenOrientation`

`set Screen1 . ScreenOrientation to`

Scrollable

設定螢幕可否捲動。

`Screen1 . Scrollable`

`set Screen1 . Scrollable to`

Scrollable

設定螢幕可否捲動。

`Screen1 . Scrollable`

`set Screen1 . Scrollable to`

Title

螢幕的標題。

`Screen1 . Title`

`set Screen1 . Title to`

VersionCode/VersionName（只能在 Designer 中設定）

版本號碼 / 版本名稱。

Screen
螢幕

Width/Height（只能在 Designer 中設定）
螢幕的寬度 / 高度。

事件

BackPressed
當使用者按下手機上的返回鍵時，便執行 do 區塊內的動作。

```
when  Screen1 ▾ .BackPressed
do
```

ErrorOccurred（**Component component, text functionNmae,number errorNumber, text message**）

　　當程式執行中發生某些特定的錯誤時，系統會回傳錯誤代碼（errorNumber）與錯誤訊息（message），使用者可透過本事件抓到程式的錯誤避免程式直接結束。本事件可偵測到錯誤如下：

1. LEGO MINDSTORMS Nxt 等元件發生錯誤。
2. Bluetooth 元件發生錯誤。
3. Twitter 元件發生錯誤。
4. SoundRecorder 元件發生錯誤。
5. ActivityStarter 元件：當 StartActivity 被呼叫，但無正確對應屬性的 activity。
6. LocationSensor 元件：當 LatitudeFromAddress 或 LongitudeFromAddress 指定發生錯誤。
7. Player 元件：當設置音源檔失敗時。
8. Sound 元件：當設置音源檔失敗或播放功能失常時。
9. VideoPlayer 元件：當設置影片檔案失敗時。

```
when  Screen1 ▾ .ErrorOccurred
      component  functionName  errorNumber  message
do
```

Initialize
當螢幕初始化時，便執行 do 區塊內的動作。本事件中的動作可在程式開啟之後就會開始執行，不需其它觸發條件。

```
when  Screen1 ▾ .Initialize
do
```

Screen
螢幕

Screen 螢幕	**OtherScreenClosed（text otherScreenName, any result）** 當其他螢幕被關閉，並且再次切換為本螢幕時，便執行 do 區塊內的動作。 when Screen1 ▾ .OtherScreenClosed otherScreenName result do **ScreenOrientationChanged** 當螢幕的握持方向改變時，便執行 do 區塊內的動作。 when Screen1 ▾ .ScreenOrientationChanged do

<table>
<tr><th colspan="2" align="center">功能</th></tr>
<tr>
<td rowspan="4">TextBox
文字輸入</td>
<td>

使用者可在 TextBox 元件中輸入文字。

TextBox 元件的初始值或是由使用者輸入的文字是由 Text 屬性所代表。如果 Text 屬性為空白，您可以使用 Hint 屬性來建議使用者應該輸入的內容。Hint 屬性會以顏色較淡的文字顯示在 TextBox 元件中。

TextBox 元件的其它屬性可用來調整其外觀（例如 TextAlignment BackgroundColor）以及是否可使用（Enabled）。

TextBox 元件通常和按鈕元件搭配使用，使用者輸入內容之後按下按鈕以執行後續動作。

如果您需要隱藏所輸入的內容，請使用 PasswordTextBox 元件。

</td>
</tr>
<tr><td align="center">屬性</td></tr>
<tr>
<td>

BackgroundColor
設定背景顏色。

TextBox1 ▾ . BackgroundColor ▾

set TextBox1 ▾ . BackgroundColor ▾ to

</td>
</tr>
<tr>
<td>

Enabled
本項需設定為真，才可使用本元件，意即是否可輸入文字。

TextBox1 ▾ . Enabled ▾

set TextBox1 ▾ . Enabled ▾ to

</td>
</tr>
</table>

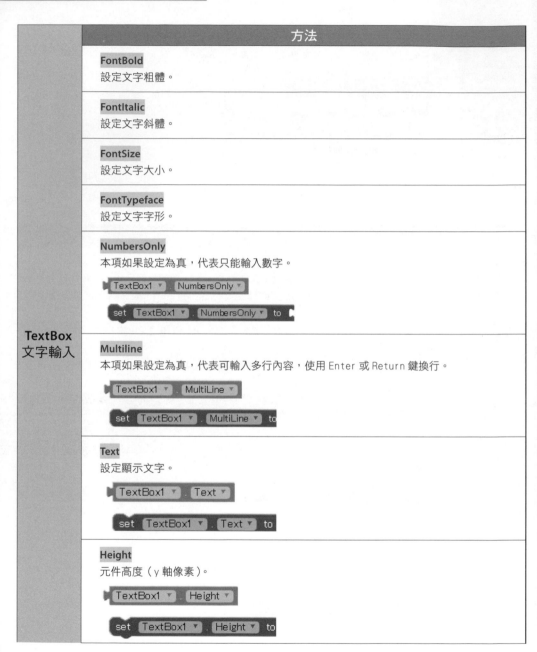

方法
FontBold 設定文字粗體。
FontItalic 設定文字斜體。
FontSize 設定文字大小。
FontTypeface 設定文字字形。
NumbersOnly 本項如果設定為真，代表只能輸入數字。
Multiline 本項如果設定為真，代表可輸入多行內容，使用 Enter 或 Return 鍵換行。
Text 設定顯示文字。
Height 元件高度（y 軸像素）。

左側欄：**TextBox** 文字輸入

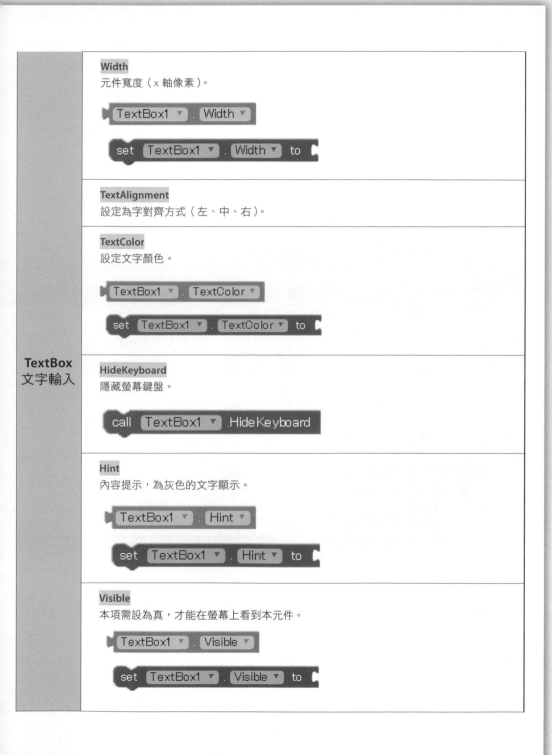

Width

元件寬度（x 軸像素）。

TextAlignment

設定為字對齊方式（左、中、右）。

TextColor

設定文字顏色。

HideKeyboard

隱藏螢幕鍵盤。

Hint

內容提示，為灰色的文字顯示。

Visible

本項需設為真，才能在螢幕上看到本元件。

TextBox
文字輸入

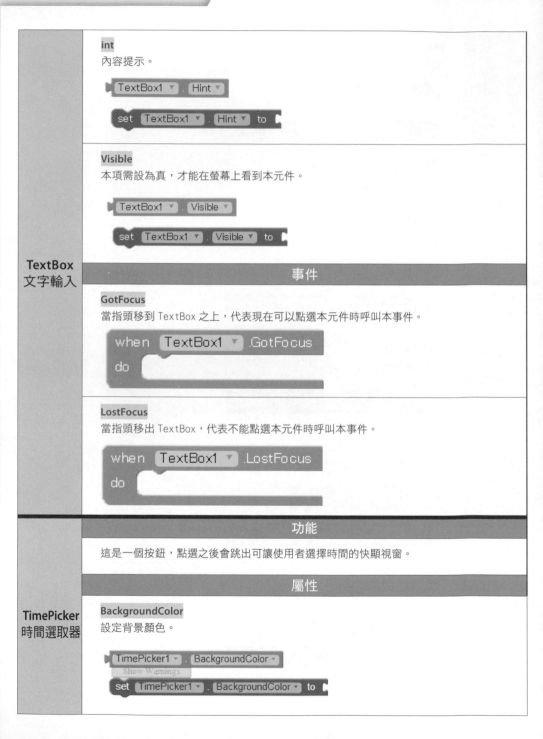

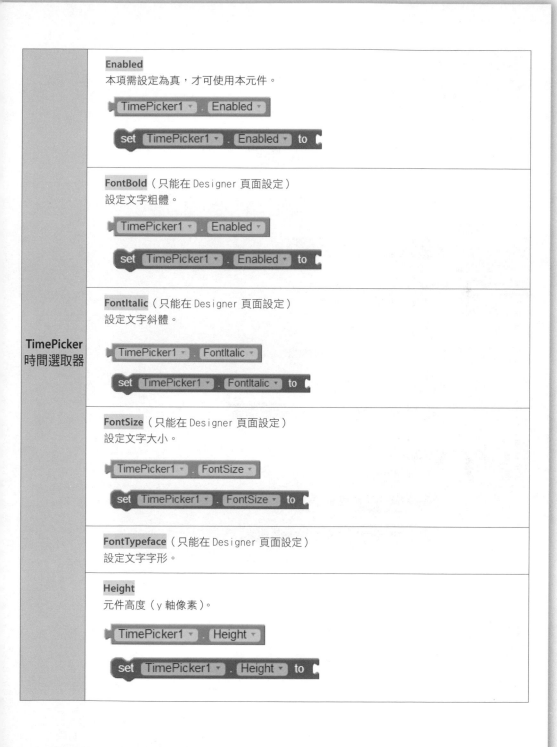

Enabled

本項需設定為真，才可使用本元件。

FontBold（只能在 Designer 頁面設定）

設定文字粗體。

FontItalic（只能在 Designer 頁面設定）

設定文字斜體。

FontSize（只能在 Designer 頁面設定）

設定文字大小。

FontTypeface（只能在 Designer 頁面設定）

設定文字字形。

Height

元件高度（y 軸像素）。

TimePicker
時間選取器

Image

設定本按鈕的圖片路徑。如果您同時指定了 Image 與 BackgroundColor 的話，那麼只會顯示 Image。

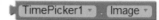

Minute

使用者上次使用本元件所選定時間的分鐘值。

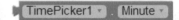

Shape（只能在 Designer 頁面設定）

設定按鈕的形狀（預設，圓形，矩形，橢圓形）。如果有顯示圖片，則無法顯示形狀

ShowFeedback

設定當按下按鈕時，是否會有視覺性回饋效果（背景圖案）。

TextColor

設定文字顏色。

Visible

本項需設為真，才能在螢幕上看到本元件。

TimePicker
時間選取器

Width

元件寬度（x 軸像素）。

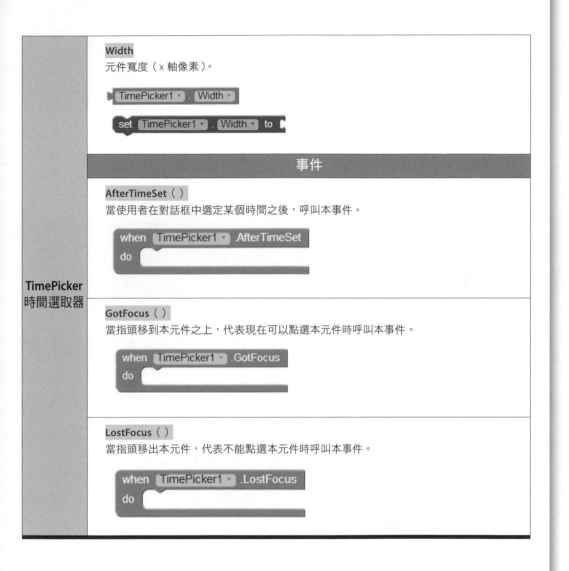

	事件	

AfterTimeSet（）

當使用者在對話框中選定某個時間之後，呼叫本事件。

GotFocus（）

當指頭移到本元件之上，代表現在可以點選本元件時呼叫本事件。

LostFocus（）

當指頭移出本元件，代表不能點選本元件時呼叫本事件。

TimePicker
時間選取器

功能

　　本元件可用來檢視網頁的元件。首頁 Home URL 可在 Designer 或在 Blocks 頁面中設定皆可。本元件可設定為當點擊時去追蹤連結，且使用者可直接在其中填入網路表單。

　　注意！本元件並非完整的瀏覽器。舉例來說，按下裝置的 Back 鍵會退出該應用程式，而非瀏覽器的回到上一頁。

　　您可使用 WebViewer 的 WebViewString 欄位，讓您的 app 得以與在 Webviewer 中執行 Javascript 的網頁來溝通。在 app 中，您需要取得與設定 WebViewString 這項屬性。在 WebViewer，則需要包含參照到 window.AppInventor 物件的 Javascript，在此須使用 setWebViewString（text）指令。

　　舉例來說，如果要 WebViewer 去開啟包含這樣 Javascript 指令的網頁時：

document.write（"The answer is" + window.AppInventor.getWebViewString（ ）);

且您將 WebView 的 WebVewString 屬性設為 "hello"，那麼就會顯示：

The answer is hello.

如果該網頁的 Javascript 會執行以下指令：

windowAppInventor.setWebViewString（"hello from Javascript"）

那麼 then the value of the WebViewString 的值就是

"hello from Javascript" 。

WebViewer
瀏覽網頁

屬性

CurrentPageTitle

當下檢視頁面的標題。

`WebViewer1 ▾ . CurrentPageTitle ▾`

CurrentUrl

當下檢視頁面的 URL。如果新頁面是藉由追蹤連結來檢視的話，本項目可能會和首頁 Home URL 不一樣。

`WebViewer1 ▾ . CurrentUrl ▾`

FollowLinks

設定當在 WebViewer 中點擊連結時，是否要追蹤該連結。如果追蹤的話，您就能在 GoBack 與 GoForward 指令在瀏覽器歷史檢視清單中移動。

Height

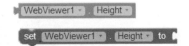

HomeUrl

WebViewer 一開始要開啟的網頁 URL。設定本欄位就會自動開啟該網頁，請注意網址需包含 **http://** 或 **https//**。

PromptforPermission

如果本項為 True，就會以快顯示窗詢問使用者是否要開放地理位置（geolocation）API 的權限。如果為 False，則視為權限已開放。

UsesLocation（只能在 Designer 頁面中設定）

設定是否可讓 app 有使用 Javascript geolocation API 的權限。本屬性只能在 Desinger 頁面中設定。

WebViewer
瀏覽網頁

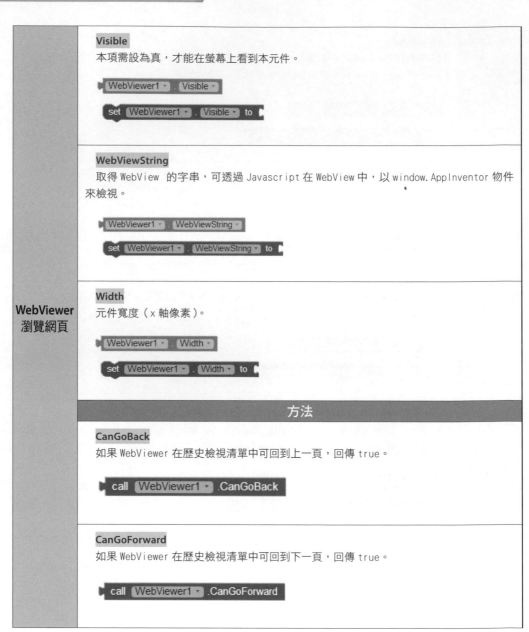

Visible

本項需設為真，才能在螢幕上看到本元件。

WebViewString

取得 WebView 的字串，可透過 Javascript 在 WebView 中，以 window.AppInventor 物件來檢視。

Width

元件寬度（x 軸像素）。

方法

CanGoBack

如果 WebViewer 在歷史檢視清單中可回到上一頁，回傳 true。

CanGoForward

如果 WebViewer 在歷史檢視清單中可回到下一頁，回傳 true。

WebViewer
瀏覽網頁

附錄

MyBlocks 自訂元件

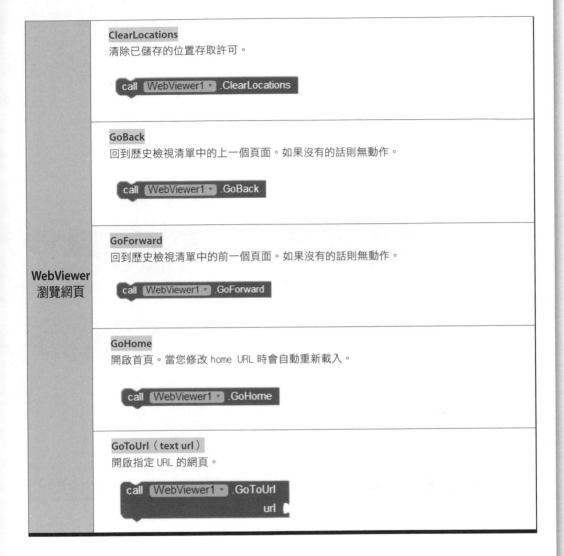

WebViewer 瀏覽網頁	**ClearLocations** 清除已儲存的位置存取許可。
	GoBack 回到歷史檢視清單中的上一個頁面。如果沒有的話則無動作。
	GoForward 回到歷史檢視清單中的前一個頁面。如果沒有的話則無動作。
	GoHome 開啟首頁。當您修改 home URL 時會自動重新載入。
	GoToUrl（text url） 開啟指定 URL 的網頁。

附錄 MyBlocks 自訂元件

B-2 Media Component 多媒體元件

Camcorder 錄影機元件
Camera 照相機
ImagePicker 圖片選取器
Player 播放器
Sound 聲音

SoundRecorder 錄音元件
TextToSpeech 文字轉語音輸出
SpeechRecognizer 語音辨識
VideoPlayer 影像播放器
YandexTranslate 翻譯元件

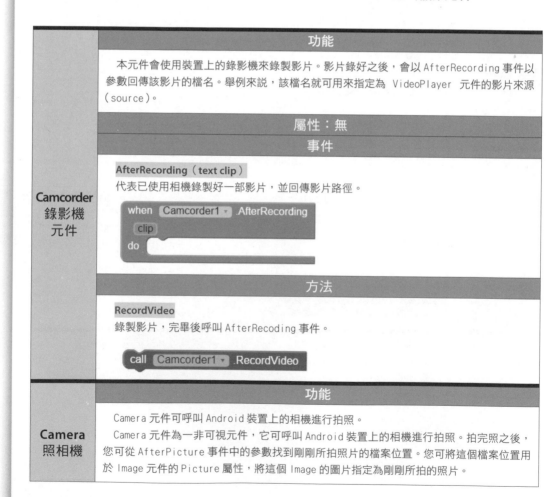

	功能
Camcorder 錄影機 元件	本元件會使用裝置上的錄影機來錄製影片。影片錄好之後，會以 AfterRecording 事件以參數回傳該影片的檔名。舉例來說，該檔名就可用來指定為 VideoPlayer 元件的影片來源（source）。

屬性：無

事件

AfterRecording（text clip）
代表已使用相機錄製好一部影片，並回傳影片路徑。

```
when  Camcorder1 . AfterRecording
  clip
do
```

方法

RecordVideo
錄製影片，完畢後呼叫 AfterRecoding 事件。

```
call  Camcorder1 . RecordVideo
```

	功能
Camera 照相機	Camera 元件可呼叫 Android 裝置上的相機進行拍照。 Camera 元件為一非可視元件，它可呼叫 Android 裝置上的相機進行拍照。拍完照之後，您可從 AfterPicture 事件中的參數找到剛剛所拍照片的檔案位置。您可將這個檔案位置用於 Image 元件的 Picture 屬性，將這個 Image 的圖片指定為剛剛所拍的照片。

附錄

MyBlocks 自訂元件

	屬性
Camera 照相機	**UseFront** 設定是否要切換為前方照相機，當然啦，您的裝置必須真的有前方照相機才行。

	方法
	TakePicture 啟動 Android 裝置上的相機並進行拍照。 call ⬡ Camera1 ▾ .TakePicture

	事件
	AfterPicture（text image） 拍照完成後呼叫本事件，image 這個字串參數代表剛剛所拍照片儲存於 Android 裝置中的位置，可用來呼叫這張照片。 when Camera1 ▾ .AfterPicture 　image do

	功能
Imagepicker 圖片選取器	ImagePicker 元件可從您的圖片庫中選取圖片。 ImagePicker 是一種特殊的 ListPicker，專門用來選取圖片，其內容會自動指定為模擬器或 Android 裝置上的圖片庫。當您點選它之後，會跳到 Android 裝置上的圖片庫，請接著選擇您所需要的圖片。當您選擇好圖片之後，ImagePath 這個屬性是用一個字串來代表該圖片的路徑。您可使用該參數來設定按鈕的背景圖片。

	屬性
	ImagePath 使用者所選擇的圖片，以字串回傳該圖片的位置。 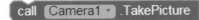ImagePicker1.ImagePath

Imagepicker 圖片選取器	設定背景顏色。 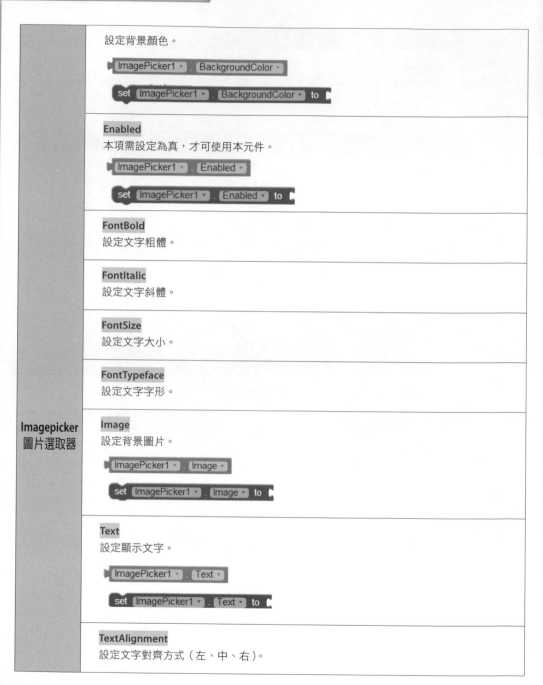
	Enabled 本項需設定為真，才可使用本元件。
	FontBold 設定文字粗體。
	FontItalic 設定文字斜體。
	FontSize 設定文字大小。
	FontTypeface 設定文字字形。
	Image 設定背景圖片。
	Text 設定顯示文字。
	TextAlignment 設定文字對齊方式（左、中、右）。

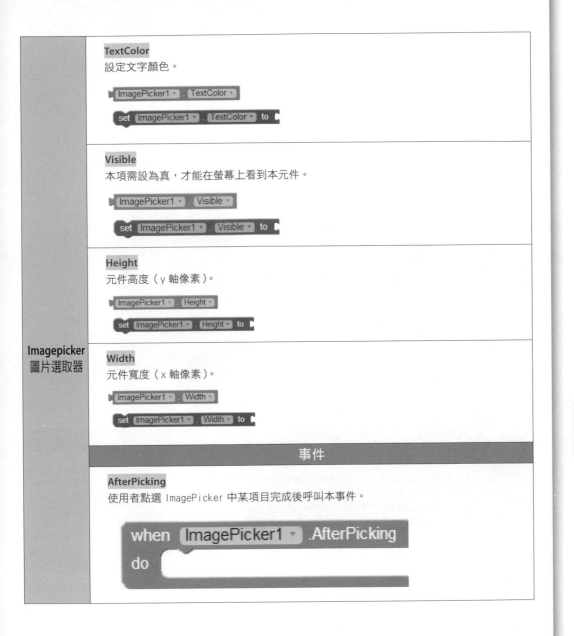

TextColor
設定文字顏色。

Visible
本項需設為真，才能在螢幕上看到本元件。

Height
元件高度（y 軸像素）。

Width
元件寬度（x 軸像素）。

事件

AfterPicking
使用者點選 ImagePicker 中某項目完成後呼叫本事件。

Imagepicker
圖片選取器

BeforePicking

使用者點選 ImagePicker，但還沒點選某項目時呼叫本事件。

when ImagePicker1 · .BeforePicking
do

GotFocus

當指頭移到 ImagePicker 之上，代表現在可以點選本元件時呼叫本事件。

when ImagePicker1 · .GotFocus
do

LostFocus

當指頭移出 ImagePicker，代表不能點選本元件時呼叫本事件。

when ImagePicker1 · .LostFocus
do

方法

Open

開啟 Imagepicker，效果同使用者親自點選一樣。

call ImagePicker1 · .Open

| Imagepicker 圖片選取器 | |

功能

Player 元件為一非可視元件，可播放聲音或影像檔。要播放的檔案名稱是從 Source 屬性中設定，這可以在 Deisgner 或 Block Editor 中設定。震動的時間長度則只能是在 Blocks 中設定，單位為毫秒。

請參考 http://developer.android.com/guide/appendix/media-formats.html 來參考有關檔案類型的詳細資訊。

Player 元件主要用在播放較長的聲音 / 影像檔，或使裝置震動，如果播放較短的聲音檔時請使用 Sound 元件。

Player 播放器

附錄

MyBlocks 自訂元件

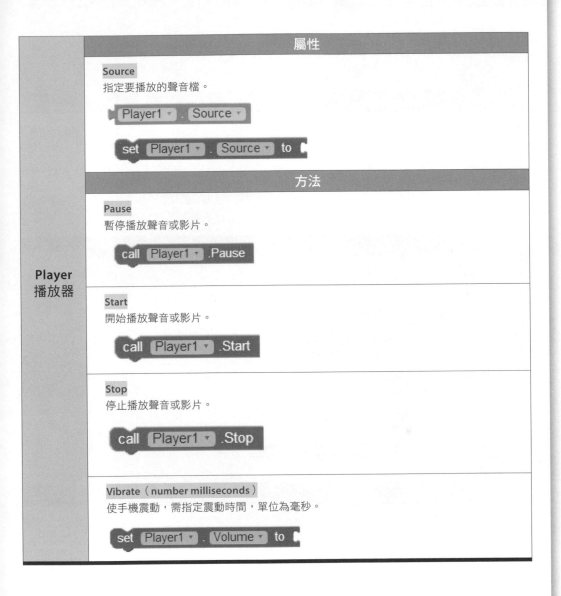

屬性

Source
指定要播放的聲音檔。

Player1 ▾ . Source ▾

set Player1 ▾ . Source ▾ to

方法

Pause
暫停播放聲音或影片。

call Player1 ▾ .Pause

Player
播放器

Start
開始播放聲音或影片。

call Player1 ▾ .Start

Stop
停止播放聲音或影片。

call Player1 ▾ .Stop

Vibrate（number milliseconds）
使手機震動，需指定震動時間，單位為毫秒。

set Player1 ▾ . Volume ▾ to

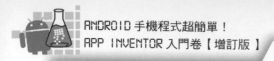
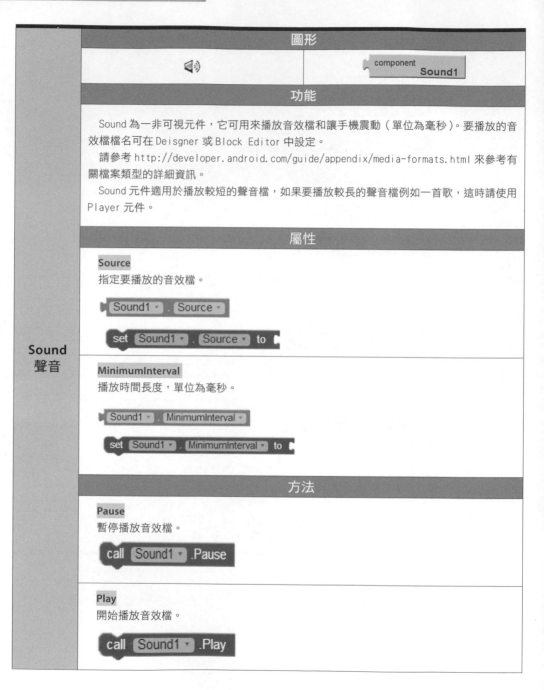

圖形	
◁》	component **Sound1**

功能

    Sound 為一非可視元件，它可用來播放音效檔和讓手機震動（單位為毫秒）。要播放的音效檔檔名可在 Deisgner 或 Block Editor 中設定。

    請參考 http://developer.android.com/guide/appendix/media-formats.html 來參考有關檔案類型的詳細資訊。

    Sound 元件適用於播放較短的聲音檔，如果要播放較長的聲音檔例如一首歌，這時請使用 Player 元件。

屬性

Source
指定要播放的音效檔。

Sound1 ▾ . Source ▾

set Sound1 ▾ . Source ▾ to

MinimumInterval
播放時間長度，單位為毫秒。

Sound1 ▾ . MinimumInterval ▾

set Sound1 ▾ . MinimumInterval ▾ to

方法

Pause
暫停播放音效檔。

call Sound1 ▾ .Pause

Play
開始播放音效檔。

call Sound1 ▾ .Play

Sound
聲音

附錄

MyBlocks 自訂元件

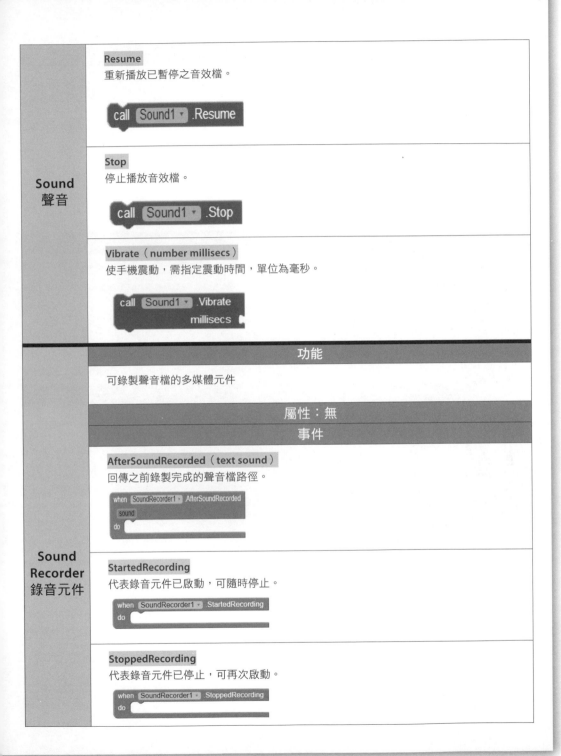

Sound 聲音	**Resume** 重新播放已暫停之音效檔。 `call Sound1 .Resume`
	Stop 停止播放音效檔。 `call Sound1 .Stop`
	Vibrate（number millisecs） 使手機震動，需指定震動時間，單位為毫秒。 `call Sound1 .Vibrate millisecs`

功能
可錄製聲音檔的多媒體元件

屬性：無
事件

Sound Recorder 錄音元件	**AfterSoundRecorded（text sound）** 回傳之前錄製完成的聲音檔路徑。 `when SoundRecorder1 .AfterSoundRecorded` `sound` `do`
	StartedRecording 代表錄音元件已啟動，可隨時停止。 `when SoundRecorder1 .StartedRecording` `do`
	StoppedRecording 代表錄音元件已停止，可再次啟動。 `when SoundRecorder1 .StoppedRecording` `do`

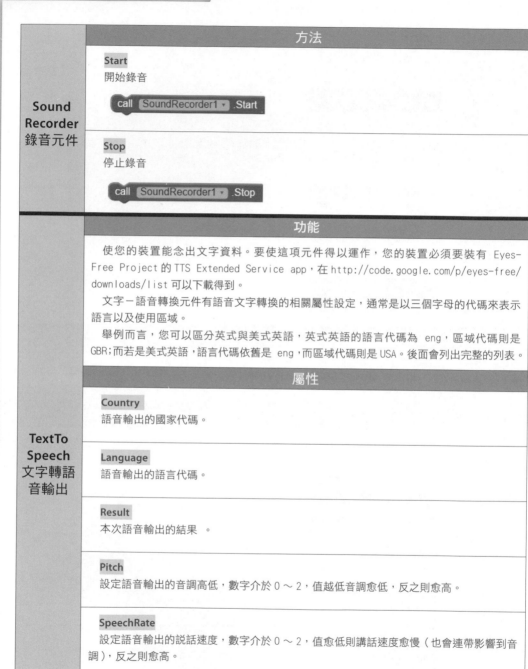

方法

Sound Recorder 錄音元件

Start
開始錄音

`call SoundRecorder1 ▾ .Start`

Stop
停止錄音

`call SoundRecorder1 ▾ .Stop`

功能

使您的裝置能念出文字資料。要使這項元件得以運作，您的裝置必須要裝有 Eyes-Free Project 的 TTS Extended Service app，在 http://code.google.com/p/eyes-free/downloads/list 可以下載得到。

文字－語音轉換元件有語音文字轉換的相關屬性設定，通常是以三個字母的代碼來表示語言以及使用區域。

舉例而言，您可以區分英式與美式英語，英式英語的語言代碼為 eng，區域代碼則是 GBR；而若是美式英語，語言代碼依舊是 eng，而區域代碼則是 USA。後面會列出完整的列表。

屬性

TextTo Speech 文字轉語音輸出

Country
語音輸出的國家代碼。

Language
語音輸出的語言代碼。

Result
本次語音輸出的結果 。

Pitch
設定語音輸出的音調高低，數字介於 0 ～ 2，值越低音調愈低，反之則愈高。

SpeechRate
設定語音輸出的說話速度，數字介於 0 ～ 2，值愈低則講話速度愈慢（也會連帶影響到音調），反之則愈高。

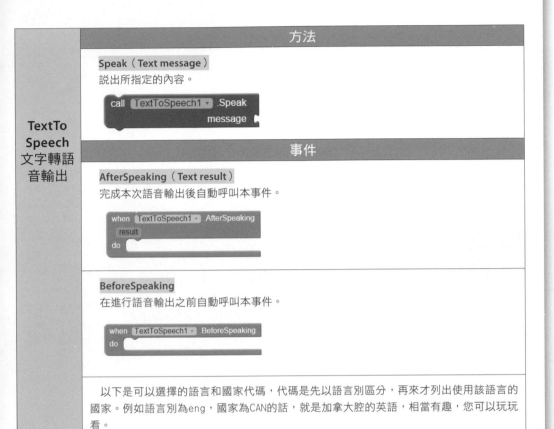

方法

Speak（Text message）

說出所指定的內容。

事件

AfterSpeaking（Text result）

完成本次語音輸出後自動呼叫本事件。

BeforeSpeaking

在進行語音輸出之前自動呼叫本事件。

TextTo
Speech
文字轉語
音輸出

　以下是可以選擇的語言和國家代碼，代碼是先以語言別區分，再來才列出使用該語言的國家。例如語言別為eng，國家為CAN的話，就是加拿大腔的英語，相當有趣，您可以玩玩看。

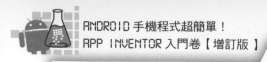
| TextTo Speech 文字轉語音輸出 | **ces（Czech）捷克語：**
· CZE

spa（Spanish）西班牙語
· ESP
· USA

deu（German）德語
· AUT
· BEL
· CHE
· DEU
· LIE
· LUX

fra（French）法語
· BEL
· CAN
· CHE
· FRA
· LUX

nld（Dutch）荷蘭語
· BEL
· NLD

ita（Italian）義大利語
· CHE
· ITA

pol（Polish）波蘭語
· POL | **eng（English）英語**
· AUS
· BEL
· BWA
· BLZ
· CAN
· GBR
· HKG
· IRL
· IND
· JAM
· MHL
· MLT
· NAM
· NZL
· PHL
· PAK
· SGP
· TTO
· USA
· VIR
· ZAF
· ZWE |

| Speech Recognizer 語音辨識 | **功能**
使用 Google 的語音辨識服務將使用者所說的話轉換成文字。請注意本元件須使用實體 Android 裝置與網路。

屬性
Result
本次語音辨識的結果。 |

方法

GetText
切換到手機的語音辨識畫面,並將語音資料轉換為文字資料。辨識完成之後,會呼叫 AfterGettingText 事件。

事件

AfterGetting（Text result）
取得語音辨識所轉換的文字後呼叫本事件,並以 result 事件變數代表本次辨識的結果。

BeforeGettingText
在進行語音辨識之前呼叫本事件。

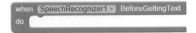

Speech Recognizer 語音辨識

圖形

component VideoPlayer1

功能

VideoPlayer 影像播放器

　　VideoPlayer 元件是一個可播放影片的多媒體元件,它會在裝置螢幕上顯示為一個矩形。使用者點擊矩形時會出現影像控制工具列:播放 / 暫停(play/pause)跳回上一個檔案(skip ahead)與跳到下一個檔案(skip backward)。我們可以在應用程式中藉由開始(Start)、暫停(Pause)和跳到影片檔中的指定時間(SeekTo)等方法來控制重播相關動作。

　　可播放的影像檔格式可為 wmv、3gp 或 mp4 等格式。有關格式的更多詳細資訊,請參考 http://developer.android.com/guide/appendix/media-formats.html。

　　App Inventor 接受的影像檔最大為 1 MB,單一應用程式所有的影像檔大小總和不得超過 5 MB。如果您的檔案太大,安裝時可能會發生錯誤,這時請減少影像檔數量或檔案的大小。您可以利用 Windows Movie Maker 或蘋果的 iMovie 等影像編輯軟體來剪接或轉成其他檔案格式。

ANDROID 手機程式超簡單！
APP INVENTOR 入門卷【增訂版】

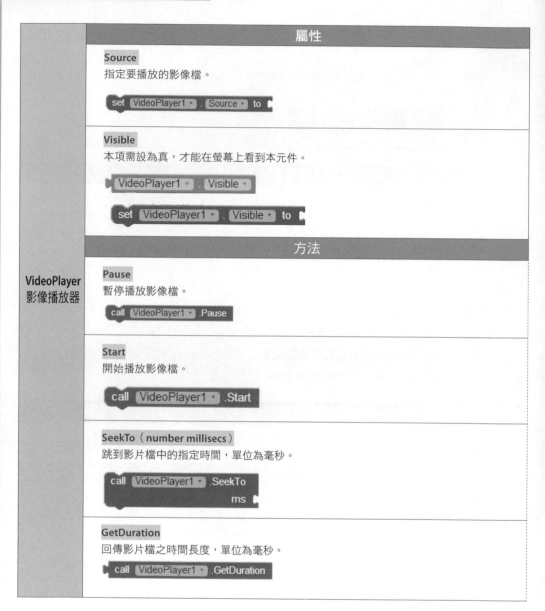

屬性

Source

指定要播放的影像檔。

set VideoPlayer1 . Source to

Visible

本項需設為真，才能在螢幕上看到本元件。

VideoPlayer1 . Visible

set VideoPlayer1 . Visible to

方法

VideoPlayer
影像播放器

Pause

暫停播放影像檔。

call VideoPlayer1 .Pause

Start

開始播放影像檔。

call VideoPlayer1 .Start

SeekTo（number millisecs）

跳到影片檔中的指定時間，單位為毫秒。

call VideoPlayer1 .SeekTo
ms

GetDuration

回傳影片檔之時間長度，單位為毫秒。

call VideoPlayer1 .GetDuration

附錄
MyBlocks 自訂元件

Completed

當影片檔播放完畢後呼叫本事件。

```
when  VideoPlayer1 ▾ .Completed
do
```

　　本元件可翻譯不同語言的單字與句子。由於需要呼叫 Yandex 翻譯服務，因此本元件需用到網路連線。請用 "source-target" 這樣的格式來指定來源與目標語言。因此 "en-es" 會將英語翻譯為西班牙語，"es-ru" 則是將西班牙語翻譯為俄語。

　　如果您不指定來源語言的話，本元件就會自動偵測來源語言。因此只輸入 "es" 的話，系統會在偵測來源語言之後，將文字翻譯為西班牙語。

　　本元件是由 Yandex 翻譯服務 提供技術支援。技術細節請參閱 http://api.yandex.com/translate/，包含所有可翻譯的語言、語言代碼與狀態代碼。

請注意：翻譯是在背景非同步執行。翻譯完畢之後，就會呼叫 GotTranslation 事件。

GotTranslation（text responseCode, text translation）

　　Yandex 翻譯服務回傳譯文之後，會自動呼叫本事件。本事件還會提供回應碼（response code）來幫助除錯。如果 responseCode 並非 200，代表本次呼叫發生錯誤且無法取得翻譯結果。

```
when  YandexTranslate1 ▾  GotTranslation
      responseCode  translation
do
```

RequestTranslation（text languageToTranslateTo, text textToTranslate）

　　本方法會要求一個Yandex翻譯服務（例如，'es'為西班牙語、'en'為英語、'ru'為俄語），您需要指定翻譯結果語言以及所要翻譯的單字或句子。一旦該文字翻譯好之後，就會呼叫GotTranslation事件。

　　請注意：Yandex Translate會試著去偵測來源語言（您所要翻譯的語言）。您也可強制指定來源語言，舉例來說，es-ru會指定西班牙語（Spanish）至俄語（Russian）的翻譯。

Yandex Translate 翻譯元件

附錄

MyBlocks 自訂元件

297

B-3 Drawing and Animation 繪圖與動畫元件

Ball 球

Canvas 畫布

ImageSprite 動畫

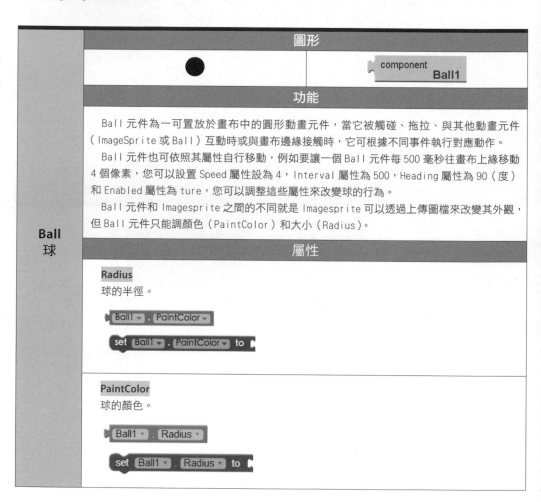

圖形	
●	component **Ball1**

功能

Ball 元件為一可置放於畫布中的圓形動畫元件，當它被觸碰、拖拉、與其他動畫元件（ImageSprite 或 Ball）互動時或與畫布邊緣接觸時，它可根據不同事件執行對應動作。

Ball 元件也可依照其屬性自行移動，例如要讓一個 Ball 元件每 500 毫秒往畫布上緣移動 4 個像素，您可以設置 Speed 屬性設為 4，Interval 屬性為 500，Heading 屬性為 90（度）和 Enabled 屬性為 ture，您可以調整這些屬性來改變球的行為。

Ball 元件和 Imagesprite 之間的不同就是 Imagesprite 可以透過上傳圖檔來改變其外觀，但 Ball 元件只能調顏色（PaintColor）和大小（Radius）。

Ball 球

屬性

Radius
球的半徑。

Ball1 . PaintColor

set Ball1 . PaintColor to

PaintColor
球的顏色。

Ball1 . Radius

set Ball1 . Radius to

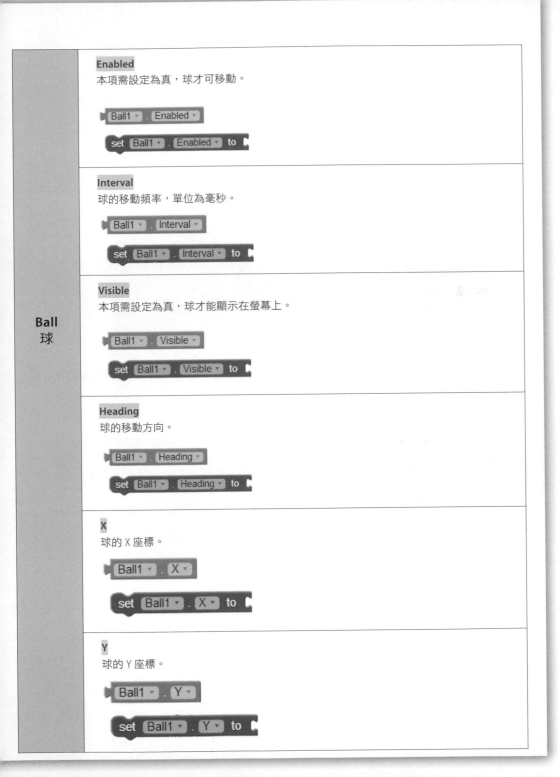

Enabled

本項需設定為真，球才可移動。

Interval

球的移動頻率，單位為毫秒。

Visible

本項需設定為真，球才能顯示在螢幕上。

Heading

球的移動方向。

X

球的 X 座標。

Y

球的 Y 座標。

Ball
球

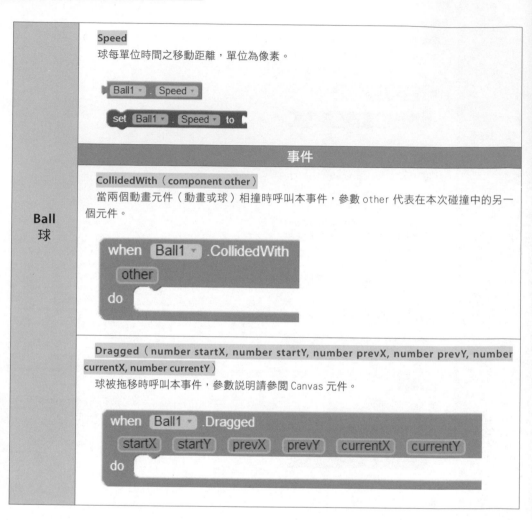

Ball
球

Speed

球每單位時間之移動距離，單位為像素。

Ball1 . Speed

set Ball1 . Speed to

事件

CollidedWith（component other）

當兩個動畫元件（動畫或球）相撞時呼叫本事件，參數 other 代表在本次碰撞中的另一個元件。

when Ball1 .CollidedWith
other
do

Dragged（number startX, number startY, number prevX, number prevY, number currentX, number currentY）

球被拖移時呼叫本事件，參數說明請參閱 Canvas 元件。

when Ball1 .Dragged
startX startY prevX prevY currentX currentY
do

EdgeReached（number edge）

當球與螢幕邊緣接觸時呼叫本事件，參數 edge 代表球接觸的位置，如下所示：

· north = 1，螢幕上（北）緣
· northeast = 2，螢幕右上（東北）角
· east = 3，螢幕右（東）緣
· southeast = 4，螢幕右下（東南）角
· south = -1，螢幕下（南）緣
· southwest = -2，螢幕左下（西南）角
· west = -3，螢幕左（西）緣
· northwest = -4，螢幕左上（西北）角

請注意相反的方向是彼此互為相反數，如右圖

NoLongerCollidingWith（component other）

當兩個動畫元件不再碰撞時呼叫本事件。

Touched（number x, number y）

當球被點擊時呼叫本事件。

when Ball1 .Touched
x y
do

Ball
球

方法

Bounce（number edge）

使球彈跳，就好像真的撞到牆或角落一樣。參數和 EdgeReached 事件的參數相同，因此我們可以利用 EdgeReached 事件讓球每次碰到畫布邊緣都會彈跳 讓球栩栩如真地自由彈跳。

Ball
球

boolean CollidingWith（component other）

代表球是否和指定元件發生碰撞。

MoveIntoBounds

如果球跑出界了，可利用本方法將它抓回界內。

MoveTo（number x,number y）

讓球移動到指定點座標。

PointTowards（component target）

讓球轉向對準指定的目標 target。新的 heading 即為兩個元件中心所連成直線之指向。

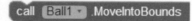

Canvas
畫布

功能

布為一矩形區域，可在其中執行繪畫等觸碰動作或設定動畫。

在 Designer 或 Blocks 選單中皆可設定畫布背景顏色、畫筆顏色、背景圖片、元件寬高等屬性，注意寬和高的單位為像素，且必須為正值。

畫布上的任何位置皆有一特定座標（X,Y）值，其中：

· X 為座標點距離畫布左緣之距離，單位為像素。
· Y 為座標點距離畫布上緣之距離，單位為像素。

您可用畫布提供的事件來判斷畫布是否被觸摸或是動畫物件是否正在被拖動。另外也提供了在畫布上繪製不同大小與顏色的點、線和圓的方法。

屬性

BackgroundColor

設定畫布背景顏色。

```
Canvas.BackgroundColor ：取得 Canvas 背景顏色
set Canvas.BackgroundColor ：設定 Canvas 背景顏色
```

Canvas 畫布	**BackgroundImage** 設定背景圖片。 Canvas.BackgroundImage：取得 Canvas 背景圖片。 set Canvas.BackgroundImage：設定 Canvas 背景圖片。
	Height 畫布高度。 Canvas.Height：取得 Canvas 現在高度（integer）。 set Canvas.Height：設定 Canvas 高度。
	LineWidth 畫線時的寬度。 Canvas.LineWidth：取得 Canvas 現在畫線的寬度（integer）。 set Canvas.LineWidth：設定 Canvas 畫線的寬度。
	PaintColor 畫筆顏色。 Canvas.PaintColor：取得 Canvas 現在畫筆的顏色。 set Canvas.PaintColor：設定 Canvas 畫筆的顏色。
	Visible 本項需設為真，才能在螢幕上看到本元件。 Canvas.Visible：取得 Canvas 現在是否可被看見（boolean） set Canvas.Visible：設定 Canvas 為可 / 不可被看見。
	Width 畫布寬度。 Canvas.Width：取得 Canvas 現在寬度（integer）。 set Canvas.Width：設定 Canvas 寬度。
	FontSize 文字字體大小。 Canvas.FontSize：取得 Canvas 文字字體大小。 set Canvas.FontSize：設定 Canvas 文字字體大小。

方法
Clear 清除畫布上的各種塗鴉。 如果畫布有背景圖片的話，本方法不會清除背景圖片。
DrawLine（number x1, number y1, number x2, number y2） 在畫布上畫出一條直線，起始點（x1, y1），終點（x2, y2）。
DrawPoint（number x, number y） 在畫布上指定座標處（x, y）畫出一個點。
Save 將畫布當下狀態存成一張圖檔，並儲存於 Android 裝置的外部儲存空間（SD 記憶卡），接著回傳該檔案的完整路徑。如果發生錯誤時，會由 Screen 元件的 ErrorOccurred 事件來處理。
SaveAs 將畫布當下狀態存成一張圖檔，並儲存於 Android 裝置的外部儲存空間。 本方法需指定存檔檔名，並必須加上副檔名為 .JPEG、.JPG 或 .PNG 其中之一。本方法一樣會回傳儲存檔案的完整路徑。
DrawText 在指定座標處（x, y）顯示文字 text 內容。
DrawTextAtAngle 在指定座標處（x, y）顯示文字 text 內容 並指定旋轉角度 angle。angle 為數字型態，代表逆時針旋轉的角度，從 0 開始為水平。
GetPixelColor 取得指定座標處（x, y）的顏色，回傳值為數字，代表該處顏色的色碼。
GetBackGroundPixelColor 取得指定座標處（x, y）的顏色，回傳值為數字，代表該處顏色的色碼。 本指令可取得包含了 Canvas 畫布上大部份元件的顏色，包含點、線與圓圈，但不包含動畫元件。

Canvas 畫布 （附錄）

setBackGroundPixelColor

設定指定座標處（x, y）的顏色，本指令與 DrawPoint 指令不同之處在於本指令可以指定顏色，DrawPoint 指令則無法指定顏色。

事件

Flung（number x, number y, number speed, number heading, number xvel, number yvel, boolean flungSprite）

當使用者手指滑過畫布時，回傳（x,y）座標代表使用者所起始的位置，"speed"代表手指在畫布上移動的速度，"heading"代表逆時針旋轉的角度，從 0 開始為水平。

（xvel, yvel）這組值代表 X、Y 的速度分量，"FlungSprite" 代表指定動畫元件是否被使用者甩出，判定標準為距離起始點的位置。

```
when Canvas1 .Dragged
  startX  startY  prevX  prevY  currentX  currentY  draggedAnySprite
do
```

Canvas
畫布

Dragged（number startX, number startY, number prevX, number prevY, number currentX, number currentY, boolean draggedSprite）

當使用者用手指頭拖拉時，觸控點會由（prevX, prevY）移到（currentX, currentY），當下的座標點皆是（currentX, currentY）。

（startX, startY）這組座標代表使用者第一次觸碰螢幕時的那一點。"draggedSprite"代表指定動畫元件正被使用者拖拉中。

```
when Canvas1 .Dragged
  startX  startY  prevX  prevY  currentX  currentY  draggedAnySprite
do
```

Touched（number x, number y, boolean touchedSprite）

當使用者點擊畫布時，回傳（x,y）座標代表使用者所點擊的位置。如果「TouchedSprite」值為真代表某個動畫元件也正好在此位置。

```
when Canvas1 .Touched
  x  y  touchedAnySprite
do
```

Canvas 畫布	**TouchDown（number x, number y）** 當使用者點擊畫布時，手指放置在畫布上，並讓手指留在那裏，回傳（x, y）座標代表使用者所點擊的位置。  **TouchUp（number x, number y）** 當使用者點擊畫布，手指離開畫布時回傳（x, y）座標代表使用者手指離開的位置。 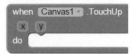

圖形

功能

ImageSprite 元件為一個動畫物件，它可和畫布上的球和其他 ImageSprite 進行互動，或者它可根據屬性設定來移動。例如要讓一個 ImageSprite 元件每秒鐘往左邊移動 10 個像素，您可以將 Speed 屬性設為 4，Interval 屬性為 1000（毫秒），Heading 屬性為 180（度）和 Enabled 屬性為真，您可以自由調整這些屬性來改變 ImageSprite 的行為。

屬性

ImageSprite
動畫

Picture
顯示在 ImageSprite 上的圖片。

Enabled
本項需設為真，ImageSprite 才可移動。

附錄
MyBlocks 自訂元件

Interval

ImageSprite 的動作頻率，單位為毫秒。

`ImageSprite1 . Interval`

`set ImageSprite1 . Interval to`

Rotates

本項如果是真，ImageSprite 會旋轉直到對齊 sprite 的 heading 屬性為止。反之，即便 heading 改變，ImageSprite 也不會跟著旋轉。

`ImageSprite1 . Rotates`

`set ImageSprite1 . Rotates to`

Visible

本項需設為真，才能在螢幕上看到 ImageSprite 元件。

`ImageSprite1 . Visible`

`set ImageSprite1 . Visible to`

Heading

ImageSprite 的指向，單位為度。0 度代表水平指向右（東）方；90 度是朝上（北）方，180 度是左（西）方，270 度是下（南）方。

`ImageSprite1 . Heading`

`set ImageSprite1 . Heading to`

X

ImageSprite 的 X 座標，0 為畫布左緣。

`ImageSprite1 . X`

`set ImageSprite1 . X to`

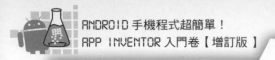
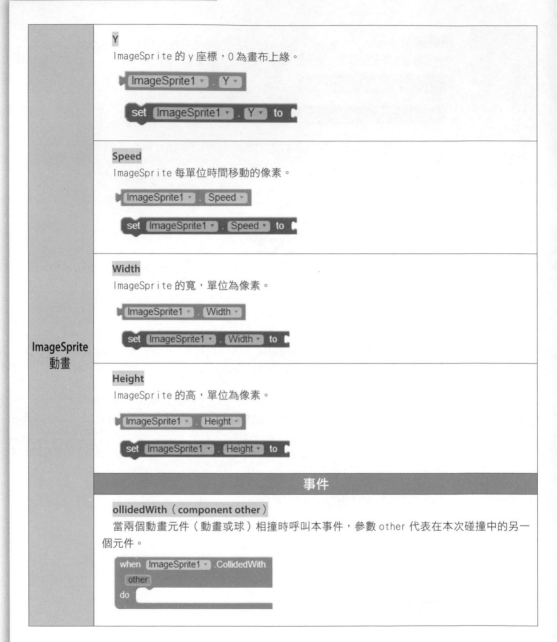

Y

ImageSprite 的 y 座標，0 為畫布上緣。

Speed

ImageSprite 每單位時間移動的像素。

Width

ImageSprite 的寬，單位為像素。

ImageSprite
動畫

Height

ImageSprite 的高，單位為像素。

事件

ollidedWith（component other）

當兩個動畫元件（動畫或球）相撞時呼叫本事件，參數 other 代表在本次碰撞中的另一個元件。

ImageSprite
動畫

Dragged（number startX, number startY, number prevX, number prevY, number currentX, number currentY）

ImageSprite 被拖移時呼叫本事件，參數説明請參閱 Canvas 元件。

```
when ImageSprite1 ▾ .Dragged
  startX  startY  prevX  prevY  currentX  currentY
do
```

EdgeReached（number edge）

當ImageSprite與螢幕邊緣接觸時呼叫本事件，參數edge代表球接觸的位置，如下所示：

- north = 1
- northeast = 2
- east = 3
- southeast = 4
- south = -1
- southwest = -2
- west = -3
- northwest = -4

請注意相反的方向是彼此互為相反數，例如北南為 1 與 -1。

```
when ImageSprite1 ▾ .EdgeReached
  edge
do
```

NoLongerCollidingWith（component other）

當兩個動畫元件不再碰撞時呼叫本事件。

```
call ImageSprite1 ▾ .CollidingWith
                         other
```

Touched（number x, number y）

當 ImageSprite 球被點擊時呼叫本事件。

```
when ImageSprite1 ▾ .Touched
  x  y
do
```

方法

Bounce（number edge）

使 ImageSprite 彈跳，就好像真的撞到牆或角落一樣。參數和 EdgeReached 事件的參數相同，因此我們可以利用 EdgeReached 事件讓球每次碰到畫布邊緣都會彈跳，讓 ImageSprite 栩栩如真地自由彈跳。

CollidingWith（component other）

代表 ImageSprite 是否和指定元件發生碰撞。

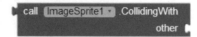

MoveIntoBounds

如果 ImageSprite 跑出界了，可利用本方法將它抓回界內。

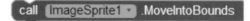

MoveTo（number x,number y）

讓 ImageSprite 移動到指定點座標。

PointTowards（component target）

讓 ImageSprite 轉向對準指定的目標 target。新的 heading 即為兩個元件中心所連成直線之指向。

ImageSprite 動畫

B-4 Social Components 通訊元件

ContactPicker 聯絡人選擇器
EmailPicker 電子郵件選擇器
PhoneCall 打電話
PhoneNumberPicker 電話號碼選擇器
Texting 簡訊
Sharing 分享元件
Twitter 推特

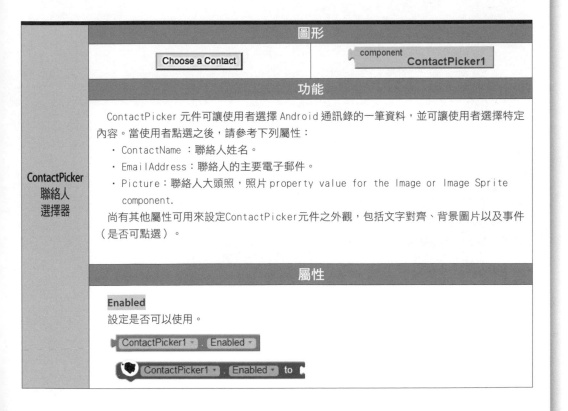

	圖形	
ContactPicker 聯絡人 選擇器	**圖形**	
	Choose a Contact	component ContactPicker1
	功能	
	ContactPicker 元件可讓使用者選擇 Android 通訊錄的一筆資料，並可讓使用者選擇特定內容。當使用者點選之後，請參考下列屬性： ・ContactName：聯絡人姓名。 ・EmailAddress：聯絡人的主要電子郵件。 ・Picture：聯絡人大頭照，照片 property value for the Image or Image Sprite component. 尚有其他屬性可用來設定ContactPicker元件之外觀，包括文字對齊、背景圖片以及事件（是否可點選）。	
	屬性	
	Enabled 設定是否可以使用。 ContactPicker1 . Enabled ContactPicker1 . Enabled to	

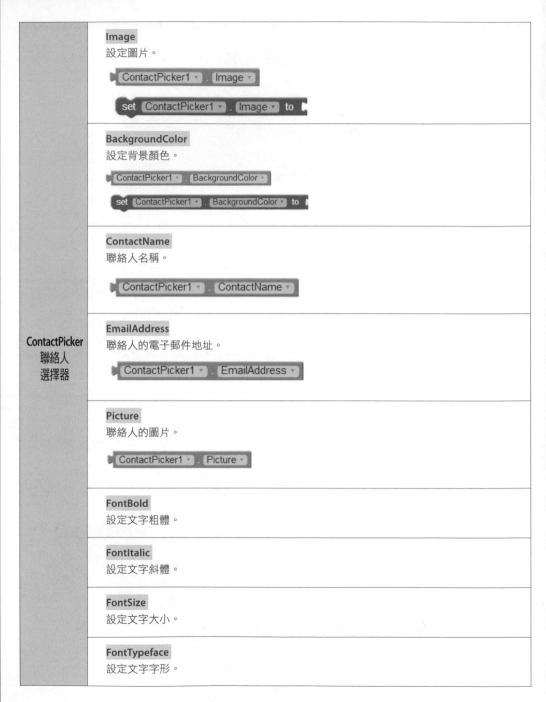

附錄

MyBlocks 自訂元件

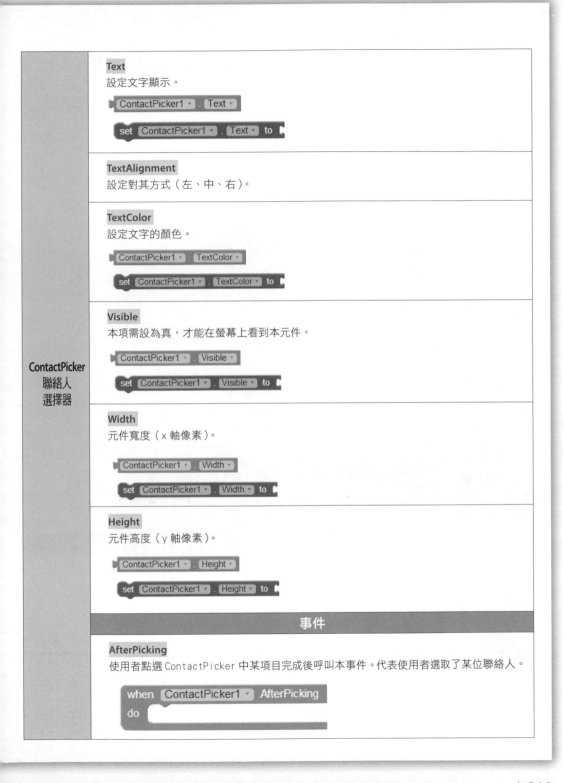

Text
設定文字顯示。

ContactPicker1 . Text

set ContactPicker1 . Text to

TextAlignment
設定對其方式（左、中、右）。

TextColor
設定文字的顏色。

ContactPicker1 . TextColor

set ContactPicker1 . TextColor to

Visible
本項需設為真，才能在螢幕上看到本元件。

ContactPicker1 . Visible

set ContactPicker1 . Visible to

ContactPicker
聯絡人
選擇器

Width
元件寬度（x 軸像素）。

ContactPicker1 . Width

set ContactPicker1 . Width to

Height
元件高度（y 軸像素）。

ContactPicker1 . Height

set ContactPicker1 . Height to

事件

AfterPicking
使用者點選 ContactPicker 中某項目完成後呼叫本事件。代表使用者選取了某位聯絡人。

when ContactPicker1 .AfterPicking
do

事件

AfterPicking

使用者點選 ContactPicker 中某項目完成後呼叫本事件。代表使用者選取了某位聯絡人。

```
when  ContactPicker1 ▾ .AfterPicking
do
```

BeforePicking

使用者點選 ContactPicker，但還沒點選某項目時呼叫本事件。

```
when  ContactPicker1 ▾ .BeforePicking
do
```

GotFocus

當指頭移到 ContactPicker 之上，代表現在可以點選本元件時呼叫本事件。

```
when  ContactPicker1 ▾ .GotFocus
do
```

ContactPicker
聯絡人
選擇器

LostFocus

當指頭移出 ContactPicker，代表不能點選本元件時呼叫本事件。

```
when  ContactPicker1 ▾ .LostFocus
do
```

方法

Open

開啟 ContactPicker，效果同使用者親自點選一樣。

```
call  ContactPicker1 ▾ .Open
```

圖形	
 @ EmailPicker	EmailPicker1 ▾

功能

　　EmailPicker 元件就是一個 textbox，使用者可輸入一個電子郵件信箱，且支援自動完成功能（auto-completion）。EmailPicker 元件的初始值與輸入後的值都可以在 Text 屬性中設定。如果 Text 屬性一開始為空，則 Hint 屬性會以顏色較淡的文字顯示在 EmailPicker 元件中。

　　其他屬性，包括文字對齊和背景顏色皆會影響 ListPicker 元件的外觀，我們也可設定其是否可以被點選（Enabled）。

屬性

EmailPicker
電子郵件
選擇器

Enabled
本項需設定為真，才可使用本元件。

BackgroundImage
設定背景顏色。

FontBold
設定文字粗體。

FontItalic
設定文字斜體。

FontSize
設定文字大小。

FontTypeface
設定文字字形。

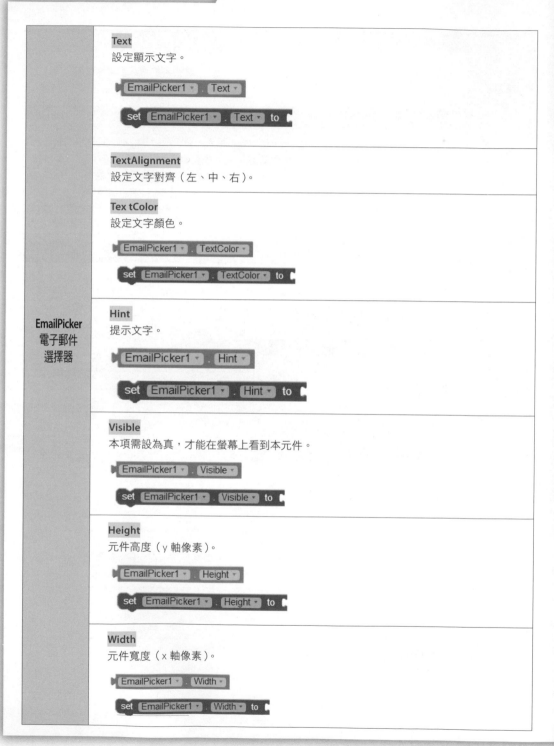

Text

設定顯示文字。

TextAlignment

設定文字對齊（左、中、右）。

Tex tColor

設定文字顏色。

Hint

提示文字。

Visible

本項需設為真，才能在螢幕上看到本元件。

Height

元件高度（y 軸像素）。

Width

元件寬度（x 軸像素）。

EmailPicker
電子郵件
選擇器

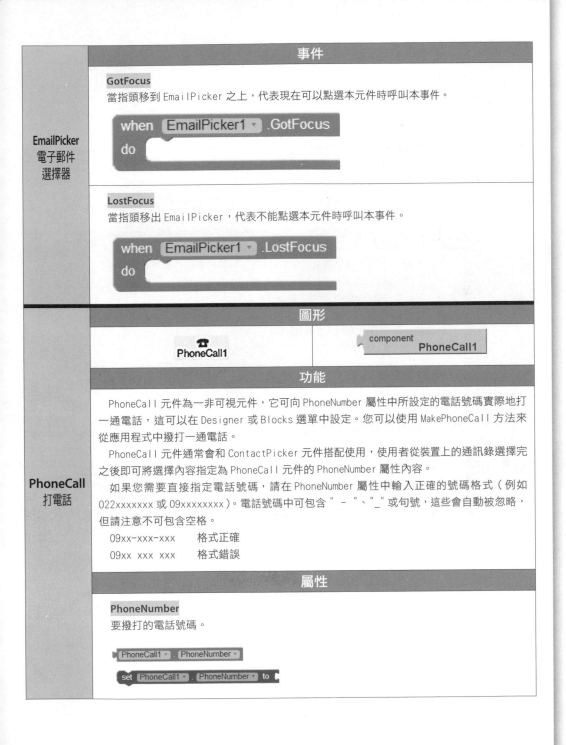

事件

GotFocus
當指頭移到 EmailPicker 之上，代表現在可以點選本元件時呼叫本事件。

LostFocus
當指頭移出 EmailPicker，代表不能點選本元件時呼叫本事件。

圖形

功能

　　PhoneCall 元件為一非可視元件，它可向 PhoneNumber 屬性中所設定的電話號碼實際地打一通電話，這可以在 Designer 或 Blocks 選單中設定。您可以使用 MakePhoneCall 方法來從應用程式中撥打一通電話。

　　PhoneCall 元件通常會和 ContactPicker 元件搭配使用，使用者從裝置上的通訊錄選擇完之後即可將選擇內容指定為 PhoneCall 元件的 PhoneNumber 屬性內容。

　　如果您需要直接指定電話號碼，請在 PhoneNumber 屬性中輸入正確的號碼格式（例如 022xxxxxxx 或 09xxxxxxxx）。電話號碼中可包含 " − "、"_" 或句號，這些會自動被忽略，但請注意不可包含空格。

09xx-xxx-xxx 　　格式正確
09xx xxx xxx 　　格式錯誤

屬性

PhoneNumber
要撥打的電話號碼。

EmailPicker
電子郵件
選擇器

PhoneCall
打電話

附錄

MyBlocks 自訂元件

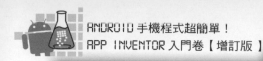

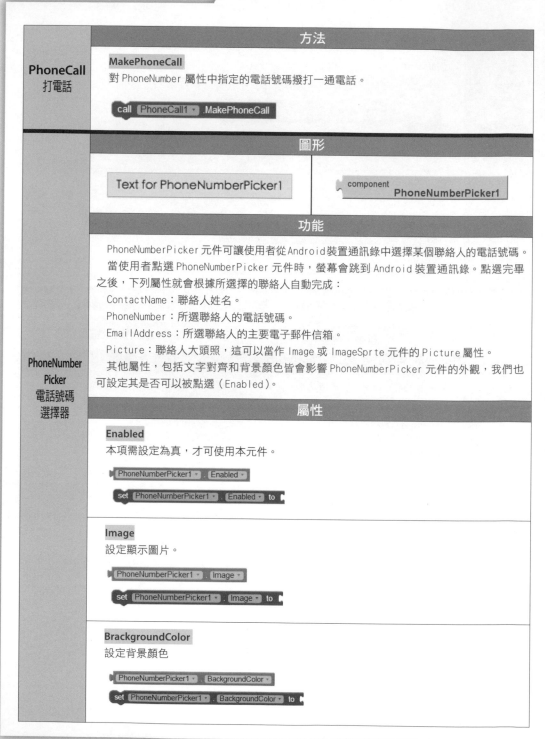

PhoneCall
打電話

方法

MakePhoneCall
對 PhoneNumber 屬性中指定的電話號碼撥打一通電話。

`call PhoneCall1 .MakePhoneCall`

PhoneNumber Picker
電話號碼
選擇器

圖形

`Text for PhoneNumberPicker1`   `component PhoneNumberPicker1`

功能

PhoneNumberPicker 元件可讓使用者從 Android 裝置通訊錄中選擇某個聯絡人的電話號碼。
當使用者點選 PhoneNumberPicker 元件時，螢幕會跳到 Android 裝置通訊錄。點選完畢之後，下列屬性就會根據所選擇的聯絡人自動完成：
ContactName：聯絡人姓名。
PhoneNumber：所選聯絡人的電話號碼。
EmailAddress：所選聯絡人的主要電子郵件信箱。
Picture：聯絡人大頭照，這可以當作 Image 或 ImageSprte 元件的 Picture 屬性。
其他屬性，包括文字對齊和背景顏色皆會影響 PhoneNumberPicker 元件的外觀，我們也可設定其是否可以被點選（Enabled）。

屬性

Enabled
本項需設定為真，才可使用本元件。

`PhoneNumberPicker1 . Enabled`
`set PhoneNumberPicker1 . Enabled to`

Image
設定顯示圖片。

`PhoneNumberPicker1 . Image`
`set PhoneNumberPicker1 . Image to`

BrackgroundColor
設定背景顏色

`PhoneNumberPicker1 . BackgroundColor`
`set PhoneNumberPicker1 . BackgroundColor to`

附錄 MyBlocks 自訂元件

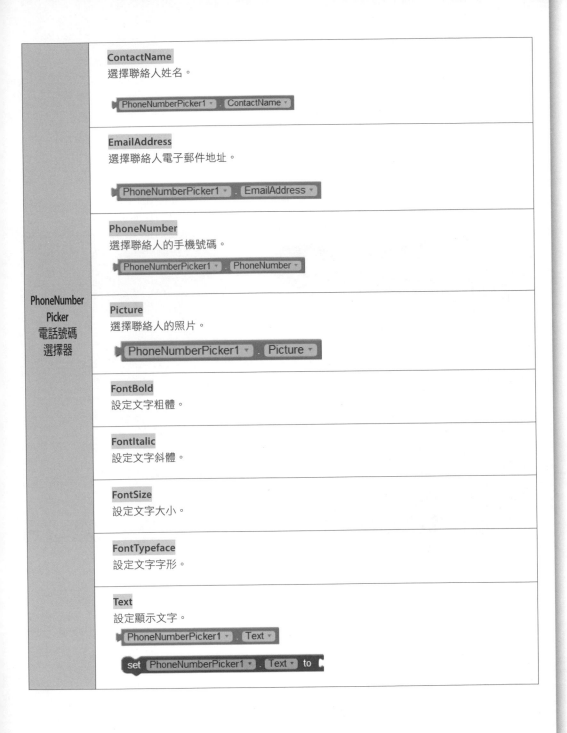

ContactName

選擇聯絡人姓名。

| PhoneNumberPicker1 ▾ | . | ContactName ▾ |

EmailAddress

選擇聯絡人電子郵件地址。

| PhoneNumberPicker1 ▾ | . | EmailAddress ▾ |

PhoneNumber

選擇聯絡人的手機號碼。

| PhoneNumberPicker1 ▾ | . | PhoneNumber ▾ |

Picture

選擇聯絡人的照片。

| PhoneNumberPicker1 ▾ | . | Picture ▾ |

FontBold

設定文字粗體。

FontItalic

設定文字斜體。

FontSize

設定文字大小。

FontTypeface

設定文字字形。

Text

設定顯示文字。

| PhoneNumberPicker1 ▾ | . | Text ▾ |

set | PhoneNumberPicker1 ▾ | . | Text ▾ | to

PhoneNumber
Picker
電話號碼
選擇器

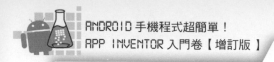

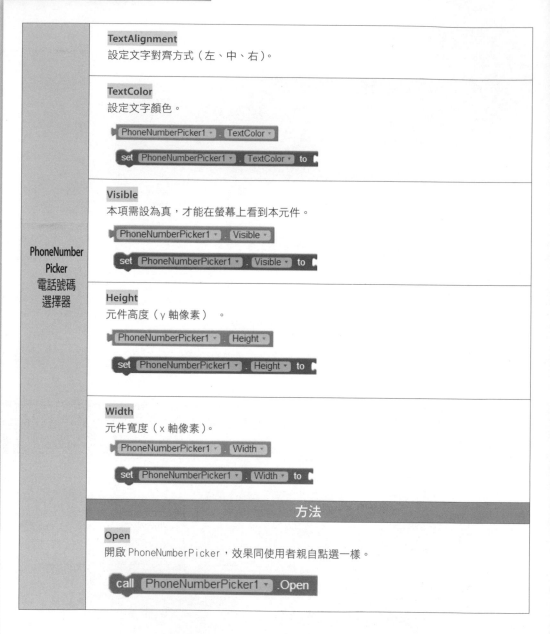

PhoneNumber Picker
電話號碼
選擇器

TextAlignment
設定文字對齊方式（左、中、右）。

TextColor
設定文字顏色。

PhoneNumberPicker1 . TextColor

set PhoneNumberPicker1 . TextColor to

Visible
本項需設為真，才能在螢幕上看到本元件。

PhoneNumberPicker1 . Visible

set PhoneNumberPicker1 . Visible to

Height
元件高度（y 軸像素）。

PhoneNumberPicker1 . Height

set PhoneNumberPicker1 . Height to

Width
元件寬度（x 軸像素）。

PhoneNumberPicker1 . Width

set PhoneNumberPicker1 . Width to

方法

Open
開啟 PhoneNumberPicker，效果同使用者親自點選一樣。

call PhoneNumberPicker1 .Open

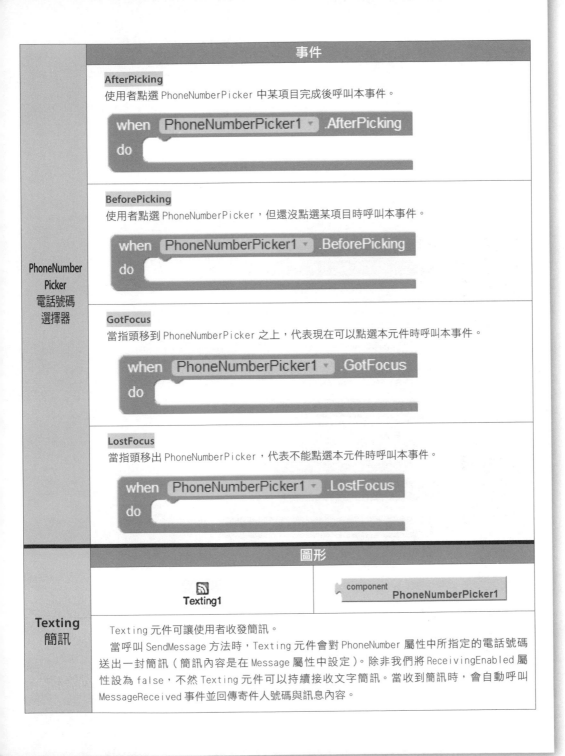

事件

AfterPicking

使用者點選 PhoneNumberPicker 中某項目完成後呼叫本事件。

when PhoneNumberPicker1 .AfterPicking
do

BeforePicking

使用者點選 PhoneNumberPicker，但還沒點選某項目時呼叫本事件。

when PhoneNumberPicker1 .BeforePicking
do

GotFocus

當指頭移到 PhoneNumberPicker 之上，代表現在可以點選本元件時呼叫本事件。

when PhoneNumberPicker1 .GotFocus
do

LostFocus

當指頭移出 PhoneNumberPicker，代表不能點選本元件時呼叫本事件。

when PhoneNumberPicker1 .LostFocus
do

PhoneNumber
Picker
電話號碼
選擇器

圖形

Texting1

component
PhoneNumberPicker1

Texting
簡訊

Texting 元件可讓使用者收發簡訊。

當呼叫 SendMessage 方法時，Texting 元件會對 PhoneNumber 屬性中所指定的電話號碼送出一封簡訊（簡訊內容是在 Message 屬性中設定）。除非我們將 ReceivingEnabled 屬性設為 false，不然 Texting 元件可以持續接收文字簡訊。當收到簡訊時，會自動呼叫 MessageReceived 事件並回傳寄件人號碼與訊息內容。

如果您需要直接指定電話號碼，請在 PhoneNumber 屬性中輸入正確的號碼格式（例如 022XXXXXXX 或 09XXXXXXXX）。電話號碼中可包含「-」、「_」或句號，這些會自動被忽略，但請注意不可包含空格。

屬性

GoogleVoiceEnabled

本選項為真，訊息可以透過 Google 語音使用 Wifi 發送，要使用此功能裝置必須有一個 Google 語音帳戶和語音應用程式安裝在手機上。

Google 語音選項僅適用於 Android2.0 或更高版本的手機。

Texting.GoogleVoiceEnabled:取得 Google 語音發送簡訊功能現在是否可使用(boolean)

Set Texting.GoogleVoiceEnabled：設定 Google 語音發送簡訊功能為可 / 不可使用

> Texting1 . GoogleVoiceEnabled

set Texting1 . GoogleVoiceEnabled to

Texting
簡訊

PhoneNumber

欲發送簡訊的電話號碼。

set Texting1 . PhoneNumber to

Message

欲發送的簡訊內容。

set Texting1 . Message to

ReceivingEnabled

本項需設為 true，Texting 元件才可以接收簡訊。

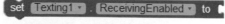

set Texting1 . ReceivingEnabled to

MessageReceived（Text number, Text message Text）

收到簡訊時呼叫本事件，參數 number 代表寄件人電話號碼，messageText 代表簡訊內容。

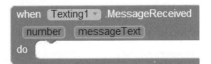

Texting
簡訊

SendMessage

向 PhoneNumber 屬性中所指定的電話號碼發送一封簡訊 簡訊內容是在 Message 屬性中設定。

Sharing 為一非可視元件，可在您的 app 與其他已安裝在裝置上的 app 之間分享檔案與（或）訊息。該元件會顯示已安裝的 app 清單，代表它們可處理 Sharing 元件所提供的資訊，並可讓使用者選擇要分享的目標應用程式，例如 mail、Facebook、簡訊等都可以。檔案路徑可透過像 Camera 或 ImagePicker 這樣的元件選取，但也可以直接由儲存裝置來讀取。請注意不同的裝置的儲存路徑也不同，所以您可能要試試看。例如在 Appinventor/asSets 資料夾下的 arrow.gif，其路徑可能為：

"file:///sdcard/Appinventor/asSets/arrow.gif" 或 "/storage/Appinventor/asSets/arrow.gif"

Sharing
分享元件

ShareFile（text file）

Sharing.ShareFile: 在已安裝在手機上的任何適合的 app 之間分享檔案，會以清單顯示可用的程式清單讓使用者來選擇其中之一。

選好 app 之後就會直接嵌入該檔案。例如 email 就會以附件方式來加入檔案。

ShareFileWithMessage（text file, text message）

Sharing.ShareFileWithMessage : 在已安裝在手機上的任何適合的 app 之間分享一段訊息與一個檔案，會以清單顯示可用的程式清單讓使用者來選擇其中之一。

選好 app 之後就會直接嵌入該訊息與檔案。

附錄

MyBlocks 自訂元件

Sharing 分享元件	**ShareMessage（text message）** Sharing.ShareMessage ： 在已安裝在手機上的任何適合的 app 之間分享一段訊息，會以清單顯示可用的程式清單讓使用者來選擇其中之一。 選好 app 之後就會直接嵌入該訊息。

圖形

功能

Twitter 元件為一非可視元件，它可讓使用者與 Twitter 進行通訊。主要方法有搜尋 Twitter（SearchTwitter）與登入（Authorize）。一旦使用者登入成功且 IsAuthorized 事件也確認登入成功，您就可以使用以下方法：

SetStatus：設定使用者本身狀態。

DirectMessage：對指定使用者發送訊息。

RequestDirectMessages：接收最新的訊息。

Follow：追蹤指定使用者。

StopFollowing：停止追蹤指定使用者。

RequestFollowers：取得誰正在追蹤我這份清單。

RequestFriendTimeline：取得追蹤使用者的最新消息。

RequestMentions：取得有提到使用者的最新消息。

Twitter
推特

一般來說使用上述方法時，您都可以從對應的事件來取得結果。例如使用 RequestFollowers 方法時，當追蹤者清單實際存在時就會呼叫 FollowersReceived 事件。這個動作要用掉一點時間，因為資料發送接收都要透過網路。另外當您的裝置沒有連上網際網路或是 Tiwtter 網站掛掉時，這時可能無法收到任何結果。

登入 Twitter 是透過 Twitter API（dev.twitter.com/pages/auth）所規定的 OAuth 協定來完成。如果您的 App Inventor 程式需要以合法使用者的身分進行 Twitter 相關操作，則第一件是要先使用 Authorize 方法。這個方法會顯示 Twitter 登入頁面，使用者只要輸入正確的帳號密碼就可以了，接著會程式中的 Twitter 元件就會收到一個認證（credential）。一旦 Twitter 元件收到這個認證之後就會呼叫 IsAuthorized 事件，這時應用程式就可以執行 Twitter 相關的操作了。為一個不需要認證就能執行的 Twitter 元件下的方法就是 SearchTwitter。一般來說，應用程式都會保留使用者的登入認證，所以使用者不需要每次都執行登入動作（除非使用者自行登出了 Twitter）。重新安裝這個應用程式將會使用 DeAuthorize 方法來清除認證。使用者之後可以從 Twitter 網站上的 Setting 頁面來取消對於應用程式的 Twitter 授權。若要檢查您的應用程式是否已取得認證，請使用 CheckAuthorized 方法。

附錄

MyBlocks 自訂元件

請注意：OAuth 協定絕大部分的動作都已經被隱藏在 Twitter 元件中，您不需要瞭解它們也能夠順利使用 Twitter 元件。但是，對於任何想要在應用程式中使用 Twitter 元件的開發者，都必須提供 **Consumer key** 與 **Consumer secret** 這兩項必要資訊。您需要在 twitter.com/oauth_clients/new 頁面中註冊您的應用程式，註冊完成後就可以得到這兩筆資料（格式為字串），如此才能讓 Twitter 成功辨認您的應用程式是否有權限可以進行相關操作。在註冊頁中，您需要提供以下資訊：

Application name

您應用程式的名稱，名稱應為唯一（unique），當應用程式名稱並非唯一時系統會發出警告。當應用程式使用者要求要登入Twitter時，系統會將這個名稱作為呼叫Authorize方法的結果來回傳。

Description

您的應用程式的說明。

Application website

使用者可找到更多有關這個應用程式資訊或是下載本應用程式的網站（如果您有建置這樣一個網站的話）。或者您可以填入其他有用的網站。

請注意本屬性為必填。

Application type

本屬性必須設定為 Browser（瀏覽器）。

Callback URL

本屬性必須為一個有效的 URL，Twitter 元件會將其自動調整為適當的內容。

Default access type

請將本屬性設定為read/write（讀/寫），代表應用程式可在Twitter中讀取或寫入資料。

如果覺得累的話，其他欄位就可以不用填了。當您的應用程式時註冊成功時，您會在頁面上看到**Consumer key**與**Consumer secret**這兩個專屬於本應用程式的字串。您可以將它們複製到應用程式中對應的Twitter元件屬性裡。如果您日後想更改這些設定，只要透過瀏覽器登入Twitter後，找到twitter.com/apps 頁面來找到您所註冊的應用程式，就可以進行修改了。

Twitter
推特

附錄

MyBlocks 自訂元件

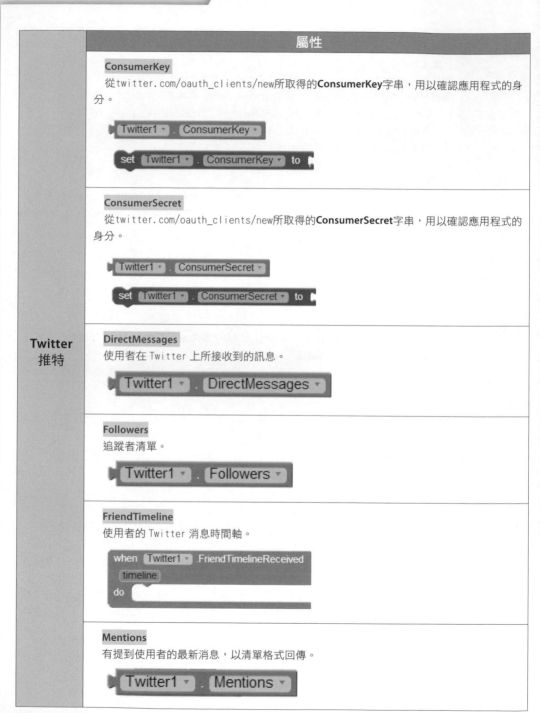

屬性

ConsumerKey

從twitter.com/oauth_clients/new所取得的**ConsumerKey**字串，用以確認應用程式的身分。

ConsumerSecret

從twitter.com/oauth_clients/new所取得的**ConsumerSecret**字串，用以確認應用程式的身分。

DirectMessages

使用者在 Twitter 上所接收到的訊息。

Followers

追蹤者清單。

FriendTimeline

使用者的 Twitter 消息時間軸。

Mentions

有提到使用者的最新消息，以清單格式回傳。

Twitter
推特

SearchResults

執行一次 Twitter 搜索後的結果。

Username

已授權的使用者名稱，如果回傳值為空代表沒有這一位使用者。

事件

DirectMessagesReceived（list messages）

當所有藉由 RequestDirectMessages 方法所查詢的訊息都收到時，呼叫本事件。

```
when  Twitter1 ▾ .DirectMessagesReceived
  messages
do
```

FollowersReceived（list followers）

當所有藉由 RequestFollowers 方法所查詢的追蹤者名單都收到時，呼叫本事件。

```
when  Twitter1 ▾ .FollowersReceived
  followers2
do
```

FriendTimelineReceived（list user-messages-list）

當所有藉由 RequestFriendTimeline 方法所查詢的時間軸資訊都收到時，呼叫本事件。
回傳清單的每一個元素都是一個包含兩個元素的清單，其中第一個元素為追蹤者名稱
（username），第二個則是該使用者的狀態（status）。

```
when  Twitter1 ▾ .FriendTimelineReceived
  timeline
do
```

Twitter
推特

IsAuthorized

當應用程式使用 Authorize 方法且成功登入時呼叫本事件。或者在登入之後使用 CheckAuthorized 方法也會呼叫本事件。本事件成功呼叫後即可使用 Twitter 元件中的所有方法。

MentionsReceived（list mentions）

當所有藉由 RequestMentions 方法所查詢之提到使用者最新消息（mention）時，呼叫本事件。

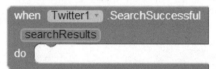

Twitter
推特

SearchSuccessful（list searchResults）

當 SearchTwitter 方法成功完成一次搜尋時，呼叫本事件。

方法

Authorize

本方法會顯示 Twitter 的登入頁面，使用者可由此登入。當使用者成功登入之後會呼叫 IsAuthorize 事件。

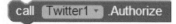

CheckAuthorized

回傳使用者是否已登入。如果已登入，也會呼叫 IsAuthorize 事件。

call [Twitter1 ▾] .CheckAuthorized

DeAuthorize
讓使用者從應用程式中登出。使用者需要再次登入才能使用 Twitter 元件的方法，例如 SearchTwitter 方法。

DirectMessage（Text user, Text message）
對指定使用者 user 發送訊息 message。

Follow（Text user）
追蹤指定使用者 user。

RequestDirectMessages
取得最新的訊息。

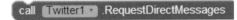

RequestFollower
取得指定使用者的追隨者清單。

RequestFriendTimeline
取得您在時間軸上最新的 20 則消息。回傳清單的每一個元素都是一個包含兩個元素的清單，其中第一個元素為發佈者名稱（username），第二個則是消息內容（status message）。

Twitter
推特

Twitter 推特	**RequestMentions** 取得有提到使用者的消息。 call Twitter1 ▾ .RequestMentions **SearchTwitter**（**Text query**） 將指定文字 query 在 Twitter 中進行一次搜索。 call Twitter1 ▾ .SearchTwitter query

B-5 Sensor 感測器元件

AccelerometerSensor 加速度感測器　　　**LocationSensor** 位置感測器

BarcodeScanner 條碼掃描器　　　　　**NearField** 近場通訊

Clock 時鐘元件　　　　　　　　　　　**OrientationSensor** 姿態感測器

	功能
Accelerometer Sensor 加速度感測器	AccelerometerSensor 元件可回傳 Android 裝置上的加速度感測器狀態，並可偵測裝置三個軸向的晃動狀況，偵測單位為 m/s^2。如果裝置面朝上水平靜置時，Z 軸加速度值約為 9.8（受地心引力影響）。 　・X 軸：正面時，向右傾斜，左側值增大，右側值減小，反之為負。 　・Y 軸：正面時，向下傾斜，上方值增大，下方值減小，反之為負。 　・Z 軸：當顯示朝上為正，反之為負。
	屬性
	Available 説明當下的 Android 裝置是否具備加速度感測器硬體。 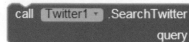AccelerometerSensor1 ▾ . Available ▾

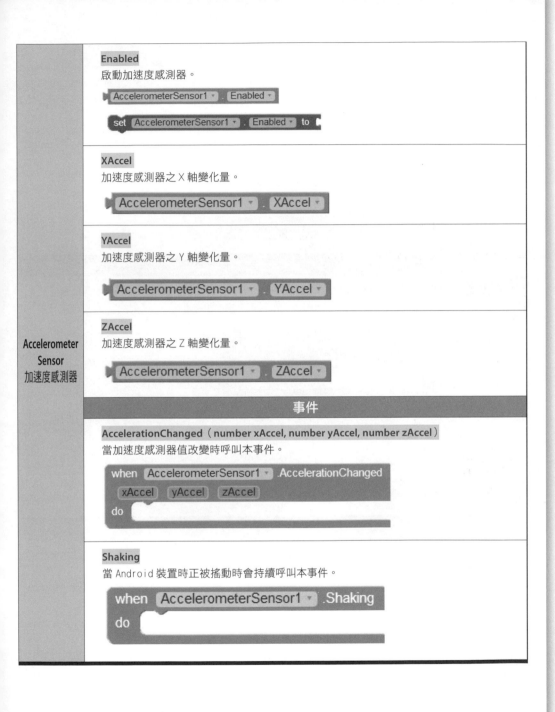

Enabled

啟動加速度感測器。

AccelerometerSensor1 . Enabled

set AccelerometerSensor1 . Enabled to

XAccel

加速度感測器之 X 軸變化量。

AccelerometerSensor1 . XAccel

YAccel

加速度感測器之 Y 軸變化量。

AccelerometerSensor1 . YAccel

ZAccel

加速度感測器之 Z 軸變化量。

AccelerometerSensor1 . ZAccel

Accelerometer
Sensor
加速度感測器

事件

AccelerationChanged（number xAccel, number yAccel, number zAccel）

當加速度感測器值改變時呼叫本事件。

when AccelerometerSensor1 .AccelerationChanged
xAccel yAccel zAccel
do

Shaking

當 Android 裝置時正被搖動時會持續呼叫本事件。

when AccelerometerSensor1 .Shaking
do

附錄

MyBlocks 自訂元件

<table>
<tr><td rowspan="6">Barcode
Scanner
條碼掃描器</td><td colspan="2" style="text-align:center">功能</td></tr>
</table>

功能	

BarcodeScanner 為一非可視元件，它可啟動手機的應用程式來讀取一維條碼或二維條碼（QR 碼）。在使用該元件之前，必須先在您的手機上安裝 ZXing 或其他條碼掃描器軟體，此類應用程式絕大部分都是免費的。

屬性

Result

BarcodeScanner.Result: 掃描成功後回傳的字串結果。

本屬性在 AfterScan 事件完成後就準備完成。掃描結果也可在 Blocks 中來取得。

> BarcodeScanner1 ▾ . Result ▾

事件

AfterScan（text result）

when BarcodeScanner.AfterScan: 掃描結束後呼叫本事件。

> when BarcodeScanner1 ▾ .AfterScan
> result
> do

方法

DoScan

BarcodeScanner.DoScan: 開始掃描。

> call BarcodeScanner1 ▾ .DoScan

功能

Clock元件可產生一個計時器，定期發起某個事件。它也可進行各種時間單位的運算與換算。

Clock元件的主要用途之一就是計時器（timer），設定時間區間之後，計時器就會定期觸發timer事件，並執行其內容。

Clock元件的第二個用途是進行時間的各種運算，並以不同單位來表達時間。Clock元件所使用的內部不時間格式稱為instant。Clock元件的Now方法可以將現在的時間以instant來回傳。Clock元件提供了許多方法來操作instant，例如回傳一個短短數秒鐘或長達數月數年的instant。此外它還提供了多種時間顯示方法，以指定instant的方式來顯示秒、分鐘、小時、天。

Clock
時鐘元件

附錄

MyBlocks 自訂元件

TimerInterval

時間區間，單位為毫秒。

set Clock1.TimerInterval: 設定 Clock 的時間區間。

Clock1.TimerInterval: 取得 Clock 的時間區間。

Clock1 ▾ . TimerInterval ▾

set Clock1 ▾ . TimerInterval ▾ to

TimerEnabled

本項需設定為真，才可觸發計時器。

set Clock1.TimerEnabled: 設定 Clock 為可 / 不可使用。

Clock1.TimerEnabled: 取得 Clock 現在是否可使用（boolean）。

Clock1 ▾ . TimerEnabled ▾

set Clock1 ▾ . TimerEnabled ▾ to

TimerAlwaysFires

本項如果是真，即便 App Inventor 程式退到背景沒在螢幕前端，計時器仍會繼續觸發。

set Clock1.TimerAlwaysFires: 設定是否永遠觸發計時器。

Clock1.TimerAlwaysFires: 取得現在是否永遠觸發計時器（boolean）。

Clock1 ▾ . TimerAlwaysFires ▾

set Clock1 ▾ . TimerAlwaysFires ▾ to

Clock
時鐘元件

事件

Timer

when Clock1.Timer: 根據 Timer Interval 屬性中所設定的時間（毫秒）來執行其內容。

when Clock1 ▾ .Timer
do

附錄

MyBlocks 自訂元件

方法

SystemTime

回傳 Android 裝置的內部系統時間，單位為毫秒。

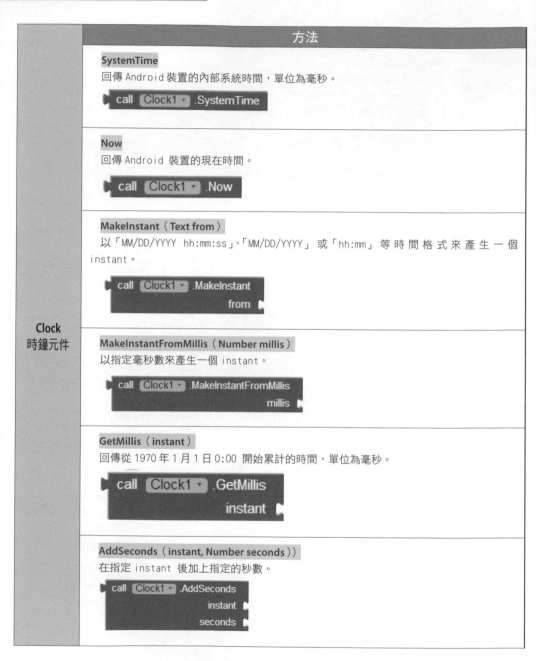

Now

回傳 Android 裝置的現在時間。

MakeInstant（Text from）

以「MM/DD/YYYY hh:mm:ss」、「MM/DD/YYYY」或「hh:mm」等時間格式來產生一個 instant。

Clock
時鐘元件

MakeInstantFromMillis（Number millis）

以指定毫秒數來產生一個 instant。

GetMillis（instant）

回傳從 1970 年 1 月 1 日 0:00 開始累計的時間，單位為毫秒。

AddSeconds（instant, Number seconds）)

在指定 instant 後加上指定的秒數。

MakeInstant（Text from）

以「MM/DD/YYYY hh:mm:ss」、「MM/DD/YYYY」或
「hh:mm」等時間格式來產生一個 instant。

```
call Clock1 ▾ .MakeInstant
                      from
```

MakeInstantFromMillis（Number millis）

以指定毫秒數來產生一個 instant。

```
call Clock1 ▾ .MakeInstantFromMillis
                      millis
```

GetMillis（instant）

從 1970 年 1 月 1 日 0:00 開始累計的時間，單位為毫秒。

```
call Clock1 ▾ .GetMillis
                   instant
```

Clock
時鐘元件

AddSeconds（instant, Number seconds））

在指定 instant 後加上指定的秒數。

```
call Clock1 ▾ .AddSeconds
                   instant
                   seconds
```

AddMinutes（instant, Number minutes）

在指定 instant 後加上指定的分鐘數。

```
call Clock1 ▾ .AddMinutes
                   instant
                   minutes
```

AddHours（instant, Number hours）

在指定 instant 後加上指定的小時數。

```
call Clock1 ▾ .AddHours
                   instant
                   hours
```

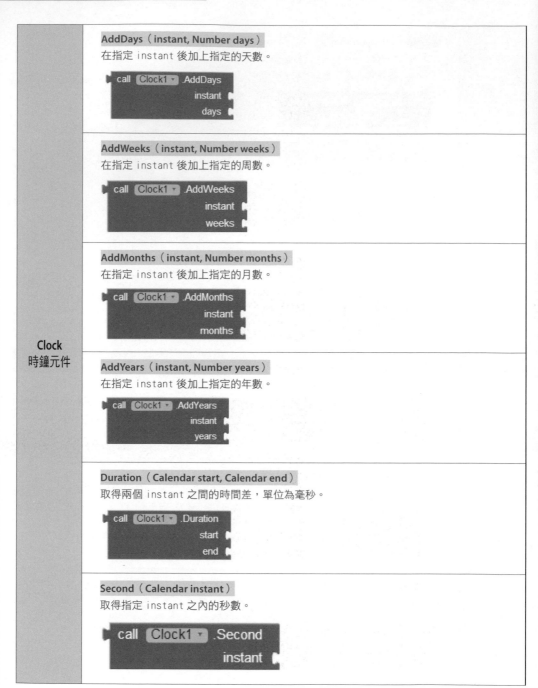

AddDays（**instant, Number days**）
在指定 instant 後加上指定的天數。

AddWeeks（**instant, Number weeks**）
在指定 instant 後加上指定的周數。

AddMonths（**instant, Number months**）
在指定 instant 後加上指定的月數。

Clock
時鐘元件

AddYears（**instant, Number years**）
在指定 instant 後加上指定的年數。

Duration（**Calendar start, Calendar end**）
取得兩個 instant 之間的時間差，單位為毫秒。

Second（**Calendar instant**）
取得指定 instant 之內的秒數。

附錄

MyBlocks 自訂元件

Minute（Calendar instant）

取得指定 instant 之內的分鐘數。

```
call Clock1 ▾ .Minute
              instant
```

Hour（Calendar instant）

取得指定 instant 中的小時數。

```
call Clock1 ▾ .Hour
              instant
```

DayOfMonth（Calendar instant）

取得指定 instant 在一個月中的天數，由 1 ～ 31 之間的數字所代表。

```
call Clock1 ▾ .DayOfMonth
              instant
```

Weekday（Calendar instant）

取得指定 instant 在一週中的天數，由 1 ～ 7 之間的數來字代表星期一～星期日。

```
call Clock1 ▾ .Weekday
              instant
```

WeekdayName（Calendar instant）

回傳指定 instant 是星期幾。

```
call Clock1 ▾ .WeekdayName
              instant
```

Month（Calendar instant）

取得指定 instant 在一年中的月份，由 1 ～ 12 之間的數來字代表月份。

```
call Clock1 ▾ .Month
              instant
```

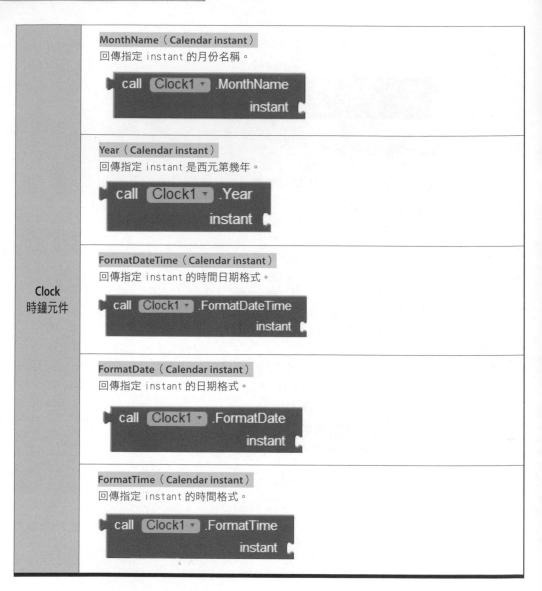

MonthName（Calendar instant）

回傳指定 instant 的月份名稱。

Year（Calendar instant）

回傳指定 instant 是西元第幾年。

FormatDateTime（Calendar instant）

回傳指定 instant 的時間日期格式。

FormatDate（Calendar instant）

回傳指定 instant 的日期格式。

FormatTime（Calendar instant）

回傳指定 instant 的時間格式。

Clock
時鐘元件

MyBlocks 自訂元件
附錄

　　LocationSensor元件可提供Android裝置現在的位置，第一優先是使用Android裝置上的GPS，接著是其他定位方法例如行動基地臺或是無線網路來定位。LocationSensor為一非可視元件，可提供有關位置的資訊，包括經度、緯度、海拔高度（某些裝置可能不支援）和地址。它還支援地理編碼，將指定地址（不一定要是裝置當下的位置）轉換為經度和緯度，分別使用LatitudeFromAddress（）與LongitudeFromAddress（）等指令。正常使用LocationSensor之前，必須將其Enabled屬性設為真，另外裝置本身必須能夠通過GPS衛星或上述其他方法進行位置感測。

Location Sensor
位置感測器

Accuracy
回傳 Android 裝置的精度等級，單位為公尺。

> LocationSensor1 ▾ . Accuracy ▾

Altitude
回傳 Android 裝置海拔的高度，視硬體支援程度而定。

> LocationSensor1 ▾ . Altitude ▾

AvailableProviders
回傳可用的服務提供者清單，例如像是 GPS 或網路。

> LocationSensor1 ▾ . AvailableProviders ▾

CurrentAddress
回傳 Android 裝置所在地的地址。

> LocationSensor1 ▾ . CurrentAddress ▾

Enabled
本項需設為真，才可取得位置資訊。
LocationSensor.Enabled：取得位置感測器現在是否可使用（boolean）。
set LocationSensor.Enabled：設定位置感測器為可 / 不可使用。

> LocationSensor1 ▾ . Enabled ▾

> set LocationSensor1 ▾ . Enabled ▾ to �

附錄

MyBlocks 自訂元件

339

Location-
Sensor
位置感測器

HasAccuracy

本項如果為真，代表本 Android 裝置可以回傳精度。

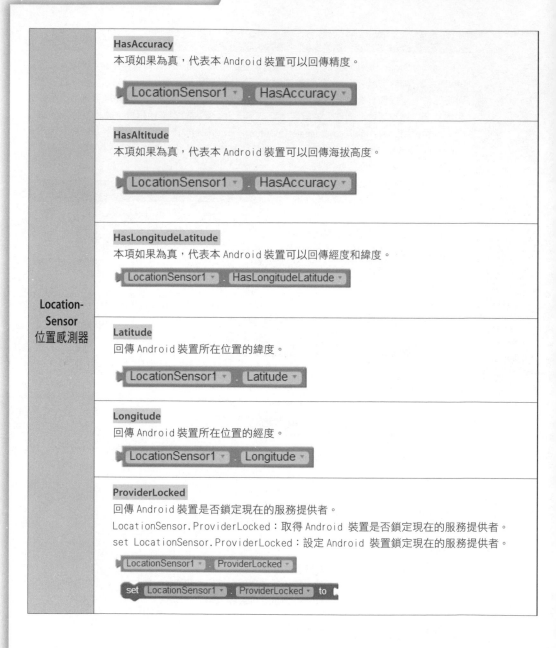

HasAltitude

本項如果為真，代表本 Android 裝置可以回傳海拔高度。

HasLongitudeLatitude

本項如果為真，代表本 Android 裝置可以回傳經度和緯度。

Latitude

回傳 Android 裝置所在位置的緯度。

Longitude

回傳 Android 裝置所在位置的經度。

ProviderLocked

回傳 Android 裝置是否鎖定現在的服務提供者。

LocationSensor.ProviderLocked：取得 Android 裝置是否鎖定現在的服務提供者。

set LocationSensor.ProviderLocked：設定 Android 裝置鎖定現在的服務提供者。

ProviderName

目前服務提供者名稱。

LocationSensor.ProviderName：取得目前服務提供者名稱。

set LocationSensor.ProviderLocked：設定目前服務提供者名稱。

LocationSensor1 . ProviderName

set LocationSensor1 . ProviderName to

DistanceInterval

LocationSensor 的距離間隔。

LocationSensor.DistanceInterval：取得 LocationSensor 的距離間隔。

set LocationSensor.DistanceInterval：設定 LocationSensor 的距離間隔。

LocationSensor1 . DistanceInterval

set LocationSensor1 . DistanceInterval to

TimeInterval

LocationSensor 的時間間隔。

LocationSensor.TimeInterval：取得 LocationSensor 的時間間隔。

set LocationSensor.TimeInterval：設定 LocationSensor 的時間間隔。

LocationSensor1 . TimeInterval

set LocationSensor1 . TimeInterval to

Location Sensor 位置感測器

事件

LocationChanged（number latitude, number longitude, number altitude）

when LocationSensor.LocationChanged：Android 裝置位置改變時呼叫本事件。

when LocationSensor1 .LocationChanged
latitude longitude altitude
do

StatusChanged（text provider, text status）

when LocationSensor.StatusChanged：Android 裝置的服務狀態改變時呼叫本事件。

when LocationSensor1 .StatusChanged
provider status
do

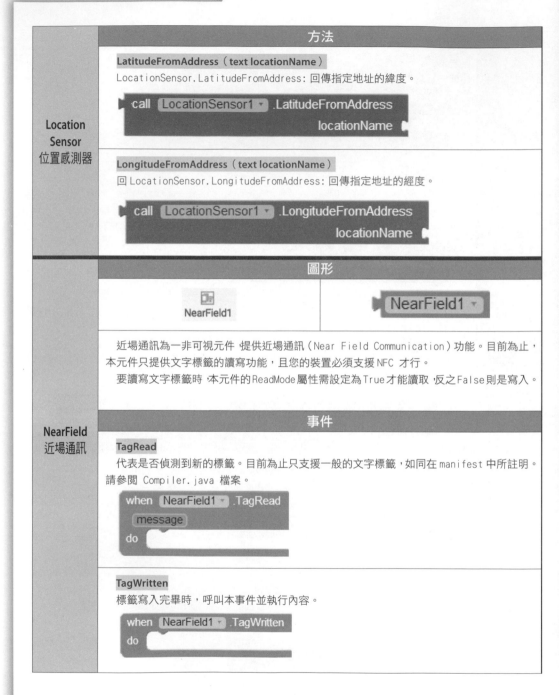

方法
LatitudeFromAddress（text locationName） LocationSensor.LatitudeFromAddress：回傳指定地址的緯度。

Location Sensor 位置感測器

LongitudeFromAddress（text locationName）
回 LocationSensor.LongitudeFromAddress：回傳指定地址的經度。

圖形

NearField1

NearField1

近場通訊為一非可視元件 提供近場通訊（Near Field Communication）功能。目前為止，本元件只提供文字標籤的讀寫功能，且您的裝置必須支援 NFC 才行。

要讀寫文字標籤時，本元件的 ReadMode 屬性需設定為 True 才能讀取，反之 False 則是寫入。

NearField 近場通訊

事件

TagRead
代表是否偵測到新的標籤。目前為止只支援一般的文字標籤，如同在 manifest 中所註明。請參閱 Compiler.java 檔案。

TagWritten
標籤寫入完畢時，呼叫本事件並執行內容。

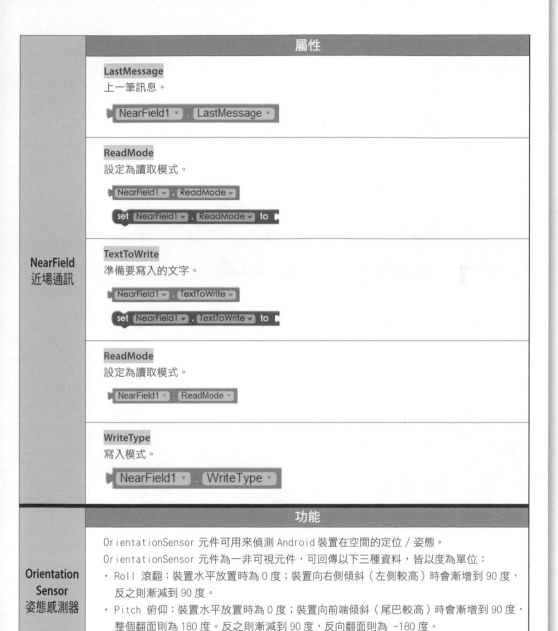

屬性
LastMessage 上一筆訊息。 `NearField1 ▾ . LastMessage ▾`

ReadMode
設定為讀取模式。
`NearField1 ▾ . ReadMode ▾`
`set NearField1 ▾ . ReadMode ▾ to ◖`

TextToWrite
準備要寫入的文字。
`NearField1 ▾ . TextToWrite ▾`
`set NearField1 ▾ . TextToWrite ▾ to ◖`

ReadMode 設定為讀取模式。 `NearField1 ▾ . ReadMode ▾`
WriteType 寫入模式。 `NearField1 ▾ . WriteType ▾`

NearField
近場通訊

功能
OrientationSensor 元件可用來偵測 Android 裝置在空間的定位 / 姿態。 OrientationSensor 元件為一非可視元件，可回傳以下三種資料，皆以度為單位： ・Roll 滾翻：裝置水平放置時為 0 度；裝置向右側傾斜（左側較高）時會漸增到 90 度，反之則漸減到 90 度。 ・Pitch 俯仰：裝置水平放置時為 0 度；裝置向前端傾斜（尾巴較高）時會漸增到 90 度，整個翻面則為 180 度。反之則漸減到 90 度，反向翻面則為 -180 度。 ・Azimuth 方位：當裝置朝向北方時為 0 度，東方為 90 度，南方為 180 度，西方為 270 度。以上數值皆假定裝置本身無軸向移動。

Orientation Sensor
姿態感測器

屬性

Available

回傳本台 Android 裝置上是否有姿態感測器可用。

OrientationSensor.Available：取得現在的裝置是否具備姿態感測器。

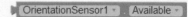

Enabled

本項需設為真，才可使用姿態感測器。

OrientationSensor.Enabled：取得姿態感測器現在是否可使用（boolean）

set OrientationSensor.Enabled：設定姿態感測器為可 / 不可使用

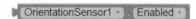

Azimuth 方位

OrientationSensor.Azimuth：回傳裝置的方位角。

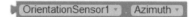

Pitch 俯仰

OrientationSensor.Pitch：回傳裝置的俯仰角。

Roll 滾翻

OrientationSensor.Roll：回傳裝置的滾翻角。

Magnitude 傾斜程度

OrientationSensor.Magnitude：回傳一個介於 0 到 1 之間的小數來代表目前裝置的傾斜程度，您可以想像一個小球在裝置上的滾動速度來表示這個數值的變化情況。

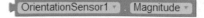

Orientation
Sensor
姿態感測器

<table>
<tr>
<td rowspan="3">**Orientation Sensor** 姿態感測器</td>
<td>

Angle 角度

`OrientationSensor.Angle`：回傳一個角度值代表目前裝置的傾斜角，也就是說如果我們在裝置上放一個小球，`Angle` 即代表球的滾動方向。

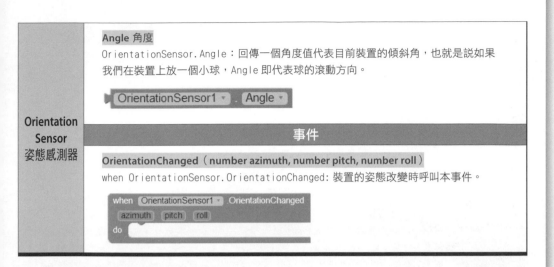

</td>
</tr>
<tr>
<td align="center">**事件**</td>
</tr>
<tr>
<td>

OrientationChanged（number azimuth, number pitch, number roll）

`when OrientationSensor.OrientationChanged`：裝置的姿態改變時呼叫本事件。

</td>
</tr>
</table>

B-6 Storage 儲存元件

File 檔案元件

FusiontablesControl

TinyDB 微型資料庫

TinyWebDB 網路微型資料庫

<table>
<tr>
<td rowspan="3">**File** 檔案元件</td>
<td align="center">**功能**</td>
</tr>
<tr>
<td>

　　`File` 元件是用來儲存與接收檔案的元件。您可透過它來讀寫裝置上的檔案。本元件預設會將檔案寫入到您 app 相關的私人 `private` 資料夾中。如果是用 App Inventor 所編寫的程式，會放在 `/sdcard/AppInventor/data` 這個資料夾下以便除錯。

　　如果檔案路徑是以 / 開頭的話，則本檔案就是建立在 sd 記憶卡中。例如要寫入 `/myFile.txt` 時，實際上就是寫入 `/sdcard/myFile.txt`。

</td>
</tr>
<tr>
<td>

事件

GotText（text text）

讀取檔案內容之後，呼叫本事件。

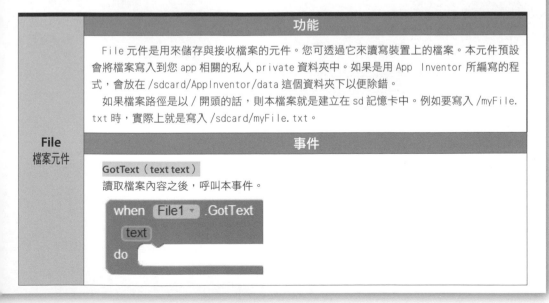

</td>
</tr>
</table>

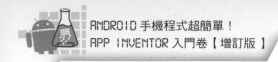
方法
AppendToFile（text text, text fileName） 將文字加入指定文字檔的末端，如果檔名不存在的話會自動新增一個。請參考 SaveFile 指令來看看檔案寫入的位置。 
Delete（text fileName） 從儲存空間刪除檔案。在檔名前加入 / 就可刪除 SD 卡中的指定檔案，例如 /myFile.txt 實際上會刪除 /sdcard/myFile.txt 這個檔案。 如果檔案路徑並非以 / 開頭的話，則放在程式私人區（private）中的檔案就會被刪除。以 // 雙斜線開頭的檔案路徑是不對的，因為 asSets 檔案無法刪除。 
ReadFrom（text fileName） 從儲存區檔案中讀取文字。以 / 開頭的檔案會指定為 SD 記憶卡上的特定檔案。例如要讀取 /myFile.txt 時，實際上就是讀取 /sdcard/myFile.txt。 如果要讀取其他應用程式中的 asSets，packaged with an application（也適用於 App Inventor 所編寫的程式），檔名需以 // 雙斜線開頭。 如果檔名沒有以 / 開頭的話，則會讀取一般應用程式的私人儲存區；如果是用 App Inventor 所編寫的程式，則是讀取 /sdcard/AppInventor/data 中的檔案。 

File
檔案元件

附錄

MyBlocks 自訂元件

**File
檔案元件**

SaveFile（text text, text fileName）

將文字寫入檔案中。如果檔案路徑是以斜線 / 開頭的話，則本檔案就是建立在 sd 記憶卡中。例如要寫入 /myFile.txt 時，實際上就是寫入 /sdcard/myFile.txt 這個檔案。

如果檔名並非以斜線/開頭的話，它就會寫在程式的私人資料目錄中，這樣手機上其他 app 就無法存取該檔案了。但對於用 App Inventor 所編寫的程式則有一個例外，寫在/sdcard/AppInventor/data 中的檔案可幫助您除錯。

請注意：本指令會覆寫已存在的同檔名檔案。如果您是要在檔案加入內容的話，請使用 AppendToFile 指令。

**Fusiontables
Control**

功能

您可使用 Google Fusion Tables 來儲存、分享、查詢並將表格視覺化呈現；本元件可讓您查詢、新增與修改這些表格，技術規格請參考 Fusion Tables API V1.0。

使用本元件時，需要先定義某一查詢、呼叫 SendQuery 來執行一次查詢，最後由 GotResult 將結果回傳給您。

請注意，您無須擔心查詢的 UTF 編碼問題。但請確認您的查詢語法是按照官方手冊所編寫，例如直行名稱的大小寫是有差的，單筆引用（quote）中包含空格的話，需要用括號包起來。

查詢結果通常會以 comma-separated values（CSV）的格式來回傳，您可使用 "list from csv table" 或 "list from csv row" 指令將其轉為清單。

使用 FusiontablesControl 元件

取得 API Key。

您需要取得一個 Google 的應用程式程式介面金鑰（API Key）才能使用 FusiontablesControl 元件。請根據以下步驟來取得 API key：

1. 使用您個人的 Google 帳號登入 Google APIs Console。
2. 在左側選單中，點選 Services 項目。
3. 在右側清單中找到 Fusiontables 服務，並啟動它。
4. 回到主選單，並選擇 API Access 項目。

您的 API Key 會在畫面下方 "Simple API Access" 這一段中，格式長這樣：AIzaSyCIrmOKAuIVNIOY8WjKFogJrAFwbXXXXXX。

所有會用到 Fusiontables 的 app，您都需要在其 ApiKey 欄位中填入這個值。

建立 Fusiontables App

當您在 Designer 頁面中新增一個 FusiontablesControl 元件之後，別忘了設定其 ApiKey 欄位，設是空白的。請在 Google APIs Console 頁面中啟動 Fusion Table 服務之後，複製 API Key 之後填入本欄位。

屬性

ApiKey: text（read-only）

在此填入您的 Google API key。要開發使用 Fusiontables 的 app 之前，您得先取得一個 Google API Key。取得 key 的過程如本頁面先前所述。

Query: text（read-only）

要送出給 Fusion Tables API 的查詢。正確的查詢格式與範例，請參閱 Fusion Tables API V1.0 。

事件

Fusiontables Control

GotResult（text result）

處理完一筆 Fusion Tables 查詢後，自動呼叫本事件並回傳結果。查詢結果通常會以 CSV 格式來回傳，您可使用 "list from csv table" 或 "list from csv row" 指令將其轉為清單。

方法

SendQuery（）

要求 Fusion Tables 伺服器進行一次查詢。

ForgetLogin（）

捨棄使用者的帳號名稱，這樣下次要使用 Fusion Table 就需要重新登入。

　　TinyDB 元件可用來儲存資料，之後每次運行應用程式時都可使用 TinyDB 元件的資料。TinyDB 元件為一非可視元件。由 AppInventor 所編寫的應用程式每次執行時都會重新被初始化。如果程式對某個變數進行調整之後退出程式，則下一次執行程式時該變數的值將恢復原狀。TinyDB 對於應用程式來說是一個永久的資料儲存器，意即每次程式啟動時都可以使用它所包含的資料。例如您可以保存遊戲的最高分排行榜，每次玩遊戲時都可顯示這一筆資料。不同的資料項目是根據標籤（tag）來儲存。每當儲存一筆資料時，您需要指定這筆資料的標籤。因此您可依據這個標籤來取用這筆資料。如果某個標籤下沒有任何資料，則回傳值為一個空的字串。反之，您可藉由回傳值是否為空字串來判斷某個標籤下是否有資料，例如沒有輸入任何東西的 TextBox。每個應用程式只能有一個資料存儲區。如果您有多個 TinyDB 元件，它們將使用相同的資料存儲區。如果要使用多個資料存儲區，您需要使用不同的金鑰（key）。再者，每個應用程式都有它專屬的資料存儲區，因此無法使用 TinyDB 元件讓 Android 裝置上的兩個不同應用程式彼此傳遞資料，要使用 Sharing 元件才行。

方法

TinyDB
微型資料庫

ClearAll
清除所有 TinyDB 內儲存的資料。

ClearTag
清除標籤，tag 參數必須是為文字字串。

GetTags
取得現在的標籤。

GetValue
　　取得指定標籤下的資料，tag 參數必須是為文字字串；如果其下沒有任何資料，則傳回 valueIfTagNotThere 下的字串，例如 "value not found" 來告訴使用者無此資料。

附錄

MyBlocks 自訂元件

TinyDB 微型資料庫	**StoreValue** 在指定標籤下的儲存一筆資料，tag 參數必須是為文字字串；valueToStore 可以為字串或清單。 

TinyWebDB 網路微型 資料庫	**功能**
	非可視元件，藉由網路服務通訊來儲存與提取資訊。 請參考 http://www.appinventorbeta.com/learn/reference/other/tinywebdb.html
	屬性
	ServiceURL TinyWebDB.ServiceURL：取得伺服器的網址。 Set TinyWebDB.ServiceURL：設定伺服器的網址。
	![TinyWebDB1 . ServiceURL]
	![set TinyWebDB1 . ServiceURL to]
	事件
	GotValue（text tagFromWebDB, any valueFromWebDB） when TinyWebDB.GotValue: 表示已順利從網路取回資料。
	![when TinyWebDB1 .GotValue tagFromWebDB valueFromWebDB do]
	ValueStored（） when TinyWebDB.ValueStored: 表示已順利將資料寫入網路資料庫。
	![when TinyWebDB1 .ValueStored do]

B-7 Connectivity 連接元件

ActivityStarter 活動啟動器

BluetoothClient 藍牙用戶端

BluetoothServer 藍牙伺服器

Web 網路

	功能
Activity Starter 活動啟動器	ActivityStarter 元件可以讓您的應用程式呼叫另一項活動（Activity）。 透過設定 ActivityStarter 的屬性，我們就能正確地與它溝通，詳細說明與範例請參考附錄 C<App Inventor 小祕訣。 可由 ActivityStarter 啟動的活動包括： 1. 啟動另一個 App Inventor 應用程式：首先確定您所要啟動的應用程式的 class，請下載它原始碼並解壓縮，找到一個名為「youngandroidproject/project.properties 檔。第一行將由「main =」開始，後面跟著 class 名稱， 例如： main=com.gmail.Bitdiddle.Ben.HelloPurr.Screen1 若要使您的 ActivityStarter 元件能夠呼叫這個程式，請如下設定： ■在 ActivityPackage 屬性中填入 class 名稱，但最後一個元件名稱不要放，例如 **com.gmail.Bitdiddle.Ben.HelloPurr**。 ■在 ActivityClass 屬性中填入完整的 class 名稱，例如 **com.gmail.Bitdiddle.Ben.HelloPurr.Screen1**。 2. 啟動內建於 Android 作業系統的活動：如使用相機或執行一次網路搜尋。您可以藉由以下設定來啟動相機： ■Action: **android.intent.action.MAIN** ■ActivityPackage: **com.android.camera** ■ActivityClass: **com.android.camera.Camera** 3. 執行網路搜尋：假定您要搜尋「vampire」這個詞，請依循以下設定： ■Action: **android.intent.action.WEB_SEARCH** ■ExtraKey: **query**

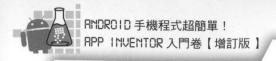
■ ExtraValue: **vampire**
■ ActivityPackage: **com.google.android.providers.enhancedgooglesearch**
■ ActivityClass: **com.google.android.providers.enhancedgooglesearch.Launcher**

4. 打開瀏覽器並到指定網頁：如果您想去的網站是「www.facebook.com」請依循以下設定：
■ Action: **android.intent.action.VIEW**
■ DataUri: **http://www.facebook.com**

您可以藉由 ActivityStarter 來啟動安裝在 Android 裝置上的第三方程式，但需要提供正確的 intent 來呼叫它們。

您也可以呼叫會產生字串結果的活動，並將這些結果拉回到您的應用程式當中。請注意擷取資料的方式與該程式實作的方法有關。

屬性

Activity Starter
活動啟動器

Action

欲使用 ActivityStarter 元件啟動的 activity。

ActivityStarter.Action：取得欲使用 ActivityStarter 元件啟動的 activity。
Set ActivityStarter.Action：設定欲使用 ActivityStarter 元件啟動的 activity。

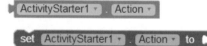

ActivityClass

欲呼叫 activity 之 class 名稱。

ActivityStarter.ActivityClass：取得欲呼叫 activity 之 class 名稱。
Set ActivityStarter.ActivityClass：設定欲呼叫 activity 之 class 名稱。

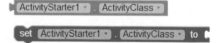

ActivityPackage

欲呼叫 activity 的 Package 名稱。

ActivityStarter.ActivityPackage：取得欲呼叫 activity 的 Package 名稱。
Set ActivityStarter.ActivityPackage：設定欲呼叫 activity 的 Package 名稱。

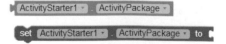

MyBlocks 自訂元件

附錄

DataUri

欲呼叫 activity 的 URI（Uniform Resource Identifier）。

ActivityStarter.DataUri：取得欲呼叫 activity 的 URI（Uniform Resource Identifier）。

Set ActivityStarter.DataUri：設定欲呼叫 activity 的 URI（Uniform Resource Identifier）。

| ActivityStarter1 . DataUri |

| set ActivityStarter1 . DataUri to |

ExtraKey

欲呼叫 activity 的 ExtraKey 名稱。

ActivityStarter.ExtraKey：取得欲呼叫 activity 的 ExtraKey 名稱。

Set ActivityStarter.ExtraKey：設定欲呼叫 activity 的 ExtraKey 名稱。

| ActivityStarter1 . ExtraKey |

| set ActivityStarter1 . ExtraKey to |

ExtraValue

欲呼叫 activity 的 ExtraValue 內容。

ActivityStarter.ExtraValue：取得欲呼叫 activity 的 ExtraValue 內容。

set ActivityStarter.ExtraValue：設定欲呼叫 activity 的 ExtraValue 內容。

| ActivityStarter1 . ExtraValue |

| set ActivityStarter1 . ExtraValue to |

Result

取得所呼叫 activity 的回傳值內容。

| ActivityStarter1 . Result |

ResultName

ActivityStarter.ResultName：取得所呼叫 activity 回傳值的名稱。

set ActivityStarter.ResultName：設定所呼叫 activity 回傳值的名稱。

| ActivityStarter1 . ResultName |

| set ActivityStarter1 . ResultName to |

Activity Starter 活動啟動器

附錄 MyBlocks 自訂元件

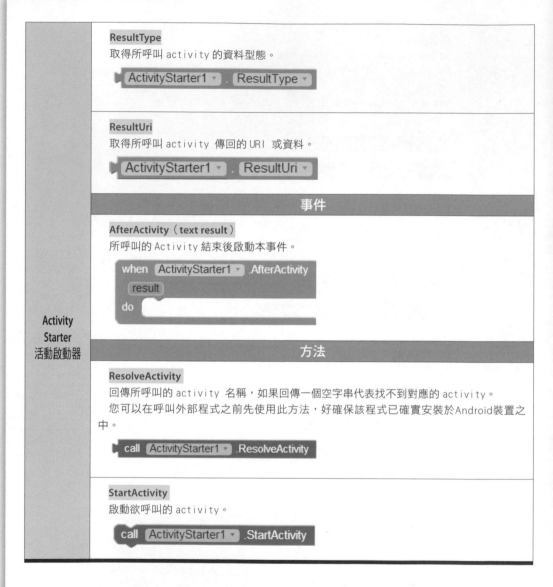

**Activity
Starter
活動啟動器**

ResultType

取得所呼叫 activity 的資料型態。

> ActivityStarter1 ▾ . ResultType ▾

ResultUri

取得所呼叫 activity 傳回的 URI 或資料。

> ActivityStarter1 ▾ . ResultUri ▾

事件

AfterActivity（text result）

所呼叫的 Activity 結束後啟動本事件。

when ActivityStarter1 ▾ .AfterActivity
　result
　do

方法

ResolveActivity

回傳所呼叫的 activity 名稱，如果回傳一個空字串代表找不到對應的 activity。
您可以在呼叫外部程式之前先使用此方法，好確保該程式已確實安裝於Android裝置之中。

call ActivityStarter1 ▾ .ResolveActivity

StartActivity

啟動欲呼叫的 activity。

call ActivityStarter1 ▾ .StartActivity

功能
藍牙用戶端元件，連線對象如樂高機器人或 HC05 藍牙發射器等。
屬性

Secure

是否使用 SSP（簡易安全配對），支援藍牙 v2.1 或更高版本的設備。當與嵌入式藍牙設備工作時，此屬性可能需要設置為 False（Android 2.0-2.2，此屬性設置將被忽略）。

`BluetoothClient1 . Secure`

`set BluetoothClient1 . Secure to`

AddressesAndNames

取得已配對藍牙裝置的名稱／位址清單。請注意如果您的手機從未和任何裝置進行藍牙配對，則本清單將為空。

`BluetoothClient1 . AddressesAndNames`

Available

回傳當下的 Android 裝置上是否可使用藍牙。

`BluetoothClient1 . Available`

CharacterEncoding

收發訊息時的字元編碼。

BluetoothClient.CharacterEncoding：取得收發訊息時的字元編碼。

set BluetoothClient.CharacterEncoding：設定收發訊息時的字元編碼。

`BluetoothClient1 . CharacterEncoding`

`set BluetoothClient1 . CharacterEncoding to`

DelimiterByte

呼叫 ReceiveText、ReceiveSignedBytes、ReceiveUnsignedBytes 等指令時，當引數 numberOfBytes 為負值，須使用界定字元（Delimiter Byte）當資料串結尾。

BluetoothClient.DelimiterByte：取得界定字元。

set BluetoothClient.DelimiterByte：設定界定字元。

`BluetoothClient1 . DelimiterByte`

`set BluetoothClient1 . DelimiterByte to`

Bluetooth Client
藍牙用戶端

Bluetooth Client
藍牙用戶端

Enabled
取得藍牙用戶端現在是否可使用（boolean）。

> BluetoothClient1 . Enabled

HighByteFirst
決定 2 及 4 位元組數值是否應先從最高位元開始傳送，確認通訊裝置的文件說明，應能與 App 適當通訊。Big-endian 俗稱為高位元組資料優先的排序方式。

BluetoothClient.HighByteFirst：取得高位元組資料優先的排序方式。
set BluetoothClient.HighByteFirst：設定高位元組資料優先的排序方式。

> BluetoothClient1 . HighByteFirst

> set BluetoothClient1 . HighByteFirst to

IsConnected
是否已建立藍牙連線。

> BluetoothClient1 . IsConnected

方法

BytesAvailableToReceive
回傳在不塞車情況下的可接收位元組數（估計值）。

> call BluetoothClient1 .BytesAvailableToReceive

Connect（text address）
與指定位址與序列埠的藍牙裝置進行連線，如果連接成功，則回傳 true。address 參數中可在 MAC 位址後包含額外的字元。

這代表您可以在不拆開 addressname 的情況之下，從 AddressesAndNames 屬性所回傳的清單中載送一些資料出去。

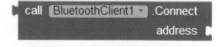

> call BluetoothClient1 .Connect
> address

ConnectWithUUID（text address, text uuid）

　　和指定位址及 UUID（Universally Unique Identifier，通用唯一識別碼）的藍牙裝置進行連線。如果連接成功，則回傳 true。address 參數中可在 MAC 位址後包含額外的字元。

　　這代表您可以在不拆開 addressname 的情況之下，從 AddressesAndNames 屬性所回傳的清單中載送一些資料出去。

　　樂高NXT 機器人的UUID 皆為00001101-0000-1000-8000-00805F9B34FB。

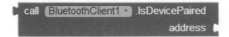

Bluetooth Client
藍牙用戶端
	Disconnect
	中斷藍牙連線。
	
	`call BluetoothClient1 ▾ .Disconnect`
	
	IsDevicePaired（text address）
	檢查指定位址的藍牙裝置是否已配對。
	
	`call BluetoothClient1 ▾ .IsDevicePaired`　`address`
	
	ReceiveSigned1ByteNumber
	從所連接的藍牙裝置接收 1 位元組長度的有正負號數值（ 以下簡稱有號數）。
	
	`call BluetoothClient1 ▾ .ReceiveSigned1ByteNumber`
	
	ReceiveSigned2ByteNumber
	從所連接的藍牙裝置接收 2 位元組長度的有號數。
	
	`call BluetoothClient1 ▾ .ReceiveUnsigned2ByteNumber`
	
	ReceiveSignedBytes（number numberOfBytes）
	　　從所連接的藍牙裝置接收多個有號位元組值。如果 numberOfBytes 小於 0，將持續讀取直到收到一個界定字元為止。
	
	`call BluetoothClient1 ▾ .ReceiveSignedBytes`　`numberOfBytes`

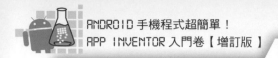
Bluetooth Client 藍牙用戶端

ReceiveText（number numberOfBytes）

從所連接的藍牙裝置接收一個字串。如果 numberOfBytes 小於 0，將持續讀取直到收到一個界定字元為止。

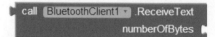

ReceiveUnsigned1ByteNumber

從所連接的藍牙裝置接收 1 位元組長度的無號數。

call BluetoothServer1 .ReceiveUnsigned1ByteNumber

ReceiveUnsigned2ByteNumber

從所連接的藍牙裝置接收 2 位元組長度的無號數。

call BluetoothClient1 .ReceiveUnsigned2ByteNumber

ReceiveUnsigned4ByteNumber

從所連接的藍牙裝置接收 4 位元組長度的無號數。

call BluetoothServer1 .ReceiveUnsigned4ByteNumber

ReceiveUnsignedBytes（number numberOfBytes）

從所連接的藍牙裝置接收多個無號位元組值。如果 numberOfBytes 小於 0，將持續讀取直到收到一個界定字元為止。

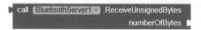

Send1ByteNumber（text number）

對已連接的藍牙裝置發送 1 位元組長度的數字。

Send2ByteNumber（text number）

對已連接的藍牙裝置發送 2 位元組長度的數字。

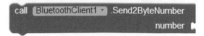

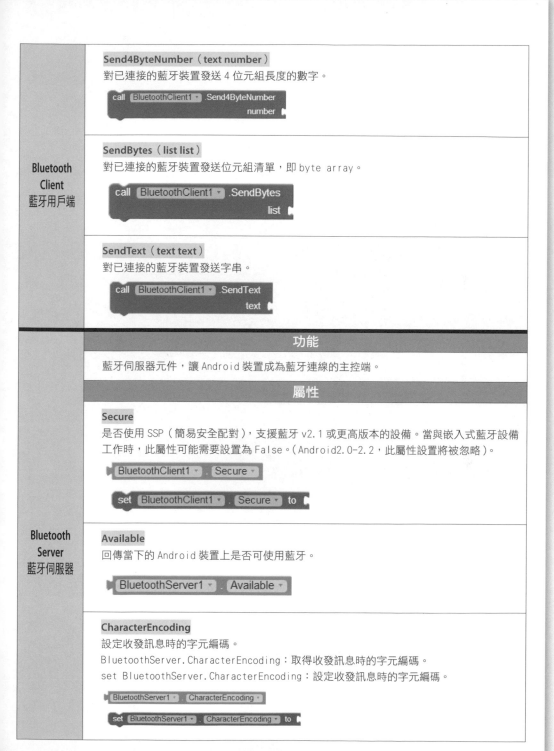

Send4ByteNumber（text number）
對已連接的藍牙裝置發送 4 位元組長度的數字。

Bluetooth Client
藍牙用戶端

SendBytes（list list）
對已連接的藍牙裝置發送位元組清單，即 byte array。

SendText（text text）
對已連接的藍牙裝置發送字串。

功能
藍牙伺服器元件，讓 Android 裝置成為藍牙連線的主控端。

屬性

Secure
是否使用 SSP（簡易安全配對），支援藍牙 v2.1 或更高版本的設備。當與嵌入式藍牙設備工作時，此屬性可能需要設置為 False。（Android2.0-2.2，此屬性設置將被忽略）。

Bluetooth Server
藍牙伺服器

Available
回傳當下的 Android 裝置上是否可使用藍牙。

CharacterEncoding
設定收發訊息時的字元編碼。
BluetoothServer.CharacterEncoding：取得收發訊息時的字元編碼。
set BluetoothServer.CharacterEncoding：設定收發訊息時的字元編碼。

Bluetooth Server 藍牙伺服器

DelimiterByte

呼叫 ReceiveText、ReceiveSignedBytes、ReceiveUnsignedBytes 等指令時，當引數 numberOfBytes 為負值，須使用界定字元（Delimiter Byte）當資料串結尾。

BluetoothServer.DelimiterByte：取得界定字元。

set BluetoothServer.DelimiterByte：設定界定字元。

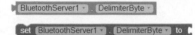

Enabled

取得藍牙用戶端現在是否可使用（boolean）。

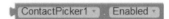

HighByteFirst

決定 2 及 4 位元組數值是否應先從最高位元開始傳送，確認通訊裝置的文件說明，應能與 app 適當通訊。Big-endian 俗稱為高位元組資料優先的排序方式。

BluetoothServer.HighByteFirst：取得高位元組資料優先的排序方式。

set BluetoothServer.HighByteFirst：設定高位元組資料優先的排序方式。

IsAccepting

代表本 BluetoothServer 元件是否允許 BluetoothClient 的連線要求。

IsConnected

是否已建立藍牙連線。

事件

ConnectionAccepted

當藍牙連線要求已被接受時呼叫本事件。

AcceptConnection（text serviceName）

接受 SSP 的連接請求。

AcceptConnectionWithUUID（text serviceName, text uuid）

接收由指定 UUID 發起的連線要求。

BytesAvailableToReceive

回傳在不塞車情況下的可接收位元組數（估計值）。

call BluetoothServer1 ▾ .BytesAvailableToReceive

Disconnect

中斷藍牙連線。

call BluetoothServer1 ▾ .Disconnect

ReceiveSigned1ByteNumber

從所連接的藍牙裝置接收 1 位元組長度的有號數。

call BluetoothServer1 ▾ .ReceiveSigned2ByteNumber

ReceiveSigned2ByteNumber

從所連接的藍牙裝置接收 2 位元組長度的有號數。

call BluetoothServer1 ▾ .ReceiveSigned2ByteNumber

ReceiveSigned4ByteNumber

從所連接的藍牙裝置接收 4 位元組長度的有號數。

call BluetoothServer1 ▾ .ReceiveSigned4ByteNumber

ReceiveSignedBytes（number numberOfBytes）

從所連接的藍牙裝置接收多個有號位元組值。如果 numberOfBytes 小於 0，將持續讀取直到收到一個界定字元為止。

Bluetooth
Server
藍牙伺服器

Bluetooth Server
藍牙伺服器

ReceiveText（number numberOfBytes）

從所連接的藍牙裝置接收一個字串。如果 numberOfBytes 小於 0，將持續讀取直到收到一個界定字元為止。

ReceiveUnsigned1ByteNumber

從所連接的藍牙裝置接收 1 位元組長度的無號數。

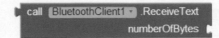

ReceiveUnsigned2ByteNumber

從所連接的藍牙裝置接收 2 位元組長度的無號數。

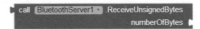

ReceiveUnsigned4ByteNumber

從所連接的藍牙裝置接收 4 位元組長度的無號數。

call BluetoothServer1 .ReceiveUnsigned4ByteNumber

ReceiveUnsignedBytes（number numberOfBytes）

從所連接的藍牙裝置接收多個無號位元組值。如果 numberOfBytes 小於 0，將持續讀取直到收到一個界定字元為止。

call BluetoothServer1 .ReceiveUnsignedBytes
numberOfBytes

Send1ByteNumber（text number）

對已連接的藍牙裝置發送 1 位元組長度的數字。

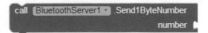

Send2ByteNumber（text number）

對已連接的藍牙裝置發送 2 位元組長度的數字。

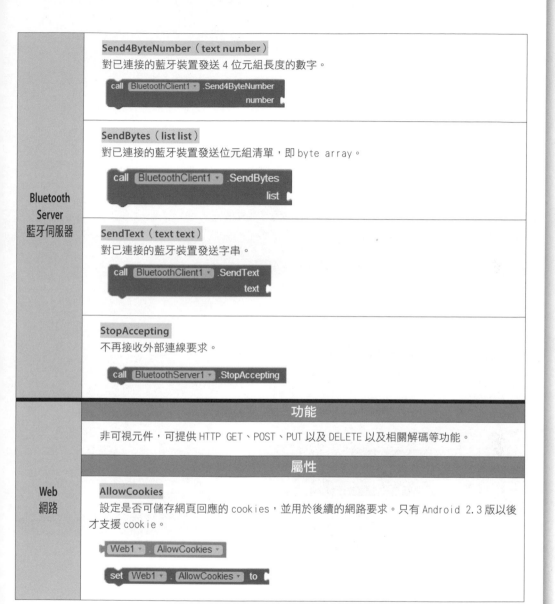

Send4ByteNumber（text number）

對已連接的藍牙裝置發送 4 位元組長度的數字。

SendBytes（list list）

對已連接的藍牙裝置發送位元組清單，即 byte array。

SendText（text text）

對已連接的藍牙裝置發送字串。

StopAccepting

不再接收外部連線要求。

Bluetooth Server 藍牙伺服器

功能
非可視元件，可提供 HTTP GET、POST、PUT 以及 DELETE 以及相關解碼等功能。

屬性

Web 網路

AllowCookies

設定是否可儲存網頁回應的 cookies，並用於後續的網路要求。只有 Android 2.3 版以後才支援 cookie。

Web
網路

RequestHeaders

Requestheader 為一個包含兩個子清單的清單。

每個子清單的第二個元素則是該 requestheader 的欄位名稱；第二個元素則是該 requestheader 的欄位值，可能是單一值或是一個包含多值的清單。

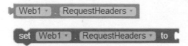

ResponseFileName

來儲存網頁回應的檔案名稱。如果 SaveResponse 欄位設訂為 tru 但未指定 ResponseFileName 的話，就會自動產生新的檔名。

SaveResponse

設定是否要將網頁回應存在檔案中。

Url

網路要求的 URL 路徑。

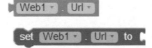

事件

GotFile（text url, number responseCode, text responSetype, text fileName）

執行完一次網路取得檔案之後，呼叫本事件。

```
when  Web1 ▼ .GotFile
  url   responseCode   responseType   fileName
do
```

GotText（text url, number responseCode, text responSetype, text responseContent）
執行完一次網路取得文字檔案動作之後，呼叫本事件。

方法

text BuildRequestData（list list）
將一個包含兩個子清單的清單（一對對的［名稱／值］）轉為以 application/x-www-form-ur 編碼的單一字串，可供 PostText 指令使用。

ClearCookies（ ）
清除本 Web 元件的所有 cookies。

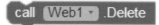

Delete（ ）
執行一次 HTTP DELETE 要求，須設定 Url 屬性之後才能取得回應。如果 SaveResponse 屬性為 true，回應會存在某個檔案之中並呼叫 GotFile 事件。
ResponseFileName 屬性可用來指定該檔案檔名。如果 SaveResponse 屬性為 false，就會呼叫 GotText 事件。

Get（ ）
執行一次 HTTP GET 要求，須設定 Url 屬性之後才能取得回應。如果 SaveResponse 屬性為 true，回應會存在某個檔案之中並呼叫 GotFile 事件。
ResponseFileName 屬性可用來指定該檔案檔名。如果 SaveResponse 屬性為 false，就會呼叫 GotText 事件。

Web
網路

HtmlTextDecode（text htmlText）

對指定 HTML 文字進行解碼。像 &、<、>、' 以及 " 這樣的 HTML 字元會被解析為 &, <, >, ' , "。像 &#xhhhh&#nnnn 會被解析為對應的字元。

JsonTextDecode（text jsonText）

解碼指定的 JSON 物件以產生對應的 AppInventor 值。一個 JSON 清單 [x, y, z] 會被解碼為（x y z）這樣的清單。

具有 name A value B 的 JSON 物件，例如 {name:123}，會被解碼為會被解碼為（（name 123））這樣的清單，也就是一個包含一個二元素清單（name 123）的清單。

Web
網路

PostFile（text path）

執行一次 HTTP POST 要求，須設定 Url 屬性與指定檔案的路徑資料。如果 SaveResponse 屬性為 true，回應會存在某個檔案之中並呼叫 GotFile 事件。

ResponseFileName 屬性可用來指定該檔案檔名。如果 SaveResponse 屬性為 false，就會呼叫 GotText 事件

PostText（text text）

執行一次 HTTP POST 要求，須設定 Url 屬性與指定文字。文字字元會以 UTF-8 進行編碼。如果 SaveResponse 屬性為 true，回應會存在某個檔案之中並呼叫 GotFile 事件。

ResponseFileName 屬性可用來指定該檔案檔名。如果 SaveResponse 屬性為 false，就會呼叫 GotText 事件。

PostTextWithEncoding（text text, text encoding）

執行一次 HTTP POST 要求，需設定 Url 屬性與指定文字。文字字元會以指定格式來進行編碼。如果 SaveResponse 屬性為 true，回應會存在某個檔案之中並呼叫 GotFile 事件。

ResponseFileName 屬性可用來指定該檔案檔名。如果 SaveResponse 屬性為 false，就會呼叫 GotText 事件。

PutFile（text path）

執行一次 HTTP PUT 要求，須設定 Url 屬性與指定檔案的路徑資料。如果 SaveResponse 屬性為 true，回應會存在某個檔案之中並呼叫 GotFile 事件。

ResponseFileName 屬性可用來指定該檔案檔名。如果 SaveResponse 屬性為 false，就會呼叫 GotText 事件。

PutText（text text）

執行一次 HTTP PUT 要求，須設定 Url 屬性與指定文字。文字字元會以 UTF-8 進行編碼。如果 SaveResponse 屬性為 true，回應會存在某個檔案之中並呼叫 GotFile 事件。

ResponseFileName 屬性可用來指定該檔案檔名。如果 SaveResponse property 為 false，就會呼叫 GotText 事件。

PutTextWithEncoding（text text, text encoding）

執行一次 HTTP PUT request using the Url property and the specified text. 文字中的字員會以指定編碼格式來進行編碼。如果 SaveResponse 屬性為 true，回應會存在某個檔案之中並呼叫 GotFile 事件。

ResponseFileName 屬性可用來指定該檔案檔名。如果 SaveResponse 屬性為 false，就會呼叫 GotText 事件。

Web
網路

Web 網路	**UriEncode（text text）** 將指定文字進行編碼，讓它可用在 URL 之中。	

```
call Web1 . UriEncode
              text
```

B-8 LEGO® MINDSTORMS®樂高機器人元件

NxtDirectCommands NXT 直接控制指令

NxtColorSensor NXT 顏色感測器

NxtLightSensor NXT 光感測器

NxtSoundSensor NXT 聲音感測器

NxtTouchSensor NXT 觸碰感測器

NxtUltrasonicSensor NXT 超音波感測器

NxtDrive NXT 馬達

	功能
NxtDirect Commands NXT 直接 控制指令	NxtDirectCommands 元件可藉由低階介面與樂高 NXT 機器人進行通訊，並發送 NXTDirect Command。 NXT Direct Command 是樂高公司對於 NXT 機器人所提供的特殊藍牙通訊規格，不需要編寫機器人端程式就可透過 NXT Direct Command 直接控制樂高 NXT 機器人。 註：本系列元件部適用於樂高 EV3 機器人。
	屬性
	BluetoothClient 欲進行通訊的 BluetoothClient 元件，本項只能在 Designer 中設定。
	方法

DeleteFile（text fileName）

刪除 NXT 主機上的指定檔案。

```
call NxtDirectCommands1 ▾ .DeleteFile
                            fileName ◖
```

DownloadFile（text source, text destination）

將檔案下載到 NXT 主機。

```
call NxtDirectCommands1 ▾ .DownloadFile
                              source ◖
                          destination ◖
```

GetBatteryLevel

NXT 主機目前的電池電量，單位為毫伏特。

```
call NxtDirectCommands1 ▾ .GetBatteryLevel
```

GetBrickName

取得 NXT 主機名稱。

```
call NxtDirectCommands1 ▾ .GetBrickName
```

GetCurrentProgramName

取得 NXT 主機上現在運行的程式名稱。

```
call NxtDirectCommands1 ▾ .GetCurrentProgramName
```

GetFirmwareVersion

以清單格式取得韌體（第一個項目）與通訊協定版本（第二個項目）。

```
call NxtDirectCommands1 ▾ .GetFirmwareVersion
```

GetInputValues（text sensorPortLetter）

讀取 InputValues NXT 主機指定輸出端的馬達狀態。

```
call NxtDirectCommands1 ▾ .GetInputValues
                       sensorPortLetter ◖
```

NxtDirect
Commands
NXT 直接
控制指令

NxtDirect Commands NXT 直接控制指令

KeepAlive

讓 NXT 主機保持開機，並每毫秒回傳一次現在的休眠時間限制。

```
call NxtDirectCommands1 ▾ .KeepAlive
```

ListFiles（text wildcard）

使用者設定條件（wildcard）之後，以清單回傳 NXT 主機中符合的檔案。

```
call NxtDirectCommands1 ▾ .ListFiles
                          wildcard ▸
```

LsGetStatus（text sensorPortLetter）

回傳可供讀取的位元組數。Ls 意指 Low speed 低速通訊，NXT 主機支援 I²C 的數位通訊方法，可連接任何支援 I²C 介面的 I/O 裝置。

```
call NxtDirectCommands1 ▾ .LsGetStatus
                    sensorPortLetter ▸
```

LsGetStatus（text sensorPortLetter）

回傳可供讀取的位元組數。Ls 意指 Low speed 低速通訊，NXT 主機支援 I²C 的數位通訊方法，可連接任何支援 I²C 介面的 I/O 裝置。

```
call NxtDirectCommands1 ▾ .LsGetStatus
                    sensorPortLetter ▸
```

LsRead（text sensorPortLetter）

從機器人指定輸入端讀取低速資料（值皆為正），假設我們已藉由 SetInputMode 設定了感測器類型（sensor type）。

```
call NxtDirectCommands1 ▾ .LsRead
                    sensorPortLetter ▸
```

LsWrite（text sensorPortLetter, list list, number rxDataLength）

對機器人指定輸入端讀取低速資料，假設我們已藉由 SetInputMode 設定了感測器類型（sensor type）。

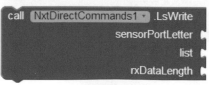

```
call NxtDirectCommands1 ▾ .LsWrite
                    sensorPortLetter ▸
                                list ▸
                       rxDataLength ▸
```

NxtDirect Commands NXT 直接控制指令

MessageRead（number mailbox）

從 NXT 主機上的指定信箱讀取資料，信箱編號由 1 到 10。

MessageWrite（number mailbox, text message）

對 NXT 主機上的指定信箱寫入資料，信箱編號由 1 到 10。

PlaySoundFile（text fileName）

播放 NXT 主機上的音效檔，附檔名為 .rso。

PlayTone（number frequencyHz, number durationMs）

讓NXT主機發出指定時間長度（durationMs，單位為毫秒）的音高（frequencyHz，赫茲）。

ReSetInputScaledValue（text sensorPortLetter）

重設 NXT 主機指定輸入端的正規化值（scaled value）。

ReSetMotorPosition（text motorPortLetter, boolean relative）

重設馬達位置。

SetBrickName（text name）

設定 NXT 主機名稱。

SetInputMode（text sensorPortLetter, number sensorType, number sensorMode）

設定 NXT 主機的指定輸入端狀態。`sensorPortLetter` 為輸入端編號 1 ～ 4，`sensorType` 為感測器類型，`sensorMode` 為感測器回傳值格式。

SetOutputState（text motorPortLetter, number power, number mode, number regulationMode,number turnRatio, number runState, number tachoLimit）

設定機器人的指定輸出端狀態，`motorPortLetter` 為輸出端編號 A-C，`umber power` 為馬達電力範圍 -100 ～ 100，`mode` 為資料模式，`regulationMode` 為馬達控制模式，`turnRatio` 為轉彎百分比 -100 ～ 100，`runState` 為執行狀態，`tachoLimit` 為角度感測器上限。

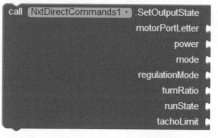

NxtDirect Commands NXT 直接 控制指令

StartProgram（text programName）

執行已下載到 NXT 主機上的程式。

StopProgram

停止 NXT 主機現在運行中的程式。

StopSoundPlayback

停止播放聲音。

功能
NxtColorSensor 元件可用來控制樂高 NXT 機器人上的顏色感測器。

屬性

BluetoothClient
用於通訊的 BluetoothClient 元件，必須在 Designer 中設定。

SensorPort
感測器所連接的輸入端，必須在 Designer 中設定。

DetectColor
設定顏色感測器要偵測顏色或是光值。設定為 true 代表應偵測顏色變化，反之則如同光感測器一樣偵測光值變化。

如果 DetectColor 屬性設定為 True，那麼 BelowRangeWithinRange、AboveRange 等事件都不會被呼叫，感測器前端也不會發光。

如果 DetectColor 屬性設定為 False，則 ColorChanged 事件不會被呼叫。

NxtColorSensor.DetectColor：取得顏色感測器要偵測顏色或是光值。

set NxtColorSensor.DetectColor：設定顏色感測器要偵測顏色或是光值。

NxtColor Sensor
顏色感測器

ColorChangedEventEnabled
當 DetectColor 屬性設定為 true 且偵測到的顏色發生變化時，設定是否呼叫 ColorChanged 事件。

NxtColorSensor.ColorChangedEventEnabled：取得是否呼叫 ColorChanged 事件。

set NxtColorSensor.ColorChangedEventEnabled：設定是否呼叫 ColorChanged 事件

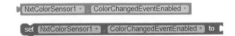

GenerateColor
設定顏色感測器是否會發光，只接受紅綠藍等三種顏色，這也是顏色感測器所能產生的三種顏色。當 DetectColor 屬性設定為 true 時，顏色感測器不會發光。

NxtColorSensor.GenerateColor：取得顏色感測器是否會發光。

set NxtColorSensor.GenerateColor：設定顏色感測器是否會發光。

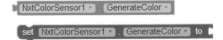

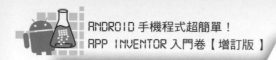
BottomOfRange

BelowRange、WithinRange 和 AboveRange 等事件的最小值。

NxtColorSensor.BottomOfRange：取得 BelowRange、WithinRange 和 AboveRange 等事件的最小值。

set NxtColorSensor.BottomOfRange：設定 BelowRange、WithinRange 和 AboveRange 等事件的最小值。

TopOfRange

BelowRange、WithinRange 和 AboveRange 等事件的最大值。

NxtColorSensor.TopOfRange：取得 BelowRange、WithinRange 和 AboveRange 等事件的最大值。

set NxtColorSensor.TopOfRange：設定 BelowRange、WithinRange 和 AboveRange 等事件的最大值。

NxtColor Sensor 顏色感測器

BelowRangeEventEnabled

決定當 DetectColor 屬性設定為 false 且光值低於 BottomOfRange 時，是否呼叫 Below-Range 事件。

NxtColorSensor.BelowRangeEventEnabled：取得當光值低於 BottomOfRange 時，是否呼叫 BelowRange 事件。

Set NxtColorSensor.BelowRangeEventEnabled：設定當光值低於 BottomOfRange 時，是否呼叫 BelowRange 事件。

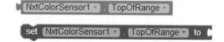

AboveRangeEventEnabled

決定當 DetectColor 屬性設定為 false 且光值高於 TopOfRange 時，是否呼叫 AboveRange 事件 .AboveRangeEventEnabled：取得當光值超過 TopOfRange 時，是否呼叫 AboveRange 事件。

Set NxtColorSensor.AboveRangeEventEnabled：設定當光值超過 TopOfRange 時，是否呼叫 AboveRange 事件。

BelowRangeEventEnabled

決定當 `DetectColor` 屬性設定為 `false` 且光值低於 `BottomOfRange` 時，是否呼叫 `Below-Range` 事件。

`NxtColorSensor.BelowRangeEventEnabled`：取得當光值低於 `BottomOfRange` 時，是否呼叫 `BelowRange` 事件。

`Set NxtColorSensor.BelowRangeEventEnabled`：設定當光值低於 `BottomOfRange` 時，是否呼叫 `BelowRange` 事件。

```
NxtColorSensor1 ▾ . BelowRangeEventEnabled

set NxtColorSensor1 ▾ . BelowRangeEventEnabled ▾ to
```

AboveRangeEventEnabled

決 定 當 `DetectColor` 屬 性 設 定 為 `false` 且 光 值 高 於 `TopOfRange` 時，是 否 呼 叫 `NxtColorSensor.AboveRangeEventEnabled`：取得當光值超過 `TopOfRange` 時，是否呼叫 `AboveRange` 事件。

`Set NxtColorSensor.AboveRangeEventEnabled`：設定當光值超過 `TopOfRange` 時，是否呼叫 `AboveRange` 事件。

```
NxtColorSensor1 ▾ . WithinRangeEventEnabled

set NxtColorSensor1 ▾ . WithinRangeEventEnabled ▾ to
```

事件

ColorChanged（number color）

偵測到的顏色已改變。

如果 `DetectColor` 或 `ColorChangedEventEnabled` 屬性任一項設定為 `False`，`ColorChanged` 事件不會發生。

```
when NxtColorSensor1 ▾ .ColorChanged
  color
do
```

BelowRange

光值低於指定範圍時，呼叫本事件。

如果 `DetectColor` 屬性設定為 `True` 或 `BelowRangeEventEnabled` 屬性設定為 `False`，`Below-Range` 事件不會發生。

```
when NxtColorSensor1 ▾ .BelowRange
do
```

**NxtColor
Sensor**
顏色感測器

WithinRange

光值介於指定範圍之間時，呼叫本事件。

　如果DetectColor屬性設定為True　或BelowRangeEventEnabled屬性設定為False，Below-
Range事件不會發生。

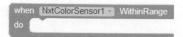

AboveRange

光值已經高於指定範圍，呼叫本事件。

　如果 DetectColor 屬性設定為 True　或 AboveRangeEventEnabled 屬性設定為 False，
AboveRange 事件不會發生。

NxtColor
Sensor
顏色感測器

方法

GetColor

回傳所偵測到的顏色，如果回傳值為 none 代表無法辨識顏色或因為 DetectColor 屬性設
定為 false 所導致。

GetLightLevel

回傳光值強度，這是一個介於 0 到 1023 之間的整數，如果回傳 -1 代表無法讀取光值或
因為 DetectColor 屬性設定為 true 所導致。

功能

NxtLightSensor 元件可用來控制樂高 NXT 機器人上的光感測器。

NxtLight
Sensor
光感測器

屬性

BluetoothClient

用於通訊的 BluetoothClient 元件，必須在 Designer 中設定。

SensorPort

感測器所連接的輸入端，必須在 Designer 中設定。

GenerateLight

光感測器前端燈泡是否發光。

`NxtLightSensor.GenerateLight`：取得光感測器前端燈泡是否發光。

set `NxtLightSensor.GenerateLight`：設定光感測器前端燈泡是否發光。

BottomOfRange

`BelowRange`、`WithinRange` 和 `AboveRange` 等事件的最小值。

`NxtLightSensor.BottomOfRange`：取得 `BelowRange`、`WithinRange` 和 `AboveRange` 等事件的最小值。

set `NxtLightSensor.BottomOfRange`：設定 `BelowRange`、`WithinRange` 和 `AboveRange` 等事件的最小值。

TopOfRange

`BelowRange`、`WithinRange` 和 `AboveRange` 等事件的最大值。

`NxtLightSensor.TopOfRange`：取得 `BelowRange`、`WithinRange` 和 `AboveRange` 等事件的最大值。

set `NxtLightSensor.TopOfRange`：設定 `BelowRange`、`WithinRange` 和 `AboveRange` 等事件的最大值。

BelowRangeEventEnabled

決定當光值低於 `BottomOfRange` ，是否呼叫 `BelowRange` 事件。

`NxtLightSensor.BelowRangeEventEnabled`：取得當光值低於`BottomOfRange`時，是否呼叫`BelowRange`事件。

set `NxtLightSensor.BelowRangeEventEnabled`：設定當光值低於`BottomOfRange`時，是否呼叫`BelowRange`事件。

WithinRangeEventEnabled

決定當光值介於 BottomOfRange 與 TopOfRange 之間時，是否呼叫 WithinRange 事件。

NxtLightSensor.WithinRangeEventEnabled：取得當光值介於BottomOfRange與TopOfRange之間時，是否呼叫WithinRange事件。

set NxtLightSensor.WithinRangeEventEnabled：設定當光值介於BottomOfRange與TopOfRange之間時，是否呼叫WithinRange事件。

AboveRangeEventEnabled

決定當光值高於 TopOfRange ，是否呼叫 AboveRange 事件。

NxtLightSensor.AboveRangeEventEnabled：取得當光值超過 TopOfRange 時，是否呼叫 AboveRange 事件。

set NxtLightSensor.AboveRangeEventEnabled：設定當光值超過 TopOfRange 時，是否呼叫 AboveRange 事件。

NxtLight Sensor 光感測器

事件

BelowRange

光值低於指定範圍時，呼叫本事件。

```
when  NxtLightSensor1 ▾ .BelowRange
do
```

WithinRange

光值介於指定範圍之間時，呼叫本事件。

```
when  NxtLightSensor1 ▾ .WithinRange
do
```

AboveRange

光值高於指定範圍時，呼叫本事件。

```
when  NxtLightSensor1 ▾ .AboveRange
do
```

附錄 MyBlocks 自訂元件

	方法
NxtLight Sensor 光感測器	**GetLightLevel** 回傳光值強度，這是一個介於 0 到 1023 之間的整數，如果回傳 −1 代表無法讀取光值。 `call NxtLightSensor1 .GetLightLevel`

	功能
	NxtSoundSensor 元件可用來控制樂高 NXT 機器人上的聲音感測器。

	屬性
NxtSound Sensor 聲音感測器	**BluetoothClient** 用於通訊的 BluetoothClient 元件，必須在 Designer 中設定。
	SensorPort 感測器所連接的輸入端，必須在 Designer 中設定。

	BottomOfRange
	BelowRange、WithinRange 和 AboveRange 等事件的最小值。
	NxtSoundSensor.BottomOfRange：取得 BelowRange、WithinRange 和 AboveRange 等事件的最小值。
	set NxtSoundSensor.BottomOfRange：設定 BelowRange、WithinRange 和 AboveRange 等事件的最小值。
	`NxtUltrasonicSensor1 . BottomOfRange`
	`set NxtUltrasonicSensor1 . BottomOfRange to`

	TopOfRange
	BelowRange、WithinRange 和 AboveRange 等事件的最大值。
	NxtSoundSensor.TopOfRange：取得 BelowRange、WithinRange 和 AboveRange 等事件的最大值。
	set NxtSoundSensor.TopOfRange：設定 BelowRange、WithinRange 和 AboveRange 等事件的最大值。
	`NxtSoundSensor1 . TopOfRange`
	`set NxtSoundSensor1 . TopOfRange to`

NxtSound Sensor 聲音感測器

BelowRangeEventEnabled

決定當音量介於 BottomOfRange 與 TopOfRange 之間時，是否呼叫 WithinRange 事件。

NxtSoundSensor.WithinRangeEventEnabled：取 得 當 音 量 介 於 BottomOfRange 與 TopOfRange 之間時，是否呼叫 WithinRange 事件。

set NxtSoundSensor.WithinRangeEventEnabled：設定當音量介於 BottomOfRange 與 TopOfRange 之間時，是否呼叫 WithinRange 事件。

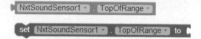

WithinRangeEventEnabled

決定當音量介於 BottomOfRange 與 TopOfRange 之間時，是否呼叫 WithinRange 事件。

NxtSoundSensor.WithinRangeEventEnabled：取得當音量介於 BottomOfRange 與 TopOfRange 之間時，是否呼叫 WithinRange 事件。

set NxtSoundSensor.WithinRangeEventEnabled：設定當音量介於 BottomOfRange 與 TopOfRange 之間時，是否呼叫 WithinRange 事件。

AboveRangeEventEnabled

決定當音量超過 TopOfRange ，是否呼叫 AboveRange 事件。

NxtSoundSensor.AboveRangeEventEnabled：取得當音量超過 TopOfRange，是否呼叫 AboveRange 事件。

set NxtSoundSensor.AboveRangeEventEnabled：設定當音量超過 TopOfRange，是否呼叫 AboveRange 事件。

事件

BelowRange

音量低於指定範圍時，呼叫本事件。

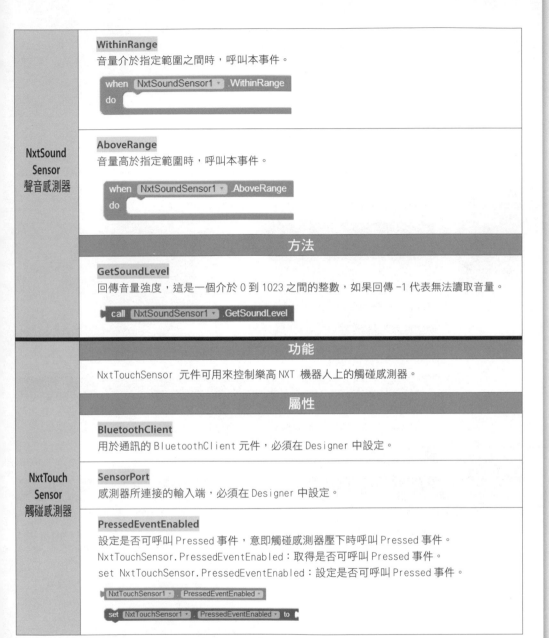

WithinRange

音量介於指定範圍之間時，呼叫本事件。

```
when  NxtSoundSensor1 ▾ .WithinRange
do
```

AboveRange

音量高於指定範圍時，呼叫本事件。

```
when  NxtSoundSensor1 ▾ .AboveRange
do
```

**NxtSound
Sensor
聲音感測器**

方法

GetSoundLevel

回傳音量強度，這是一個介於 0 到 1023 之間的整數，如果回傳 –1 代表無法讀取音量。

```
call  NxtSoundSensor1 ▾ .GetSoundLevel
```

功能

NxtTouchSensor 元件可用來控制樂高 NXT 機器人上的觸碰感測器。

屬性

BluetoothClient

用於通訊的 BluetoothClient 元件，必須在 Designer 中設定。

**NxtTouch
Sensor
觸碰感測器**

SensorPort

感測器所連接的輸入端，必須在 Designer 中設定。

PressedEventEnabled

設定是否可呼叫 Pressed 事件，意即觸碰感測器壓下時呼叫 Pressed 事件。
NxtTouchSensor.PressedEventEnabled：取得是否可呼叫 Pressed 事件。
set NxtTouchSensor.PressedEventEnabled：設定是否可呼叫 Pressed 事件。

```
NxtTouchSensor1 ▾ . PressedEventEnabled ▾
```

```
set  NxtTouchSensor1 ▾ . PressedEventEnabled ▾  to
```

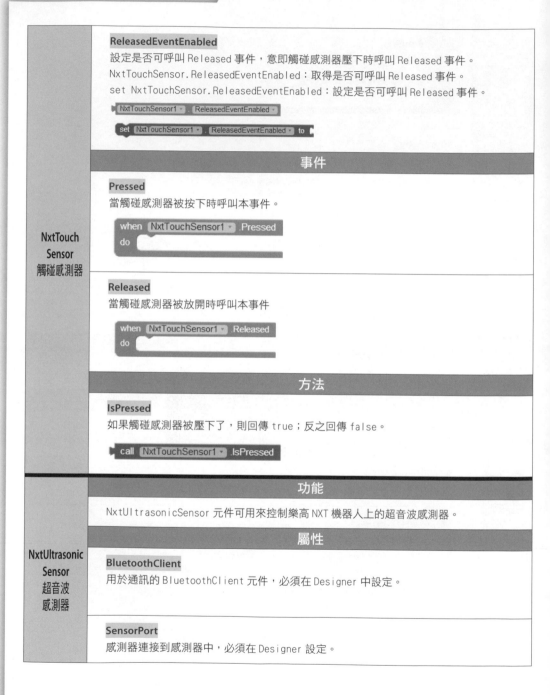

NxtTouch Sensor
觸碰感測器

ReleasedEventEnabled
設定是否可呼叫 Released 事件，意即觸碰感測器壓下時呼叫 Released 事件。
NxtTouchSensor.ReleasedEventEnabled：取得是否可呼叫 Released 事件。
set NxtTouchSensor.ReleasedEventEnabled：設定是否可呼叫 Released 事件。

事件

Pressed
當觸碰感測器被按下時呼叫本事件。

Released
當觸碰感測器被放開時呼叫本事件

方法

IsPressed
如果觸碰感測器被壓下了，則回傳 true；反之回傳 false。

NxtUltrasonic Sensor
超音波感測器

功能

NxtUltrasonicSensor 元件可用來控制樂高 NXT 機器人上的超音波感測器。

屬性

BluetoothClient
用於通訊的 BluetoothClient 元件，必須在 Designer 中設定。

SensorPort
感測器連接到感測器中，必須在 Designer 設定。

| NxtUltrasonic
Sensor
超音波
感測器 | **BottomOfRange**
BelowRange、WithinRange 和 AboveRange 等事件的最小值。
NxtUltrasonicSensor.BottomOfRange：取得BelowRange、WithinRange和AboveRange等事件的最小值。
set NxtUltrasonicSensor.BottomOfRange：設定BelowRange、WithinRange和AboveRange等事件的最小值。
 |

TopOfRange

BelowRange、WithinRange 和 AboveRange 等事件的最大值。

NxtUltrasonicSensor.TopOfRange：取得BelowRange、WithinRange和AboveRange等事件的最大值。

set NxtUltrasonicSensor.TopOfRange：設定BelowRange、WithinRange和AboveRange等事件的最大值。

BelowRangeEventEnabled

決定當距離低於 BottomOfRange，是否呼叫 BelowRange 事件。

NxtUltrasonicSensor.BelowRangeEventEnabled：取得當距離低於 BottomOfRange 時，是否呼叫 BelowRange 事件。

set NxtUltrasonicSensor.BelowRangeEventEnabled：設定當距離低於 BottomOfRange，是否呼叫 BelowRange 事件。

WithinRangeEventEnabled

決定當距離介於 BottomOfRange 與 TopOfRange 之間時，是否呼叫 WithinRange 事件。

NxtUltrasonicSensor.WithinRangeEventEnabled：取得當距離介於 BottomOfRange 與 TopOfRange 之間時，是否呼叫 WithinRange 事件。

Set NxtUltrasonicSensor.WithinRangeEventEnabled：設定當距離介於 BottomOfRange 與 TopOfRange 之間時，是否呼叫 WithinRange 事件。

AboveRangeEventEnabled

決定當距離超過 TopOfRange，是否呼叫 AboveRange 事件。

NxtUltrasonicSensor.AboveRangeEventEnabled：取得當距離超過 TopOfRange ，是否呼叫 AboveRange 事件。

set NxtUltrasonicSensor.AboveRangeEventEnabled：設定當距離超過 TopOfRange ，是否呼叫 AboveRange 事件。

事件

BelowRange

距離低於指定範圍時，呼叫本事件。

when NxtSoundSensor1 .BelowRange
do

**NxtUltrasonic
Sensor
超音波
感測器**

WithinRange

距離介於指定範圍之間時，呼叫本事件。

when NxtSoundSensor1 .WithinRange
do

AboveRange

距離高於指定範圍時，呼叫本事件。

when NxtSoundSensor1 .AboveRange
do

方法

GetDistance

回傳距離，單位為公分，這是一個介於0到254之間的整數，如果回傳-1 代表無法判斷距離。

NxtDrive 元件可用來控制樂高 NXT 機器人上的馬達，進而控制機器人前進、後退或轉彎，或控制單顆馬達動作。

屬性

BluetoothClient
用於通訊的 BluetoothClient 元件，必須在 Designer 中設定。

DriveMotors
所要控制的馬達，可輸入 A、B、C、AC、BC、AB、ABC 等參數。

WheelDiameter
裝於馬達上的輪胎直徑，單位為公分。

StopBeforeDisconnect
設定是否在斷線之前先把馬達停下來。

NxtDrive.StopBeforeDisconnect：取得是否在斷線之前先把馬達停下來。

Set NxtDrive.StopBeforeDisconnect：設定是否在斷線之前先把馬達停下來。

NxtDrive
NXT 馬達

方法

MoveForwardIndefinitely（number power）
讓機器人持續以指定電力 power 前進，電力範圍為 -100 ～ 100，請注意此處電力如輸入負數，會使馬達反轉（機器人後退）。電力為 0 馬達靜止。

MoveForward（number power, number distance）
讓機器人以指定電力 power 前進指定距離 distance，距離是由 WheelDiameter 屬性計算求得馬達每轉 1 度時的實際前進長度。

call NxtDrive1 ▾ .MoveForward
　　　　　　　power
　　　　　　　distance

MoveBackward（number power, number distance）

讓機器人以指定電力 power 後退指定距離 distance，距離是由 WheelDiameter 屬性計算求得馬達每轉 1 度時的實際前進長度。

TurnClockwiseIndefinitely（number power）

讓機器人持續以指定電力 power 順時針前進，電力範圍為 –100 ～ 100。

TurnCounterClockwiseIndefinitely（number power）

讓機器人持續以指定電力 power 逆時針前進，電力範圍為 –100 ～ 100。

Stop

所有馬達停止轉動。

MoveBackwardIndefinitely（number power）

讓機器人持續以指定電力 power 後退，電力範圍為 –100 ～ 100，請注意此處電力如輸入負數，會使馬達反轉（機器人前進）。電力為 0 馬達靜止。

**NxtDrive
NXT 馬達**

附錄

MyBlocks 自訂元件

CAVE 06

Android手機程式超簡單 !!
App Inventor 入門卷 （增訂版）

作　　　者／曾吉弘、高稚然、陳映華
總 編 輯／周均健
系列主編／謝瑩霖
執行編輯／井楷涵
行銷企劃／鍾珮婷
版面構成／張裕民

出　　　版／泰電電業股份有限公司
地　　　址／ 100台北市中正區博愛路七十六號八樓
電　　　話／（02）2381-1180　傳　　真／（02）2314-3621
劃撥帳號／ 1942-3543　泰電電業股份有限公司
網　　　站／ www.fullon.com.tw

總 經 銷／時報文化出版企業股份有限公司
電　　　話／（02）2306-6842
地　　　址／桃園縣龜山鄉萬壽路二段三五一號
印　　　刷／普林特斯資訊股份有限公司

■二〇一五年三月增訂初版
定　　　價／ 420元
ＩＳＢＮ／ 978-986-405-001-7
■本書如有缺頁、破損、裝訂錯誤，請寄回本公司更換

國家圖書館出版品預行編目資料

Android手機程式超簡單 !!. App Inventor 入門卷 /
曾吉弘，高稚然，陳映華　著. -- 增修初版. -- 臺
北市 : 泰電電業, 2015.03　面；　公分. -- (Cave ; 6)
ISBN 978-986-405-001-7(平裝)

1.行動電話 2.行動資訊 3.軟體研發

448.845029　　　　　　　　103027799

廣 告 回 郵
台 北 （ 免 ）
字第13382號
免 貼 郵 票

100台北市博愛路76號6樓

泰電電業股份有限公司

- -

請沿虛線對摺，謝謝！

馥林文化

Android手機程式超簡單!! App Inventor 入門卷（增訂版）

感謝您購買本書，請將回函卡填好寄回（免附回郵），即可不定期收到最新出版資訊及優惠通知。

1. 姓名	

2. 生日	年　　　　月　　　　日

3. 性別	○男　○女

4. E-mail	

5. 職業　○製造業　○銷售業　○金融業　○資訊業　○學生
　　　　　○大眾傳播　○服務業　○軍警○公務員　○教職　○其他

6. 您從何處得知本書消息？
　　○實體書店文宣立牌：○金石堂　○誠品　○其他
　　○網路活動　○報章雜誌　○試讀本　○文宣品　○廣播電視　○親友推薦
　　○《双河彎》雜誌　○公車廣告　○其他

7. 購書方式
　　實體書店：○金石堂　○誠品　○PAGEONE　○墊腳石　○FNAC　○其他_____
　　網路書店：○金石堂　○誠品　○博客來　○其他_____
　　　　　　　○傳真訂購　○郵政劃撥　○其他_____

8. 您對本書的評價　（請填代號1.非常滿意　2.滿意　3.普通　4.再改進）
　　書名___　封面設計___　版面編排___　內容___　文／譯筆___　價格___

9. 您對馥林文化出版的書籍　○經常購買　○視主題或作者選購　○初次購買

10. 您對我們的建議

馥林文化官網www.fullon.com.tw
服務專線（02）2381-1180轉391